华东交通大学教材（专著）基金资助项目
高等学校电气工程及其自动化规划教材

电机与拖动学习指导与实验教程

主　编　徐晓玲　张建辉
副主编　曾建军　许莹莹　胡文华　肖丹

西南交通大学出版社
·成　都·

内容简介

本书为《电机与拖动》一书的配套用书，考虑到其他院校学生学习或考研的需要，内容有所扩展。

全书由 9 章组成：每章阐述了教材中对应各章的学习要求、重要知识点、精选例题分析、习题和自测题以及课程实验指导；附录编制了模拟试卷，并给出了习题和自测题参考答案等；方便教师备课和有利于读者自学。

本书可供相关专业本（专）科学生、考研人员学习参考，也可供有关教师和工程技术人员参考。

图书在版编目（CIP）数据

电机与拖动学习指导与实验教程 / 徐晓玲，张建辉主编. —成都：西南交通大学出版社，2019.1（2020.7 重印）
高等学校电气工程及其自动化规划教材
ISBN 978-7-5643-6676-6

Ⅰ. ①电… Ⅱ. ①徐… ②张… Ⅲ. ①电机 – 高等学校 – 教学参考资料②电力传动 – 高等学校 – 教学参考资料
Ⅳ. ①TM3②TM921

中国版本图书馆 CIP 数据核字（2018）第 290799 号

高等学校电气工程及其自动化规划教材

电机与拖动学习指导与实验教程

主编　徐晓玲　张建辉

责任编辑	张文越
封面设计	曹天擎

出版发行	西南交通大学出版社 （四川省成都市二环路北一段 111 号 西南交通大学创新大厦 21 楼）
邮政编码	610031
发行部电话	028-87600564　028-87600533
网址	http://www.xnjdcbs.com
印刷	四川煤田地质制图印刷厂
成品尺寸	185 mm × 260 mm
印张	16
字数	401 千
版次	2019 年 1 月第 1 版
印次	2020 年 7 月第 2 次
定价	39.80 元
书号	ISBN 978-7-5643-6676-6

课件咨询电话：028-81435775
图书如有印装质量问题　本社负责退换
版权所有　盗版必究　举报电话：028-87600562

前 言

本书与西南交通大学出版社出版的教材《电机学与拖动基础》(张建辉、徐晓玲主编)配套使用,章节顺序和内容体系与上述教材完全一致。

本书阐明了教材各章内容的学习要求;具体指出了各章的重点和难点,并相应做出了总结归纳和深入分析。同时,本书各章均提炼出学生在学习过程中容易出现的问题,并做了详细的分析;结合各章的重点和难点内容编者精选了一些典型例题进行解答,引导学生掌握正确的解题方法;各章都配有适量的习题和自测练习题,为了使学生能够自己检查各章基本概念的掌握程度,大部分习题和自测题都给出参考答案;结合本课程教学大纲的要求,另附了9个实验项目,供实验指导之用。

本书全部采用最新的标准和规范。

本书的编者均来自教学一线,具有丰富的教学经验,在深刻理解电机与拖动课程内容的基础上编写本书。

参加本书编写工作的有华东交通大学徐晓玲、张建辉、曾建军、胡文华、许莹莹、肖丹等,由徐晓玲、张建辉担任主编。其中第1、2、3章由徐晓玲编写;第4、5、6章由张建辉、许莹莹共同编写;第7章由胡文华编写;第8章由曾建军编写;第9章及附录由徐晓玲、张建辉、曾建军、许莹莹、胡文华、肖丹共同编写;徐晓玲负责全书的统稿工作。

鉴于编者的水平有限,书中错误和欠妥之处在所难免,殷切希望读者批评指正。对本书意见请寄:南昌华东交通大学电气与自动化学院电牵引教研室(邮编330013)。

编 者

2018 年 11 月

目 录

第1章 电机与拖动入门 ·· 1
    1.1 学习要求 ·· 1
    1.2 学习指导 ·· 1
    1.3 精选例题分析 ·· 5
    1.4 自测题 ··· 8
    1.5 课后习题 ·· 10

第2章 直流电机 ··· 11
    2.1 学习要求 ·· 11
    2.2 学习指导 ·· 11
    2.3 精选例题分析 ·· 17
    2.4 自测题 ··· 23
    2.5 课后习题 ·· 27

第3章 直流电机的电力拖动 ··· 29
    3.1 学习要求 ·· 29
    3.2 学习指导 ·· 29
    3.3 精选例题分析 ·· 35
    3.4 自测题 ··· 39
    3.5 课后习题 ·· 43

第4章 变 压 器 ··· 45
    4.1 学习要求 ·· 45
    4.2 学习指导 ·· 45
    4.3 精选例题分析 ·· 51
    4.4 自测题 ··· 59
    4.5 课后习题 ·· 64

第5章 交流旋转电机的共同理论 ··· 66
    5.1 学习要求 ·· 66
    5.2 学习指导 ·· 66
    5.3 精选例题分析 ·· 72
    5.4 自测题 ··· 79
    5.5 课后习题 ·· 81

第6章 三相异步电机 ··· 83
- 6.1 学习要求 ··· 83
- 6.2 学习指导 ··· 83
- 6.3 精选例题分析 ··· 91
- 6.4 自测题 ·· 98
- 6.5 课后习题 ··· 102

第7章 三相异步电动机的电力拖动 ·· 104
- 7.1 学习要求 ··· 104
- 7.2 学习指导 ··· 104
- 7.3 精选例题分析 ··· 111
- 7.4 自测题 ·· 119
- 7.5 课后习题 ··· 125

第8章 同步电机 ·· 127
- 8.1 学习要求 ··· 127
- 8.2 学习指导 ··· 127
- 8.3 精选例题分析 ··· 139
- 8.4 自测题 ·· 144
- 8.5 课后习题 ··· 147

第9章 电机与拖动实验 ··· 150
- 实验基本要求与注意事项 ··· 150
- 实验一 认识实验 ··· 151
- 实验二 直流电动机 ·· 155
- 实验三 直流发电机 ·· 158
- 实验四 单相变压器 ·· 164
- 实验五 三相变压器的联接组 ·· 168
- 实验六 三相鼠笼型异步电动机的工作特性 ································· 174
- 实验七 三相异步电动机的起动与调速 ······································· 181
- 实验八 三相同步发电机的运行特性 ·· 184
- 实验九 三相同步发电机的并联运行 ·· 188

附录A 模拟试卷 ·· 194
- 模拟试卷1 ··· 194
- 模拟试卷2 ··· 198

附录B 自测题参考答案 ·· 203
- 第1章 自测题参考答案 ··· 203
- 第2章 自测题参考答案 ··· 204
- 第3章 自测题参考答案 ··· 207

第 4 章　自测题参考答案 ·· 210
　　第 5 章　自测题参考答案 ·· 212
　　第 6 章　自测题参考答案 ·· 214
　　第 7 章　自测题参考答案 ·· 216
　　第 8 章　自测题参考答案 ·· 218

附录 C　课后习题参考答案 ··· 222
　　第 1 章　课后习题参考答案 ·· 222
　　第 2 章　课后习题参考答案 ·· 223
　　第 3 章　课后习题参考答案 ·· 225
　　第 4 章　课后习题参考答案 ·· 227
　　第 5 章　课后习题参考答案 ·· 229
　　第 6 章　课后习题参考答案 ·· 230
　　第 7 章　课后习题参考答案 ·· 231
　　第 8 章　课后习题参考答案 ·· 233

附录 D　模拟试卷解答 ··· 236
　　模拟试卷 1 解答 ·· 236
　　模拟试卷 2 解答 ·· 239

附录 E　不同材料的基本磁化曲线 ·· 244

附录 F　符号表 ·· 245

参考文献 ·· 247

第1章　电机与拖动入门

本书以工程应用最为广泛的普通电机为例进行分析，分析变压器、直流电机、异步电动机、同步发电机等的基本结构与工作原理以及特性；分析异步电动机及直流电动机的电力拖动系统的运行性能及计算；培养使用实验设备的能力和运用实验方法研究电机与拖动的初步能力，具有理论性强、概念多、与工程实际联系密切等特点，其基本理论和分析方法对分析其他电气设备具有普遍意义，学习过程中要善于采用"归纳法"和"对比法"，从而提高学习的效率。

1.1　学习要求

（1）了解电机、电力拖动的概念与分类。
（2）掌握电机中所用的材料。
（3）掌握电机与拖动课程性质及学习方法。
（4）熟练掌握磁路及电机学中常用的电工定律。

1.2　学习指导

本章为学习各种电机、电力拖动打基础，首先要建立对电机、电力拖动的初步概念，熟悉电机中所用的材料，了解课程性质及学习方法，并具有较扎实的电、磁分析理论基础。学习本章需掌握的几个基本概念归纳如下：

1．电机的概念

电机主要指发电机、电动机和变压器。电机的种类很多，但无论大型、中型、小型及控制电机都是电磁机械装置，是实现电能的生产、变换、使用和控制的电磁机械装置。

2．电力拖动的概念

"电机学"中的内容是对电机其内部的结构、电磁关系、工作原理、工作特性进行分析的；

而电力拖动所分析的是包含电动机、工作机构（包括传动机构和生产机械）、控制设备、电源四个部分的系统特性。电力拖动系统中作为原动机的电动机（直流电动机或交流电动机）只是作为系统中的一个元件。

3．电路和磁路的概念

作为电、磁、机械装置的电机，电与磁缺一不可，电与磁的路径分别被称为电路和磁路。电路和磁路在电机中泾渭分明，但又相互作用：电机中电生磁，磁感应电，电与磁的作用产生电磁转矩使电机得以发电或运转。

电机进行能量传递或转换的介质是主磁通。主磁通的路径是主磁路，主磁路主要由铁磁材料（铁心）构成，是非线性的；而主要由空气介质构成的路径走的是漏磁通，漏磁通不参与能量传递或交换，是线性的。需要注意的是，磁通可以通过导磁介质，也可以通过非导磁介质，磁阻是与磁导率成反比的。变压器的主磁路是闭合体，不含气隙；而旋转电机中含有的气隙则为主磁路的一部分，主磁通与漏磁通对比如表1-1所示。

表1-1 主磁通与漏磁通对比

	路　径	量　值	作　用
主磁通	主要是铁心	大	传递能量
漏磁通	大多是空气	小	不传递能量

4．磁动势的概念

对照电路中电流的来源是电源（电动势），而磁路中磁场的来源是磁源（磁动势）。普通电机分析中的磁场来源是由电流产生的，即产生磁场的电流称为励磁电流（激磁电流），安培环路定律说明了磁场由电流产生并可以进行磁路计算。

5．表征磁场强弱的物理量

表征磁场的物理量有三个：磁通密度B、磁通Φ、磁场强度H。只有磁通密度B才是表征磁场强弱的物理量，磁通Φ表征磁场的存在，磁场强度H表示产生磁场所需的励磁电流的大小。

6．铁磁材料的概念

（1）铁磁材料分软磁材料、硬磁材料两大类。软磁材料磁滞回线窄，是电机常用的铁心材料；硬磁材料磁滞回线宽，可作永久磁铁。

（2）铁磁材料在外磁场作用下磁畴排列整齐才呈现磁性。

（3）电机常用的磁化曲线是基本磁化曲线（平均磁化曲线）。

（4）铁磁材料具有高导磁性，即铁磁材料的磁导率μ_{Fe}足够大。根据$B=\mu H$可见，μ_{Fe}足够大，从而保证电机在较小的励磁电流（根据安培环路定律，励磁电流对应的是H）下产生较大的磁场（B），所以电机铁心采用铁磁材料起到增磁作用。

(5)铁磁材料磁导率 μ_{Fe} 是非线性的,根据铁磁材料的磁化曲线的饱和现象,随着磁路饱和,磁导率 μ_{Fe} 是减小的。饱和现象会引起电流、磁通、电动势波形畸变。

(6)交流磁路中铁磁材料有涡流、磁滞损耗,统称为铁耗 P_{Fe}。铁耗与电源频率和磁通密度有关。交流磁路中的交变磁通除了引起铁耗外,还会在被磁通交链的线圈中感应电动势。

7. 磁路计算

磁路有无分支与有分支磁路之分。安培环路定律(全电流定律)是磁路计算的基础。磁路中的欧姆定律、基尔霍夫第一定律、基尔霍夫第二定律对应于电路中的相应定律,且磁路与电路有很多相似之处。在电机或变压器里作磁路计算时,一般已知的是磁路里各段的磁通 Φ 以及各段磁路的几何尺寸(即磁路长度与横截面),要求出所需的总磁动势 F。

磁路计算步骤:

(1)把磁路按不同的材料、不同的截面积分成若干段。

(2)计算各段磁路的有效面积 S_k 和平均长度 l_k。

(3)由通过各段磁路截面积的磁通量 Φ_k,计算各段磁路的平均磁通密度 $B_k = \Phi_k/S_k$。

(4)根据 B_k 求出对应的磁场强度 H_k,铁磁材料由基本磁化曲线查出 H_k;对于空气隙,可直接按 $H_\delta = B_\delta / \mu_0$ 计算。

(5)计算各段的磁位降 $H_k l_k$,由 $F = \sum H_k l_k$ 求得给定磁通量时所需要的总励磁磁动势 F。

8. 变压器电动势

如图 1-1(a)所示,匝数为 N 的线圈交链着磁通 Φ。当 Φ 变化时,线圈 AX 两端感应电动势 e,其大小与线圈匝数及磁通变化率成正比,方向由楞次定律决定。当 Φ 增加时,即 $d\Phi/dt > 0$,A 点为高电位,X 点为低电位;当 Φ 减小时,即 $d\Phi/dt < 0$,根据楞次定律,X 点为高电位,A 点为低电位。为了写成数学表达式,首先要规定电动势 e 的正方向,一般按右手螺旋关系规定 e 与 Φ 的正方向,如图 1-1(b)所示。此时 e 的正方向从 A 指向 X。与实际情况比较,当 $d\Phi/dt > 0$ 时,实际上 A 点为高电位,X 点为低电位,而规定的 e 的正方向与实际方向相反,此时 $e < 0$;同理,当 $d\Phi/dt < 0$ 时,$e > 0$。这就是说,$d\Phi/dt$ 与 e 总是符号相反,e 与 Φ 的关系式就应写为 $e = -Nd\Phi/dt$。

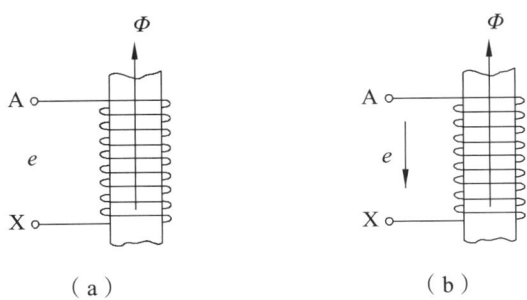

图 1-1 磁通及其感应电动势

9. 电感和电抗的概念

电感是沟通电、磁关系的一个重要参量。电磁感应定律的感应电动势可由电感来表达，于是，针对电机中的主磁通和漏磁通，引出了相对应的励磁电感 L_m 和漏电感 L_s，表 1-2 对主磁通与漏磁通电感进行了对比。

表 1-2 主磁通与漏磁通电感对比

电感	$L_m = \dfrac{\Psi}{i} = \dfrac{N\Phi}{i} = \dfrac{N^2}{R_m} = N^2 \mu_{Fe} S/l$	$L_s = \dfrac{\Psi_s}{i} = \dfrac{N\Phi_s}{i} = \dfrac{N^2}{R_m} = N^2 \mu_0 S/l$
作用	主磁通	漏磁通
大小	较大的变数	较小的常数

可见，反映主磁通作用的励磁电感 L_m 为较大的变数（非线性参数）；反映漏磁通作用的漏电感 L_s 是较小的常数。而电机分析中常常把感应电动势用电抗电压降来处理，这样做易于建立电机的数学模型，于是，针对电机中的主磁通和漏磁通，引出了相对应的电抗 X，表达式为式（1-1）。

$$X = \omega L = \omega \frac{N^2}{R_m} = \omega N^2 \Lambda = \omega N^2 \mu S/l \tag{1-1}$$

10. 磁路和电路概念的类比

本书的难点和重点就是磁部分，为了对抽象的磁路有深刻理解，采用磁路和电路"类比法"，如表 1-3 所示磁路和电路的类比关系，借助电路的概念把磁路理解透，电机这个电、磁、机械装置的概念就容易理解。

表 1-3 磁路和电路的类比关系

磁　路	电　路
磁动势 $F = \Phi R_m$	电动势 $E = IR$
磁通量 Φ	电流 I
磁阻 $R_m = \dfrac{l}{\mu S}$	电阻 $R = \dfrac{l}{rS}$
磁导 $\Lambda = \dfrac{1}{R_m}$	电导 $G = \dfrac{1}{R}$
磁导率 μ	电导率 r
欧姆定律 $\Phi = \dfrac{F}{R_m} = \dfrac{Ni}{l/\mu S}$	欧姆定律 $I = \dfrac{E}{R}$
基尔霍夫第一定律 $\sum \Phi = 0$	基尔霍夫第一定律 $\sum i = 0$
基尔霍夫第二定律 $\sum Ni = \sum\limits_{k=1}^{n} H_k l_k$	基尔霍夫第二定律 $\sum e = \sum iR$

1.3 精选例题分析

1. 简述铁心材料的磁化过程。

答：铁磁物质未放入磁场之前，其内部磁畴排列是杂乱的，磁效应互相抵消，对外不呈现磁性；若将铁磁物质放入磁场中，在外磁场的作用下，磁畴的轴线将趋于与外磁场方向一致，且排列整齐形成一个附加磁场与外磁场叠加后，就呈现出磁性。

2. 什么是铁磁材料的基本磁化曲线？

答：对同一个铁磁材料，选择不同的磁场强度 H_m 进行反复磁化，可得一系列大小不同的磁滞回线，再将各个磁滞回线的顶点联接起来，所得到的曲线称为基本磁化曲线（或称为平均磁化曲线）。

3. 说明交流磁路与直流磁路的异同点。

答：直流磁路中磁通是不随时间变化的，故没有磁滞、涡流损耗，也不会在无相对运动的线圈中感应产生电动势。而交流磁路中磁通是随时间变化的，会在铁心中产生磁滞、涡流损耗，并在其所交链的线圈中感应产生电动势，另外其饱和现象也会导致励磁电流、磁通、感应电动势波形的畸变。

4. 何谓电机饱和现象？饱和程度高低对电机有何影响？

答：电机的磁路由铁心部分和空气隙部分组成，当铁心的磁通密度达到一定程度后，铁心部分的磁压降开始不能忽略，此时随着励磁磁动势的增加，主磁通的增加渐渐变慢，电机进入饱和状态，即电机磁化曲线开始变弯曲。电机的饱和程度用饱和系数来表示，饱和系数的大小与电机的额定工作点在磁化曲线中可以分为三段，如图 1-2 所示为铁心材料的磁化曲线，a 点以下为不饱和段，ab 段为饱和段，b 点以上为高饱和段。将电机额定工作点选在不饱和段有两个缺点：① 材料利用不充分；② 磁场容易受到励磁电流的干扰而不易稳定。额定工作点选在过饱和段，有三个缺点：① 励磁功率大增；② 磁场调节困难；③ 对电枢反应敏感。一般将额定工作点设计在 ab 段的中间，即所谓的"膝点"附近，这样选择的好处有：① 材料利用较充分；② 可调性较好；③ 稳定性较好。

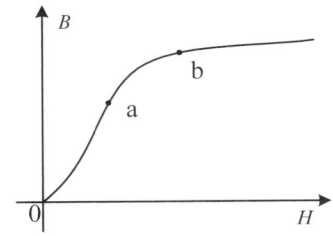

图 1-2 铁磁材料的磁化曲线

5. 两个线圈尺寸、形状、匝数均相同，一个是空气芯，另一个是铁磁材料铁心，欲产生相同的磁通时，两线圈中电流是否相同？为什么？

答：两线圈的电流不相同，空气芯线圈的电流比铁心线圈的大。因为根据磁路的欧姆定律，空气芯线圈的铁心磁阻大，产生一定量的磁通需要较大的磁动势，在线圈匝数不变的情况下，线圈电流较大。同理，铁心线圈因铁磁材料磁导率较高，磁阻小，产生同样大的磁通量所需磁动势较小，故铁心线圈中电流较小。

6. 变压器电动势、运动电动势（速率电动势）、自感电动势和互感电动势产生的原因有什么不同？其大小与哪些因素有关？

答：在线圈中，由于线圈交链的磁链（线圈与磁动势相对静止）发生变化而产生的电动势就叫变压器电动势。它与通过线圈的磁通的变化率成正比，与自身的匝数成正比。由于导体与磁场发生相对运动切割磁力线而产生的感应电动势叫运动电动势，它与切割磁力线的导体长度、磁通密度、切割速度有关。由线圈自身的磁场与本身相交链的磁通发生改变而在本线圈内产生的感应电动势叫自感电动势，它与 L 有关。互感电动势是相邻线圈中，由一个线圈引起的磁通变化，使邻近线圈中的磁通发生变化而引起的其他线圈中的感应电动势。它与两线圈的匝数、相隔距离、磁通（互感磁通）变化率等有关。

7. 电磁转矩是怎样产生的？它在机电能量转换过程中起着什么作用？

答：电机中电磁转矩是由载流导体在磁场中受力而产生的，在机电能量转换中是机械能和电能转换的完成者。

8. 电机中的气隙磁场一般是根据什么原理和采用什么方法建立起来的？气隙磁场在机电能量转换过程中起着什么作用？

答：电机中的气隙磁场一般是根据载流导体周围产生磁场，采用绕组通以电流来产生的，建立起一定分布的气隙磁场。气隙磁场在机电能量转换中起着传递能量的媒介作用，使定、转子间磁的联系及机电能量转换得以实现。

9. 在图 1-3 中，（1）当给线圈外加正弦电压 u_1 时，线圈内为什么会感应出电动势？当电流 i_1 增大和减小时，分别说明感应电动势的实际方向。（2）如果电流 i_1 在铁心中建立的磁通是 $\phi=\Phi_m\sin\omega t$，副线圈匝数是 N_2，试给出原、副线圈内感应电动势有效值的计算公式。

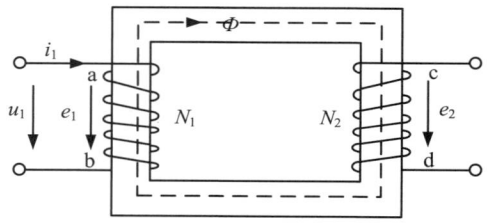

图 1-3 交流铁心线圈电路

答：（1）在线圈 N_1 中外加 u_1 时，在线圈 N_1 中产生交变电流 i_1，i_1 在闭合铁心中产生交变磁通 Φ，Φ 通过铁心在 N_2 中和 N_1 中均产生感应电动势 e_2 和 e_1。

当 i_1 增大时 e_1 的实际方向从 b 到 a，e_2 的实际方向从 d 到 c；当 i_1 减小时 e_1 的实际方向从 a 到 b，e_2 的实际方向从 c 到 d。

（2）原、副线圈中感应电动势的瞬时值

$$e_1 = -N_1\frac{\mathrm{d}\Phi}{\mathrm{d}t} = -N_1\Phi_m\omega\cos\omega t$$

$$e_2 = -N_2\frac{\mathrm{d}\Phi}{\mathrm{d}t} = -N_2\Phi_m\omega\cos\omega t$$

∴ 感应电动势 e_1 的有效值计算公式为

$$E_1 = \frac{1}{\sqrt{2}}N_1\Phi_m\omega = 4.44fN_1\Phi_m$$

∴ 感应电动势 e_2 的有效值计算公式为

$$E_2 = \frac{1}{\sqrt{2}} N_2 \Phi_m \omega = 4.44 f N_2 \Phi_m$$

10. 图 1-4 所示是一个简单的无分支磁路，如果铁心用硅钢片叠成，截面积 $S = 12.25 \times 10^{-4}\ \text{m}^2$，铁心的平均长度 $l = 0.4\ \text{m}$，空气隙 $\delta = 0.5 \times 10^{-3}\ \text{m}$，线圈的匝数 N 为 600 匝，试求产生磁通 $\Phi = 11 \times 10^{-4}$ Wb 时所需的励磁磁动势和励磁电流。其磁化曲线见附录 E。

解：图 1-4 简单无分支磁路的计算方法：它是由铁磁材料和气隙两部分串联而成的。铁心上绕了匝数为 N 的线圈，称为励磁线圈，线圈电流为 I。进行磁路计算时，把这个磁路按材料及形状分成两段：一段是截面积为 S 的铁心，长度为 l，磁场强度为 H；另一段是气隙，长度为 δ，磁场强度为 H_δ。

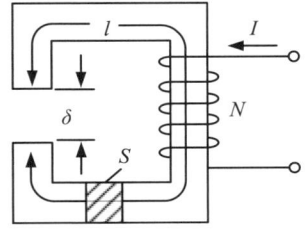

图 1-4 简单无分支磁路

在铁心叠片中的磁通密度为

$$B_{\text{Fe}} = \Phi / S = 11 / 12.25 = 0.9\ (\text{T})$$

根据附录 E 硅钢片磁化曲线查出 $H_{\text{Fe}} = 248$ A/m

在铁心内部的磁位降 $\quad F_{\text{Fe}} = H_{\text{Fe}} l = 248 \times 0.4 = 99.2\ (\text{A})$

在空气隙处，当不考虑气隙的边缘效应时

$$B_0 = B_{\text{Fe}} = 0.9\ \text{T}$$

所以 $\quad H_0 = B_0 / \mu_0 = 0.9 / 4\pi \times 10^{-7} = 7.15 \times 10^5\ (\text{A/m})$

故 $\quad F_0 = H_0 \delta = 7.15 \times 10^5 \times 0.5 \times 10^{-3} = 357.5\ (\text{A})$

根据安培环路定律，有 $H_{\text{Fe}} l + H_0 \delta = NI$

则励磁磁动势 $\quad F = F_{\text{Fe}} + F_0 = H_{\text{Fe}} l + H_0 \delta = 99.2 + 357.5 = 456.7\ (\text{A·匝})$

励磁电流 $\quad I_f = F / N = 456.7 / 600 = 0.761\ (\text{A})$

由此可见，气隙虽然很短，仅为 $\delta = 0.5 \times 10^{-3}$ m，但其磁位降却占整个磁路的 78%。

11. 一铁环的平均半径为 0.3 m，铁环的横截面积为一直径等于 0.06 m 的圆形，在铁环上绕有线圈，当线圈中电流为 5 A 时，在铁心中产生的磁通为 0.003 7 Wb，试求线圈应有匝数。铁环所用材料为铸钢，其磁化曲线见附录 E。

解：铁环中磁路平均长度：$l = 2\pi R = 2\pi \times 0.3 = 1.89\ (\text{m})$

圆环的截面积：$\quad S = \pi D^2 / 4 = \pi \times 0.06^2 / 4 = 2.83 \times 10^{-3}\ (\text{m}^2)$

铁环内的磁感应强度：$\quad B = \Phi / S = 0.003\ 7 / 2.83 \times 10^{-3} = 1.3\ (\text{T})$

查附录 E 磁化曲线得磁感应强度：$H = 1\ 500$ (A)

$$F = Hl = 1\ 500 \times 1.89 = 2\ 835\ (\text{A})$$

故 线圈应有的匝数为 $N = F / I = 2\ 835 / 5 = 567$ (匝)

12. 在图 1-5 所示的有分支磁路中，磁路由硅钢片叠成，磁路各截面的净面积相等，为 $S = 2.5 \times 10^{-3}\ (\text{m}^2)$，磁路平均长 $l_1 = 0.5\ \text{m}$，$l_2 = 0.5\ \text{m}$，$l_3 = 0.25\ \text{m}$（不包括气隙 δ），$\delta = 0.2 \times 10^{-2}\ \text{m}$。已知空气隙中的磁通量 $\Phi = 4.6 \times 10^{-3}$ Wb，又 $N_2 i_2 = 10\ 300$ A，求另外两支路中的 Φ_1、Φ_2 及 $N_1 i_1$。其磁化曲线见附录 E。

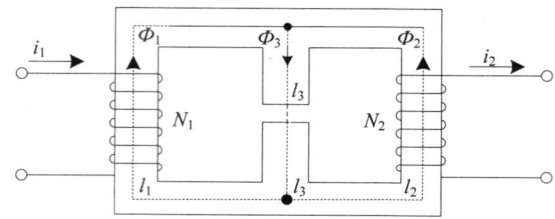

图 1-5　有分支磁路

解：在空气隙处，当不考虑气隙的边缘效应时：

$$B_3 = \Phi/S = 4.6\times10^{-3}/2.5\times10^{-3} = 1.84 \text{ (T)}$$

$$H_0 = B_3/\mu_0 = 1.84/4\pi\times10^{-7} = 1.464\,968\times10^6 \text{ (A/m)}$$

中间磁路 l_3 中，根据硅钢片磁化曲线查出 $H_{Fe} = 14\,600$ A/m

由右侧回路可求：

$$\begin{aligned}H_2l_2 &= N_2i_2 - (2H_{Fe}l_3 + H_0\delta)\\ &= 10\,300 - (2\times14\,600\times0.25 + 1.464\,968\times10^6\times0.2\times10^{-2})\\ &= 10\,300 - (7\,300 + 2\,929.94) = 70 \text{ (A)}\end{aligned}$$

$$\therefore H_2 = 70/0.5 = 140 \text{ (A/m)}$$

根据硅钢片磁化曲线查出 $B_2 = 0.75$ T

$$\therefore \Phi_2 = B_2S = 0.75\times2.5\times10^{-3} = 1.875\times10^{-3} \text{ (Wb)}$$

$$\Phi_1 = \Phi_3 - \Phi_2 = (4.6-1.875)\times10^{-3} = 2.725\times10^{-3} \text{ (Wb)}$$

$$B_1 = \Phi_1/S = 2.725\times10^{-3}/2.5\times10^{-3} = 1.09 \text{ (T)}$$

根据硅钢片磁化曲线查出：$H_1 = 400$ A/m

∴按由左侧回路可求：

$$\begin{aligned}N_1i_1 &= H_1l_1 + (2H_{Fe}l_3 + H_0\delta)\\ &= 400\times0.5 + (2\times14\,600\times0.25 + 1.464\,968\times10^6\times0.2\times10^{-2})\\ &= 10\,429.94 \text{ (A)}\end{aligned}$$

或按大回路可求：$N_1i_1 = N_2i_2 + H_1l_1 - H_2l_2 = 10\,300 + 200 - 70 = 10\,430$ (A)

1.4　自测题

1. 电机和变压器常用的铁心材料为_____。
2. 恒压直流铁心磁路中，如果增大空气气隙，则磁通_____、电感_____、电流_____；如果是恒压交流铁心磁路，则空气气隙增大时，磁通_____、电感_____、电流_____。
3. 在磁路中与电路中的电动势作用相同的物理量是_____。
4. 铁磁材料的磁导率_____非铁磁材料的磁导率。
5. 在铁心中通过的磁通、并在能量传递或转换过程中起耦合场的作用，这部分磁通称为_____，这部分磁通一般很_____；而经过空气隙闭合的为_____

的磁路，这部分磁通量一般很_____。

6. 通电螺线管电流方向如图 1-6 所示，请画出铁心磁力线方向。

7. 请画出图 1-7 所示磁场中载流导体的受力方向。

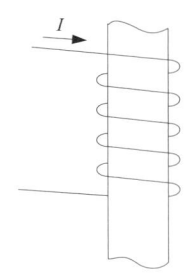

图 1-6　通电螺线管

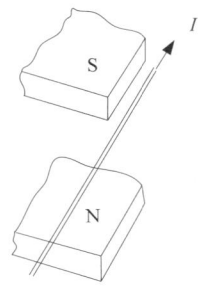

图 1-7　自测题 7 图

8. 请画出图 1-8 所示运动导体产生感应电动势的方向。

9. 螺线管中磁通与电动势的正方向分别如图 1-9（a），（b）所示，当磁通变化时，分别写出它们之间的关系式。

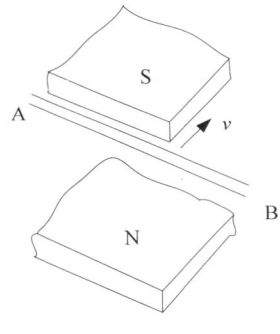

图 1-8　自测题 8 图

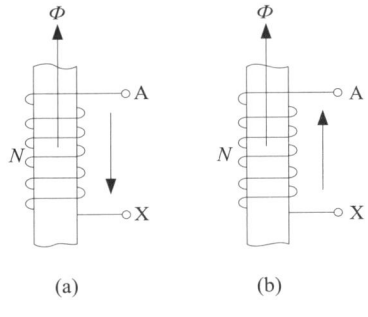

图 1-9　自测题 9 图

10. H 与 B 的主要区别是什么？

11. 电机中如何减小铁耗？

12. 交流磁路不同于直流磁路的特点有哪些？

13. 图 1-10 所示的磁路是由两块铸钢铁心及它们之间的一段空气隙构成。各部分尺寸为 $l_0/2 = 0.5$ cm，$l_1 = 30$ cm，$l_2 = 12$ cm，$S_0 = S_1 = 10$ cm^2，$S_2 = 8$ cm^2。线圈中的电流为直流电。如果要求在空气隙处的磁感应强度 $B_0 = 1$ T，问需要多大的磁动势？

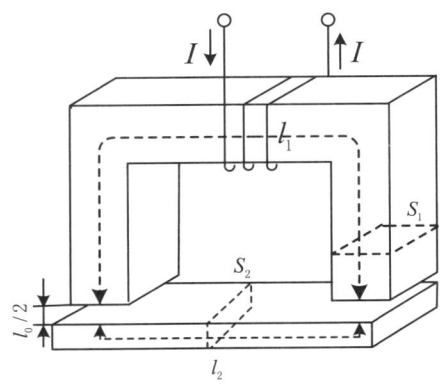

图 1-10　自测题 13 图

1.5 课后习题

1-1 电机的磁路常用什么材料构成？这种材料有哪些主要特征？

1-2 试比较磁路和电路的相似点与不同点。

1-3 在磁路计算中，全电流定律有什么用处？如何使用？

1-4 漏电感的物理意义？漏电感和励磁电感的大小和哪些量有关？

1-5 感应电动势 $e = -\dfrac{\mathrm{d}\varPsi}{\mathrm{d}t} = -N\dfrac{\mathrm{d}\varPhi}{\mathrm{d}t}$ 中的负号有什么意义？

1-6 变压器电动势、运动电动势产生的原因有什么不同？其大小与哪些因素有关？

1-7 有两个匝数相等的线圈，一个绕在闭合铁心上，一个绕在木质材料上，哪一个自感系数大？哪一个自感系数是常数？哪一个自感系数是变数？随什么原因变化？如果是空气芯线圈又如何？

1-8 磁滞损耗和涡流损耗是什么原因引起的？它们的大小与哪些因素有关？

1-9 一个铁心线圈，电阻为 2 Ω，当将其接入 110 V 交流电源时，测得输入功率为 90 W，电流为 2.05 A，试求此铁心的铁心损耗。

1-10 如图 1-11 所示，若线圈电阻为 R，接到电压为 U 的直流电源上，如果改变气隙的大小，问铁心内的磁通 $\varPhi$ 和线圈中的电流 I 将如何变化？若线圈电阻可忽略不计，但线圈接到电压有效值为 U 的工频交流电源上，如果改变气隙大小，问铁心内磁通和线圈中电流是否变化？

1-11 如图 1-11 所示，如果铁心用硅钢片叠成，截面面积 $S = 12.25 \times 10^{-4}$ m^2，铁心的平均长度 $l = 0.4$ m，空气隙 $\delta = 0.5 \times 10^{-3}$ m，线圈的匝数 $N=500$ 匝，试求产生磁通 $\varPhi = 10.9 \times 10^{-4}$ Wb 时所需的励磁磁动势和励磁电流。

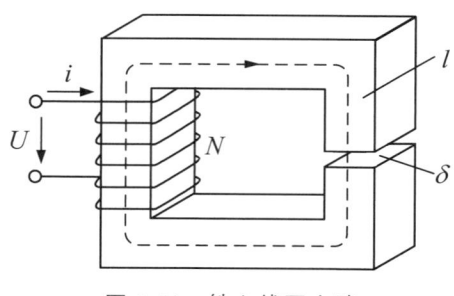

图 1-11 铁心线圈电路

第 2 章 直流电机

直流电机具有性能好、易于控制等优点。其结构较复杂，尤其是换向问题，使直流电机的使用受到了限制。直流电机结构部分、换向问题与电枢反应都是学习的难点。

2.1 学习要求

（1）掌握直流电机的基本工作原理、基本结构及直流电机的可逆性。
（2）熟悉直流电机铭牌与励磁方式。
（3）掌握直流电机的感应电动势和电磁转矩。
（4）了解直流电机的电枢绕组的联接规律。
（5）理解直流电机磁场的分布特点及电枢反应。
（6）掌握直流电机的基本方程式及运行特性。

2.2 学习指导

电机学中每种电机器件的分析都是建立在电、磁分析的理论基础上，从基本结构、基本原理到电机内部的电磁分析，最后得出电机的运行特性。学习本章需掌握的几个基本概念如下：

1．直流电机的工作原理

本章首先以皮-莎电磁力定律的概念来建立直流电动机基本工作原理模型，再以电磁感应定律的切割电动势产生条件来建立直流发电机基本工作原理模型。但要直流电动机产生持续的运转及直流发电机输出直流电，则需一个重要的装置——换向器。

直流电动机运行时的几点结论：
（1）外施电压、电流是直流的。
（2）电枢是旋转的，电枢元件中是交变的电流。
（3）电枢元件中感应电动势的方向与电流方向相反。

（4）电枢电流产生的磁场在空间上是恒定不变的。
（5）电枢中产生的电磁转矩 T_{em} 方向与转子转向相同，是驱动性质的。

直流发电机运行时的几点结论：
（1）电枢元件内电动势、电流方向是交流电。
（2）电刷间为直流电动势。
（3）电枢线圈中感应电动势与电流方向一致。
（4）从空间看，电枢电流产生的磁场在空间上是恒定不变的。
（5）产生的电磁转矩 T_{em} 与转子转向相反，是制动性质。

2．直流电机的励磁方式

直流电机的励磁方式有他励、并励、串励和复励四种，励磁方式不同的电机其运行性能不一样，主要是因为磁场变化影响电机性能变化。

首先要注意了解各种励磁方式的电压、电流关系。直流电机四种的励磁方式电机端电流 I、电枢电流 I_a、励磁电流 I_f 的关系如表 2-1 所示。

表 2-1　直流电机四种励磁方式各电流之间的关系

	发电机	电动机
他励	$I = I_a$，I_f 与 I_a 无关	$I = I_a$，I_f 与 I_a 无关
并励	$I = I_a - I_f$	$I = I_a + I_f$
串励	$I = I_a = I_f$	$I = I_a = I_f$
复励	$I = I_a - I_f$，$I_s = I_a$	$I = I_a + I_f$，$I_s = I_a$

注：对于复励电机，I_s 为串励绕组电流，I_f 为并励绕组电流。

3．电枢绕组

电枢绕组是指直流电机转子绕组，是直流电机的电路部分，也是直流电机的核心部分，是实现机电能量转换的枢纽。

直流电机电枢绕组是通过换向片联接而构成一个闭合回路。主要分为单叠、单波两种基本形式。

单叠绕组特点为：
（1）元件的两个出线端联接于相邻两个换向片上；一般采用单叠右行，所以 $y = y_k = 1$。
（2）并联支路数等于磁极数，即 $2a = 2p$。
（3）整个电枢绕组的闭合回路中，感应电动势的总和为零，绕组内部无环流。
（4）每条支路由不相同的电刷引出，电刷不能少，电刷数等于磁极数。
（5）正负电刷引出的电动势即为每一支路的电动势，电枢电压等于支路电压。由正负电刷引出的电枢电流 I_a 为各支路电流之和，即 $I_a = 2ai_a$。

单波绕组特点为：
（1）$y = y_k = \dfrac{K \pm 1}{p}$，绕组一般采用左行单波，取"–1"表示左行单波。

(2)同极性下各元件串联起来组成一条支路,支路对数 $a=1$,与磁极对数 p 无关。

(3)当元件的几何尺寸对称时,电刷在换向器表面上的位置对准主极轴线,支路电动势最大。

(4)电刷组数应等于极数。

(5)电枢电流 $I_a = 2i_a$。

单叠绕组多用于电流较大的直流电机;单波绕组多用于电压较高的直流电机。

4.换向

直流电机的换向是指电枢元件从一条支路退出,经过电刷短路后进入另一条支路的过程。电枢绕组旋转时,每经过电刷,电枢支路电流即改变方向,实际电机电刷应放置在主极轴线对应的换向片上,如图2-1所示。为改善换向,主要方法是在两主极之间的几何中性线上安装换向极。

但为了分析方便,往往采用的直流电机分析简图如图2-2所示,因电刷短路的是几何中性线的元件,电刷就直接画在几何中性线的元件上。

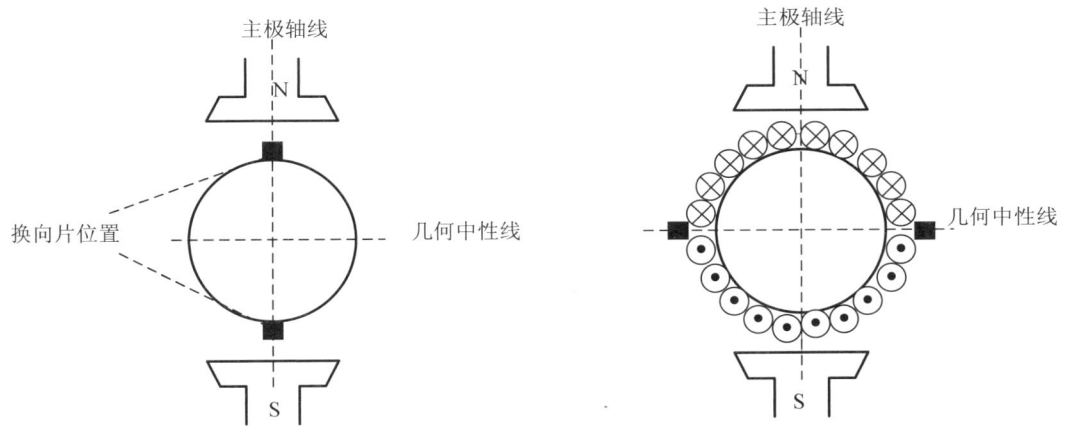

图2-1 直流电机电刷实际位置   图2-2 直流电机分析简图

5.直流电机的磁场和电枢反应

空载时,气隙磁场是由励磁磁动势 F_f 单独产生的,当电枢绕组中通过电流时,产生电枢磁动势,此时气隙磁场由励磁磁动势和电枢磁动势共同建立。负载时,电枢电流产生的电枢磁动势 F_a 使气隙磁场发生变化,称为电枢反应。电枢反应是直流电机的重要概念,有电枢反应说明直流电机是双边励磁的,即气隙磁场随不同的负载变化。

分析直流电机的磁场和电枢反应的步骤:

(1)先分析空载磁场(无电枢电流,由励磁磁动势单独产生),其沿气隙(电枢表面)磁通密度分布波为平顶波。因主极极靴下主磁场较强,极靴以外,气隙加大,主磁场明显削弱,在两极间的几何中性线处磁通密度为零。

（2）然后再单独分析电枢磁动势（无励磁电流，由电枢电流单独产生）波形，即电枢磁动势沿气隙为空间固定的三角分布波形，其幅值位于电枢表面导体电流改变方向处。

（3）最后，为了分析合成磁场（电枢反应），根据电枢磁动势波得到电枢磁通密度波为马鞍形波分布，再用空载的平顶波和马鞍形波叠加，从而得到电枢反应的结论。

当电刷放在几何中性线上时的电枢反应：电枢反应性质是交轴的，也称为交轴电枢反应。交轴反应的作用是 ① 使气隙磁场发生畸变；② 使物理中性线位移；③ 考虑磁路饱和，对主磁场起去磁作用。可见电枢反应会影响直流电机的运行性能。

当电刷偏离几何中性线上时的电枢反应：电枢反应性质是即有交轴反应又有直轴反应。直轴反应部分的作用是，若电机为发电机，则电刷逆电枢旋转方向移动 β 角时，对主磁极而言，直轴电枢反应将是增磁的；若电刷顺电枢旋转方向移动 β 角时，对主磁极而言，直轴电枢反应将是去磁的。电动机的情况与发电机相反。

6．直流电机基本方程

基本方程式分为电动势平衡方程式、转矩平衡方程式、功率平衡方程式。转矩平衡方程式是按电机轴上的受力平衡规律列出；功率平衡方程式是按能量守恒定律列出。为了便于对比记忆和理解，以并励直流电机为例，把直流电动机和直流发电机方程一并列出如表 2-2 所示。

表 2-2　并励直流电机基本方程

	发电机	电动机
电动势平衡方程式	$E_a = U + I_a R_a$	$U = E_a + I_a R_a$
转矩平衡方程式	$T_1 = T_{em} + T_0$	$T_{em} = T_2 + T_0$
功率平衡方程式	$P_1 = P_{em} + p_0$ $P_2 = P_{em} - p_{Cua} - p_{Cuf}$	$P_1 = P_{em} + p_{Cua} + p_{Cuf}$ $P_2 = P_{em} - p_0$

从直流电机原理及基本方程可知，直流电动机和直流发电机都有电动势和电磁转矩，只是它们的方向特点有所不同。电枢绕组感应电动势 E_a 是指正、负电刷间的电动势，即一条支路的电动势。电磁转矩 T_{em} 是指电枢电流和气隙合成磁场相互作用产生的。感应电动势和电磁转矩公式是直流电动机的两个重要的计算公式，其大小关系如下：

电动势： $$E_a = \frac{pZ}{60a}\Phi n = C_e \Phi n \qquad (2\text{-}1)$$

电磁转矩： $$T_{em} = \frac{pZ}{2\pi a}\Phi I_a = C_T \Phi I_a \qquad (2\text{-}2)$$

式中，Φ 为每极合成磁通量；n 为电机转速；I_a 为电枢总电流；C_e、C_T 为与电机结构有关的常数。其中 $C_e = \dfrac{pZ}{60a}$，称为电动势常数；$C_T = \dfrac{pZ}{2\pi a}$，称为转矩常数；$C_T = 9.55 C_e$。

7．直流电机工作状态

从直流电机的使用来说，直流电机工作状态可分为直流发电机和直流电动机。对于发电机：$E>U$，I_a 与 E 同方向，T_{em} 与 n 反方向，将机械能转化为电能；对于电动机：$E<U$，I_a 与 E 反方向，T_{em} 与 n 同方向，将电能转化为机械能。

从直流电机的工作来说，直流电机工作状态可分为电动状态（T_{em} 与 n 同方向）和制动状态（T_{em} 与 n 反方向），发电机就是一种制动状态，其他制动状态将在第 3 章讨论。

8．直流发电机运行特性

直流发电机运行性能主要体现在输出电动势等电指标上，而直流电动机运行性能主要是指其转速和输出转矩等机械指标。

决定直流发电机运行性能的物理量有四个：发电机的端电压、电枢电流或负载电流、励磁电流、转速。

发电机的运行时，由原动机拖动，一般保持转速不变（$n=n_N$），因此端电压 U、负载电流 I、励磁电流 I_f 这三个物理量之间的关系，保持其中的一个量不变，其余两个量之间的关系就表征一种特性。它们是：

（1）空载特性 $U_0=f(I_f)$（$I=0$）和负载特性 $U=f(I_f)$（$I=$ 常值）。
（2）外特性 $U=f(I)$（$I_f=$ 常值；自励发电机励磁回路调节电阻 $R_j=$ 常值）。
（3）调整特性 $I_f=f(I)$（$U=$ 常值）。
（4）效率特性 $\eta=f(P_2)$。

直流发电机不同的励磁方式其运行特性有所不同，主要体现在其外特性（调整特性与外特性对应）上的区别，如表 2-3 所示。

表 2-3　不同励磁方式发电机外特性

	他励发电机	并励发电机
电压调整率	5%～10%	20% 左右
端电压 U 下降原因	由公式 $U=E-I_aR_a$ 可知，端电压 U 随 I_a 的增加而下降。由空载到额定负载，电枢电流 I_a 由 0 增加到额定值 I_{aN} 电枢回路电阻压降 I_aR_a 增加，且电枢反应的去磁作用使主磁通 Φ 下降，从而使感应电动势 E 下降	除左边他励发电机两个引起端电压 U 下降的原因外，并励的励磁电流 I_f 下降，使得 Φ 和 E 进一步下降，所以并励发电机的电压变化率比他励发电机电压变化率要大
稳态短路电流 I_k	很大，可达（20～30）I_N	小
外特性		

9．并励发电机的自励

分析并励发电机的自励条件方法是用发电机空载特性曲线 $U_0=f(I_f)$ 和励磁回路的电阻

线 $U_0 = I_{f0}R_f$ 来分析，要能正常自励，就必须空载特性曲线和励磁回路的电阻线有交点。分析得出并励发电机的自励条件有三个：

① 电机必须有剩磁。
② 励磁绕组并到电枢绕组的极性必须正确。
③ 励磁回路的总电阻应小于对应转速的临界电阻。

10. 直流电动机的工作特性

直流电动机的工作特性是指额定电压 U_N、额定励磁电流 I_{fN}，电枢回路不串外加电阻条件下，电动机的转速 n、电磁转矩 T_{em}、效率 η 与输出功率 P_2（电枢电流 I_a）的关系。即转速特性 $n = f(P_2)$ 或 $n = f(I_a)$；转矩特性 $T_{em} = f(P_2)$ 或 $T_{em} = f(I_a)$；效率特性 $\eta = f(P_2)$ 或 $\eta = f(I_a)$。当输出功率 P_2 增加时，输入功率 P_1 必须增加，在端电压不变的条件下，I_a 必须增加。因此 I_a 随 P_2 的增加而增加。

不同励磁方式的直流电动机的工作特性有很大差异。并励（他励）电动机的转速特性是一条略微下降的曲线，其转矩特性近似为直线。

串励电动机的转速特性随着 P_2 的增加而迅速下降，转矩特性则随着 P_2 的增加而迅速上升。串励电动机不允许空载或轻载运行。复励电动机其转速特性介于并励与串励之间，既有串励电动机的优点（起动能力和过载能力强），又克服了串励电动机空载或轻载的"飞车"现象。表 2-4 对不同励磁方式直流电动机特性进行了对比。

表 2-4 不同励磁方式直流电动机特性对比

并励（他励）电动机	串励电动机	复励电动机
转速特性对比：		
转速特性是一条略微下降的硬特性	转速特性是一条迅速下降的软特性	转速特性介于并励与串励之间
空载或轻载运行不会"飞车"；但励磁回路开路会造成"飞车"或"闷车"（不允许励磁回路开路）	空载或轻载运行会有"飞车"现象（不允许空载或轻载运行）	避免了空载或轻载运行的"飞车"现象
转矩特性近似为直线	转矩随着 P_2 的增加而迅速上升	转矩随着 P_2 的增加而迅速上升（以串励为主的积复励电动机）
在相同的起动电流下：		
起动转矩小（起动能力较差）	起动转矩大（起动能力强）	起动转矩较大（起动能力较强）
在相同的冲击负荷转矩下：		
电枢电流增加幅度大（过载能力较差）	电枢电流增加幅度小（过载能力强）	电枢电流增加幅度较小（过载能力较强）

2.3 精选例题分析

1. 直流电枢绕组元件内的电动势和电流是直流还是交流？若是交流，那么为什么计算稳态电动势时不考虑元件的电感？

答：直流电枢绕组元件内的电动势和电流是交流的。直流电机电枢绕组是旋转的，经换向器-电刷的作用，变换成为静止电路，两电刷间电路在空间的位置是不变的，因而电刷电动势是直流的，所通过的电流也是直流的，电感不起作用。

2. 直流电机电刷放置原则是什么？

答：在确定直流电机电刷的安放时，原则上考虑：① 应使电机正、负电刷间的电动势最大；② 应使被短路元件的电动势最小，以利于换向。两者有一定的统一性，一般以空载状态为出发点考虑电刷的安放。因此，电刷的合理位置是在换向器的几何中性线上。无论是叠绕组还是波绕组，元件端接线一般总是对称的，换向器的几何中性线与主极轴线重合，此时电刷的合理位置是在主极轴线下的换向片上。

3. 一台六极直流电机原为单波绕组，如改接成单叠绕组，并保持元件数、每元件匝数、每槽元件数不变，问该电机的额定容量是否改变？

答：单波绕组的并联支路数等于 2，单叠绕组的并联支路数等于电机极数。电枢绕组由单波改成单叠后，并联支路数由 2 条变成了 6 条，每条支路的串联元件数变为原来的 1/3，支路电阻也变为原来的 1/3。因此，额定电压变为原来的 1/3，而额定电流则变为原来的 3 倍，故电机的容量保持不变。

4. 直流电机空载和负载运行时，气隙磁场各由什么磁动势建立？负载后电枢电动势应该用什么磁通进行计算？

答：空载时的气隙磁场由励磁磁动势建立，负载时气隙磁场由励磁磁动势和电枢磁动势共同建立。负载后电枢绕组的感应电动势应该用合成气隙磁场对应的主磁通进行计算。

5. 直流电机的感应电动势与哪些因素有关？若一台直流发电机在额定转速下的空载电动势为 230 V（等于额定电压），试问在下列情况下电动势变为多少？（1）磁通减少 10%；（2）励磁电流减少 10%；（3）转速增加 20%；（4）磁通减少 10%，n 上升 10%。

答：由式（2-1）可知，在其他条件不变的情况下，感应电动势 E_a 与磁通 Φ 和转速 n 成正比。

（1）Φ 减少 10%，E 亦减少 10%，为 207 V。

（2）励磁电流减少 10%，由于磁路饱和，Φ 减少不到 10%，E 亦减少不到 10%，因此 $207\text{ V} < E < 230\text{ V}$。

（3）n 增加 20%，E 亦增加 20%，为 276 V。

（4）Φ 减少 10%，n 上升 10%，$E = (1-0.1)(1+0.1) \times 230 = 228\text{ (V)}$。

6. 直流电机电枢反应的性质由什么决定？交轴电枢反应对每极磁通量有什么影响？直轴电枢反应如何产生？一台直流电动机，磁路是饱和的，当电机带负载以后，电刷逆着电枢旋转方向移动了一个角度，试问此时电枢反应对气隙磁场有什么影响？

答：电枢反应的性质由电刷位置决定，电刷在几何中性线上时电枢反应是交轴性质的，它主要改变气隙磁场的分布形状，磁路不饱和时每极磁通量不变，磁路饱和时则还有一定的去磁作用，使每极磁通量减小。电刷偏离几何中性线时将产生两种电枢反应：交轴电枢反应和直轴电枢反应。当电刷在发电机中顺着电枢旋转方向偏离、在电动机中逆转向偏离时，直轴电枢反应是去磁的，反之则是助磁的。所以电动机电刷逆电枢转向移动，直轴电枢反应去磁，交轴电枢反应是去磁的。

7. 做直流发电机实验时，若并励直流发电机的端电压升不起来，应该如何处理？

答：并励直流发电机的端电压升不起来，可按下述步骤进行处理，先检查一下线路和仪表接法是否正确，然后：① 检查电机转速是否达到额定转速；② 调节励磁回路所串电阻，使励磁回路电阻小于临界电阻；③ 把励磁绕组两端对调接在电枢绕组两端，使励磁磁通与剩磁磁通方向一致；④ 若以上三点都无效，则电机没有剩磁，应给电机充磁。

8. 并励发电机正转能自励，反转能否自励？

答：发电机正转时能够自励，表明发电机正转时满足自励条件，即：① 有一定的剩磁；② 励磁回路的电阻小于与运行转速所对应的临界电阻；③ 励磁绕组的接线与电机转向的配合是正确的。这里的正确配合就是说当电机以某一方向旋转时，励磁绕组只有一个正确的接法与之相对应。如果转向改变了，励磁绕组的接线也应随之改变，这样才能保证励磁电流所产生的磁场方向与剩磁方向相同，从而实现电机的自励。当电机的转向改变了，而励绕组的接线未改变，这样剩磁电动势及其产生的励磁电流的方向必然改变，励磁电流产生的磁场方向必将与剩磁的方向相反，电机内磁场被削弱，电压不能建立。并励发电机正转时能自励；反转时，不改变励磁绕组的两个端头的接线，是不能自励的。

9. 一台他励发电机和一台并励发电机，如果其他条件不变，将转速提高，问哪一台的空载电压提高得更高？为什么？

答：当转速提高时，两者的空载电压都会提高。两者相比较，并励发电机的空载电压会更高些。因为由式（2-1）可知，并励发电机的电动势除与转速有关外，其磁场大小也与感应电动势有关。当转速升高时，不仅有转速升高的原因导致电动势增加，还有因电枢电动势的增加而使励磁电流增加，并导致磁通增加的原因，这一因素导致感应电动势进一步增加。

10. 一台他励直流电动机拖动一台他励直流发电机在额定转速下运行，当发电机的电枢电流增加时，电动机电枢电流有何变化？分析原因。

答：直流电动机的电枢电流也增加。因为直流发电机电流增加时，则制动转矩即电磁转矩增大（磁通不变），要使电动机在额定转速下运行，则必须增大输入转矩即电动机的输出转矩，那么，电动机的电磁转矩增大，因此电枢电流也增大。

11. 如何改变并励、串励、积复励电动机的转向？

答：改变直流电动机转向就是要改变电磁转矩的方向，由式（2-2）可知，电磁转矩是电枢电流和气隙磁场相互作用产生的，因此改变电枢电流的方向或改变励磁磁场的方向就可以达到改变电动机转向的目的。①并励电动机：将电枢绕组的两个接线端对调或将并励绕组的两个接线端对调，但两者不能同时改变；②串励电动机：方法与并励电动机相同；③积复励电动机：要保持是积复励，最简单的方法是将电枢绕组的两个接线端对调。

12. 一台并励直流电动机，如果电源电压 U 和励磁电流 I_f 保持不变，加上恒定转矩 T_2 的负载以后，发现电枢电流 I_a 超过额定电流，有人试图在电枢回路中串接一电阻来限制电枢电流，试问是否可行？

答：当 U、I_f 保持不变时，按电动机稳定运行时的转矩平衡方程式 $T_{em} = T_0 + T_2 \approx T_2$，

$T_{em} = C_T \Phi I_a$，C_T 为一制造常数，因此有 $C_T \Phi I_a = T_2$。今电枢电流超过额定电枢电流，即 $I_a > I_{aN}$，说明 $C_T \Phi I_{aN} < T_2$，亦即电枢通过额定电流时产生的电磁转矩小于负载转矩。出现这种情况，有如下几种可能，一是负载转矩 T_2 较大，或是励磁电流 I_f 较小，使产生的主磁通 Φ 减小。在这种情况下，试图在电枢回路串接电阻来限制电枢电流是不行的。因为在负载转矩 T_2 及气隙合成磁通 Φ 一定时，所需的电枢电流也是一定的。

13. 一台四极，82 kW，230 V，971 r/min 的他励直流发电机，如果每极的合成磁通等于空载额定转速下具有额定电压时每极磁通，试求当电机输出额定电流时的电磁转矩。

解：额定电流

$$I_N = \frac{P_N}{U_N} = \frac{82 \times 10^3}{230} = 356.5 \text{ (A)}$$

他励电机，额定电枢电流

$$I_{aN} = I_N = 356.5 \text{ A}$$

依题意有

$$E_a = C_e \Phi n = U_N$$

$$C_e \Phi = \frac{U_N}{n} = \frac{230}{970} = 0.237\ 1$$

$$C_T \Phi = \frac{30}{\pi} C_e \Phi = \frac{30}{\pi} \times 0.237\ 1 = 2.264\ 3$$

电磁转矩

$$T_{em} = C_T \Phi I_{aN} = 2.264\ 3 \times 356.5 = 807.2 \text{ (N·m)}$$

14. 一台直流发电机，$2p = 8$，当 $n = 600$ r/min，每极磁通 $\Phi = 0.004$ Wb 时，$E = 230$ V，试问：

（1）若为单叠绕组，则电枢绕组应有多少导体？
（2）若为单波绕组，则电枢绕组应有多少导体？

解：由式（2-1），得电动势常数

$$C_e = \frac{E_a}{\Phi \cdot n} = \frac{230}{0.004 \times 600} = 95.833$$

（1）若为单叠绕组时，$2a = 2p = 8$，由 $C_e = \frac{Zp}{60a}$ 得

$$Z = \frac{60 \cdot a \cdot C_e}{p}$$

故单叠绕组时的电动势绕组导体数

$$Z = \frac{60 \times 4 \times 95.833}{4} = 5\ 750 \text{ (根)}$$

（2）单波时，$2a = 2$，电枢绕组的总导体数

$$Z = \frac{60 \times 1 \times 95.833}{4} = 1\,438 \text{ (根)}$$

15. 一台并励直流发电机数据如下：$P_N = 46$ kW，$n_N = 1\,000$ r/min，$U_N = 230$ V，极对数 $p = 2$，电枢电阻 $r_a = 0.03\ \Omega$，一对电刷压降 $2\Delta U_b = 2$ V，励磁回路电阻 $R_f = 30\ \Omega$，把此发电机当电动机运行，所加电源电压 $U_N = 220$ V，保持电枢电流为发电机额定运行时的电枢电流。试问：

（1）此时电动机转速为多少（假定磁路不饱和）？
（2）发电机额定运行时的电磁转矩为多少？
（3）电动机运行时的电磁转矩为多少？

解：（1）作发电机运行时，额定电流：$I_N = \dfrac{P_N}{U_N} = \dfrac{46 \times 10^3}{230} = 200$ (A)

励磁电流：$I_{fN} = \dfrac{U_N}{R_f} = \dfrac{230}{30} = 7.67$ (A)

额定电枢电流：$I_{aN} = I_N + I_{fN} = 200 + 7.67 = 207.7$ (A)

$$C_e \Phi_N = \frac{U_N + I_{aN} r_a + 2\Delta U_b}{n_N} = \frac{230 + 207.7 \times 0.03 + 2}{1\,000} = 0.238\,2$$

今作电动机运行：$I_{fN} = U_N / R_f = \dfrac{220}{30} = 7.33$ (A)

$$C_e \Phi = \frac{I_{fD}}{I_{fF}} C_e \Phi_N = \frac{7.33}{7.67} \times 0.238\,2 = 0.227\,6$$

电动机转速：$n = \dfrac{U_N - r_a I_{aN} - 2\Delta U_b}{C_e \Phi}$

$$= \frac{220 - 0.03 \times 207.7 - 2}{0.227\,6} = 930.4 \text{ (r/min)}$$

（2）发电机额定电磁转矩：$T_{em} = C_T \Phi_N I_{aN} = 9.55 C_e \Phi I_{aN}$
$$= 9.55 \times 0.238\,2 \times 207.7 = 472.5 \text{ (N·m)}$$

（3）电动机电磁转矩：$T_{em} = C_T \Phi I_{aN} = 9.55 C_e \Phi I_{aN}$
$$= 9.55 \times 0.227\,6 \times 207.7 = 451.5 \text{ (N·m)}$$

16. 一台并励直流电动机的额定数据如下：$P_N = 17$ kW，$U_N = 220$ V，$I_N = 88.9$ A，$n_N = 3\,000$ r/min，电枢回路总电阻 $R_a = 0.089\,6\ \Omega$，励磁回路电阻 $R_f = 181.5\ \Omega$，若忽略电枢反应的影响，试求：（1）电动机的额定输出转矩；（2）在额定负载时的电磁转矩；（3）额定负载时的效率；（4）在理想空载时的转速。

解：（1）$T_N = \dfrac{P_N}{\Omega_N} = \dfrac{17\,000 \times 60}{2\pi \times 3\,000} = 54.1$ (N·m)

（2）$I_{fN} = \dfrac{U_N}{R_f} = \dfrac{220}{181.5} = 1.212\ (\Omega)$

$$I_{aN} = I_N - I_{fN} = 88.9 - 1.212 = 87.688 \text{ (A)}$$

$$E_{aN} = U_N - I_{aN}R_a = 220 - 87.688 \times 0.089\ 6 = 212.14 \text{ (V)}$$

$$P_{eN} = E_{aN}I_{aN} = 212.14 \times 87.688 = 18\ 602.13 \text{ (W)}$$

$$T_{emN} = \frac{P_{emN}}{\Omega_N} = \frac{18\ 602.13 \times 60}{2\pi \times n_N} = 59.2 \text{ (N·m)}$$

(3) $T_0 = T_{emN} - T_N = 59.2 - 54.1 = 5.1 \text{ (N·m)}$

$$P_0 = T_0 \Omega = 5.1 \times \frac{2\pi \times 3\ 000}{60} = 1\ 602.2 \text{ (W)}$$

$$P_{1N} = P_{emN} + p_{cua} + p_{cuf} = P_{emN} + I_a^2 R_a + I_f^2 R_f$$

$$= 18\ 602.13 + 87.688^2 \times 0.089\ 6 + 1.212^2 \times 181.5$$

$$= 19\ 557.7 \text{ (W)}$$

$$\eta_N = \frac{P_N}{P_{1N}} \times 100\% = 86.9\%$$

(4) $n_0 = \dfrac{U_N}{C_e \Phi} = \dfrac{U_N n_N}{E_{aN}} = \dfrac{220 \times 3\ 000}{212.14} = 3\ 111.2 \text{ (r/min)}$

17. 一台并励发电机，$P_N = 6 \text{ kW}$，$U_N = 230 \text{ V}$，$n_N = 1\ 450 \text{ r/min}$，电枢回路电阻 $R_a = 0.921\ \Omega$，励磁回路电阻 $R_f = 177\ \Omega$，额定负载时的附加损耗 $P_a = 60 \text{ W}$，铁耗 $P_{Fe} = 145.5 \text{ W}$，机械损耗 $P_m = 168.4 \text{ W}$，求额定负载下的输入功率、电磁功率、电磁转矩及效率。

解：发电机 $I_N = \dfrac{P_N}{U_N} = \dfrac{6\ 000}{230} = 26.09 \text{ (A)}$

$$I_{aN} = I_N + \frac{U_N}{R_f} = 26.09 + \frac{230}{177} = 27.39 \text{ (A)}$$

$$E_{aN} = U_N + I_{aN}R_a = 230 + 27.39 \times 0.921 = 255.23 \text{ (V)}$$

所以 $P_{emN} = E_{aN}I_{aN} = 255.23 \times 27.39 = 6\ 990.75 \text{ (W)}$

$$T_{emN} = \frac{P_{emN}}{\Omega_N} = \frac{6\ 990.75 \times 60}{2\pi \times 1\ 450} = 46.04 \text{ (N·m)}$$

$$P_{1N} = P_{emN} + p_m + p_a + p_{Fe}$$

$$= 6\ 990.75 + 168.4 + 60 + 145.5$$

$$= 7\ 364.65 \text{ (W)}$$

$$\eta_N = \frac{P_N}{P_{1N}} = \frac{6\ 000}{7\ 364.65} = 81.5\%$$

18. 一直流电机并联于 $U = 220 \text{ V}$ 电网上运行，已知 $a = 1$，$p = 2$，$Z = 398$ 根，$n_N = 1\ 500 \text{ r/min}$，$\Phi = 0.010\ 3 \text{ Wb}$，电枢回路总电阻（包括电刷接触电阻）$R_a = 0.17\ \Omega$，$I_N = 1.83 \text{ A}$，$p_{Fe} = 276 \text{ W}$，机械损耗 $p_m = 379 \text{ W}$，附加损耗 $p_a = 0.86\% P_1$，试问：此直流电机是发电机还是电动机运行？计算电磁转矩 T_{em} 和效率。

解：（1）$E_a = C_e \Phi n = \dfrac{pZ}{60a}\Phi n = \dfrac{2 \times 398}{60 \times 1} \times 0.0103 \times 1500 = 205 \text{ (V)} < 220 \text{ (V)}$

∴ 是电动机运行。

（2）$I_a = \dfrac{U - E_a}{R_a} = \dfrac{220 - 205}{0.17} = 88.24 \text{ (A)}$

∴ $T_{em} = C_T \Phi I_a = \dfrac{pZ}{2\pi a}\Phi I_a = \dfrac{2 \times 398}{2\pi \times 1} \times 0.0103 \times 88.24 = 115.15 \text{ (N·m)}$

（3）$I = I_a + I_f = 88.24 + 1.83 = 90.07 \text{ (A)}$

$P_1 = UI = 220 \times 90.07 = 19\,815.4 \text{ (W)}$

$P_2 = P_{em} - p_{Fe} - p_m - p_a = EI_a - (p_{Fe} + p_m + p_a)$

$= 205 \times 88.24 - 276 - 379 - 0.86\% \times \dfrac{19\,815.4}{100} = 17\,263.79 \text{ (W)}$

$\eta = \dfrac{P_2}{P_1} \times 100\% = \dfrac{17\,263.79}{19\,815.4} \times 100\% = 87.12\%$

或者：$p_{Cua} = I_a^2 R_a = 88.24^2 \times 0.17 = 1\,323.67 \text{ (W)}$

$p_{Cuf} = I_f U = 1.83 \times 220 = 402.6 \text{ (W)}$

$p_a = 0.86\% \times 19\,815.4 = 170.41 \text{ (W)}$

$P_2 = P_1 - \sum p = 19\,815.4 - p_{Cua} - p_{Cuf} - p_{Fe} - p_m - p_a = 17\,263.7 \text{ (W)}$

19. 一台并励直流电动机，额定数据为：$U_N = 110 \text{ V}$，$I_N = 28 \text{ A}$，$n_N = 1\,500 \text{ r/min}$，电枢回路总电阻 $R_a = 0.15 \text{ Ω}$，励磁电路总电阻 $R_f = 110 \text{ Ω}$。若将该电动机用原动机拖动作为发电机并入电压为 U_N 的电网，并忽略电枢反应的影响，试问：

（1）若保持电压和电枢电流不变，此发电机转速为多少？向电网输出的电功率为多少？

（2）当此发电机向电网输出电功率为零时，转速为多少？

解：（1）电动机状态额定运行时

励磁电流： $I_{fN} = \dfrac{U_N}{R_f} = \dfrac{110}{110} = 1 \text{ (A)}$

电枢电流： $I_{aN} = I_N - I_{fN} = 28 - 1 = 27 \text{ (A)}$

感应电动势： $E_N = U_N - I_{aN} R_a = 110 - 27 \times 0.15 = 106 \text{ (V)}$

由于额定电压不变，励磁电流不变，因此主磁通保持不变。故发电机运行时的转速为

$$n_F = \dfrac{E_F}{E_N} n_N = \dfrac{114.1}{106} \times 1\,500 = 1\,615 \text{ (r/min)}$$

其中： $E_F = U_N + I_{aN} R_a = 110 + 27 \times 0.15 = 114.1 \text{ (V)}$

发电机运行时输出功率： $P_2 = U_N(I_{aF} - I_{fN}) = 110 \times (27 - 1) = 2\,860 \text{ (W)} = 2.86 \text{ (kW)}$

（2）发电机向电网输出功率为 0，即此时输出电流为 0，故发电机的电枢电流等于励磁电流

$$I'_{aF} = I_{fN} = 1 \text{ A}$$

发电机感应电动势为： $E'_F = U_N + I'_{aF} R_a = 110 + 1 \times 0.15 = 110.2 \text{ (V)}$

发电机的转速：$n_F' = \dfrac{E_F'}{E_F} \times n_F = \dfrac{110.2}{114.1} \times 1\,615 = 1\,560$ (r/min)

2.4 自测题

一、单项选择题

1. 直流电机的主磁极和电枢的铁心选材应是（　　）。
   A. 电枢用硅钢片，主磁极用整块铸钢
   B. 电枢用整块铸钢，主磁极用钢板冲片叠成
   C. 电枢用硅钢片，主磁极用钢板冲片叠成
   D. 因是直流无铁损，故两者均可用整块铸钢

2. 直流电动机的额定功率指（　　）。
   A. 转轴上吸收的机械功率　　B. 转轴上输出的机械功率
   C. 电枢端口吸收的电功率　　D. 电枢端口输出的电功率

3. 直流发电机由主磁通感应的电动势存在于（　　）。
   A. 电枢绕组　　B. 电枢和励磁绕组　　C. 励磁绕组　　D. 以上都不是

4. 在直流电机中，右行单叠绕组的合成节距为（　　）。

   A. $Q_u/2p$　　　B. $\dfrac{Q_u}{2p} \pm \varepsilon$　　　C. 1　　　D. 2

5. 在直流电机中，公式 $E_a = C_e \Phi n$ 和 $T_{em} = C_T \Phi I_a$ 中的 Φ 指的是（　　）。
   A. 每极合成磁通　　　　　　B. 所有磁极的总磁通
   A. 每极主磁通　　　　　　　D. 以上都不是

6. 一台他励直流发电机，六极，单叠绕组，额定电流为 150 A，电枢绕组的支路电流为（　　）。
   A. 12.5 A　　　B. 50 A　　　C. 15 A　　　D. 25 A

7. 相同的元件，一台他励直流电动机将单叠绕组改接为单波绕组，保持其支路电流不变，电磁转矩将（　　）。
   A. 变大　　　B. 不变　　　C. 变小　　　D. 变化不确定

8. 一台他励直流发电机，由额定运行状态转速下降 30%，而励磁电流及电枢电流不变，则（　　）。
   A. E_a 下降 30%　　　　　　B. T_{em} 下降 30%
   C. E_a 和 T_{em} 都下降 30%　　D. 端电压下降 30%

9. 一台他励直流发电机，额定电压为 200 V，六极，额定支路电流为 100 A。当电枢为单叠绕组时，其额定功率为（　　）；当电枢为单波绕组时，其额定功率为（　　）。
   A. 20 W　　　B. 40 kW　　　C. 80 kW　　　D. 120 kW

10. 要改变并励直流电动机的转向，可以（　　）。

A. 增大励磁　　　　　　　　　　　B. 改变电源极性
C. 改接励磁绕组与电枢的联接　　　D. 减小励磁

11. 一台并励直流发电机希望改变电枢两端正负极性，采用的方法是（　　）。
    A. 改变原动机的转向　　　　　　　　　　B. 改变励磁绕组的接法
    C. 改变原动机的转向和改变励磁绕组的接法　D. 改变电枢绕组的接法

12. 把直流发电机的转速升高，他励方式运行空载电压为 U_{01}，并励方式空载电压为 U_{02}，则（　　）。
    A. $U_{01} = U_{02}$　　　　　　　B. $U_{01} < U_{02}$
    C. $U_{01} > U_{02}$　　　　　　　D. $U_{01} = U_{02} = 0$

13. 直流发电机电刷在与位于几何中性线上的导体相接触的位置，若磁场不饱和，这时电枢反应是（　　）。
    A. 增磁　　　　　　　　　　B. 去磁
    C. 不增磁也不去磁　　　　　D. 前极端去磁后极端不变

14. 直流发电机的电刷逆转向移动一个小角度，电枢反应性质为（　　）。
    A. 去磁与交磁　　　　　　　B. 增磁与交磁
    C. 纯去磁　　　　　　　　　D. 纯增磁

15. 某并励直流电动机，维修后做负载实验，发现电动机转速很高，其原因是（　　）。
    A. 交轴电枢反应的去磁作用　　B. 直轴电枢磁动势的增磁作用
    C. 直轴电枢反应的去磁作用　　D. 换向器与电刷接触不好

16. 并励直流电动机在运行时励磁绕组断开了，电机将（　　）。
    A. 飞车　　　　　　　　　　B. 停转
    C. 可能飞车，也可能停转　　D. 继续原速运行

17. 他励直流发电机空载运行，调节励磁电流 I_f 为 2 A 时能建立额定电压 220 V。若原动机使 $n = n_N$ 不变，将励磁电流上升到 4 A，则能建立的电压 U_0 值为（　　）。
    A. 等于 440 V　　　　　　　B. 大于 220 V 但小于 440 V
    C. 仍为 220 V　　　　　　　D. 大于 440 V
    E. 小于 220 V

18. 并励直流电动机磁通增加，当负载转矩不变时，不计饱和与电枢反应的影响，电机稳定后，下列量的变化为电磁转矩（　　）；转速（　　）；电枢电流（　　）；输出功率（　　）。
    A. 增加　　B. 减小　　C. 基本不变　　D. 变化不确定

二、判断题
1. 直流电动机外施电压、电流是直流电，所以电枢线圈内电流是直流电。　　（　　）
2. 同一台直流电机既可作发电机运行，也可作电动机运行。　　（　　）
3. 直流电机电枢电流产生的磁场在空间看是恒定不变的磁场。　　（　　）
4. 直流电机各主极上的励磁绕组彼此间必须用串联方式联接。　　（　　）
5. 直流电动机的额定功率指转轴上吸收的机械功率。　　（　　）
6. 电机的电枢绕组并联支路数等于极数即 $2a = 2p$。　　（　　）
7. 若直流电机运行在电动机状态，则感应电动势大于其端电压。　　（　　）
8. 直流电动机在运行时，励磁回路不能断开。　　（　　）

9. 并励直流发电机转速上升 0.2 倍，则空载时发电机端电压上升 0.2 倍。　　　（　　）
10. 直流电机主磁通既链着电枢绕组又链着励磁绕组，因此这两个绕组中都存在着感应电动势。　　　　　　　　　　　　　　　　　　　　　　　　　　　　　　　　（　　）
11. 直流电机的电枢绕组至少有两条并联支路。　　　　　　　　　　　　　　（　　）
12. 直流电动机电磁转矩和阻转矩的大小相等，则电机是静态稳定的。　　　　（　　）
13. 并励直流发电机稳态运行时短路电流很大。　　　　　　　　　　　　　　（　　）
14. 直流发电机中的电刷间感应电动势和导体中的感应电动势均为直流电动势。（　　）
15. 直流电机无电刷一样可以工作。　　　　　　　　　　　　　　　　　　　（　　）
16. 直流电机的转子转向不可改变。　　　　　　　　　　　　　　　　　　　（　　）
17. 并励直流电动机不可轻载运行。　　　　　　　　　　　　　　　　　　　（　　）
18. 串励直流电动机可以轻载运行。　　　　　　　　　　　　　　　　　　　（　　）
19. 电枢反应对并励直流电动机转速特性和转矩特性无影响。　　　　　　　　（　　）
20. 直流电机单波绕组有四个电刷，说明电枢绕组电路有四条支路。　　　　　（　　）

三、填空题

1. 直流电机的电枢绕组的元件中的电动势和电流是_____。
2. 一台四极直流发电机采用单叠绕组，若取下一组或相邻的两组电刷，其电流和功率_____，而电刷电压_____。
3. 直流发电机的电磁转矩是_____转矩，直流电动机的电磁转矩是_____转矩。
4. 某直流电动机 $P_N = 10$ kW，$U_N = 220$ V，$\eta_N = 80\%$，$n_N = 1\,600$ r/min，则输入功率为_____。
5. 直流电机电刷实际应装设的位置是_____；简化图中电刷位置画在_____。
6. 一台并励直流电动机拖动恒定的负载转矩，做额定运行时，如果将电源电压降低了 20%，则稳定后电机的电流为_____倍的额定电流（假设磁路不饱和）。
7. 并励直流电动机，当电源反接时，其中 I_a 的方向_____，转速方向_____。
8. 一台串励直流电动机与一台并励直流电动机，都在满载下运行，它们的额定功率和额定电流都相等，若它们的负载转矩同样增加，则可知：_____电动机转速下降得多，而电动机的电流增加得多。
9. 电枢反应对并励电动机转速特性和转矩特性有一定的影响，当电枢电流 I_a 增加时，转速 n 将_____，转矩 T_{em} 将_____。
10. 电磁功率与输入功率之差，对于直流发电机包括_____损耗；对于直流电动机包括_____损耗。
11. 一台他励直流电动机，如果电源电压和励磁电流 I_f 不变，加上一恒定转矩的负载，当串入一电枢电阻后，电动机的输入功率 P_1 将_____，电枢电流 I_a _____，转速 n 将_____，电动机的效率 η 将_____。
12. 串励直流电动机在负载较小时，I_a _____；当负载增加时，T_{em} _____，I_a _____；n 随着负载增加下降程度比并励电动机要_____。
13. 并励直流发电机的励磁回路电阻和转速同时增大一倍，则其空载电压_____。（不考虑饱和影响）

14. 直流电机单叠绕组的并联支路对数为_____，单波绕组的并联支路对数为_____。

15. 直流电机的 $U > E_a$ 时运行于_____状态，$U < E_a$ 时运行在_____状态。

16. 一台并励直流电动机发现电枢电流过大，励磁回路无故障，电枢电压正常，为减小电枢电流应该_____。

17. 直流电动机的额定功率指_____。

四、简答题

1. 为什么直流发电机能发出直流电流？如果没有换向器，电机能不能发出直流电流？

2. 试判断下列情况下，电刷两端电压性质：

（1）磁极固定，电刷与电枢同时旋转；

（2）电枢旋转，电刷与磁极固定。

3. 在直流发电机中，为了把交流电动势转变成直流电动势而采用了换向器装置；但在直流电动机中，加在电刷两端的电压已是直流电压，那么换向器有什么作用呢？

4. 为什么直流电机的电枢绕组必须是闭合绕组？

5. 为什么并励直流发电机工作在空载特性的饱和部分比工作在直线部分时，其端电压更加稳定？

6. 一台并励发电机，在额定转速下，将磁场调节电阻放在某位置时，电机能自励。后来原动机转速降低了，磁场调节电阻不变，电机不能自励，为什么？

7. 一台他励直流电动机，当所拖动的负载转矩不变时，电机端电压和电枢附加电阻的变化都不能改变其稳态下电枢电流的大小，这一现象应如何理解？这时拖动系统中哪些量必然要发生变化？对串励电动机情况又如何？

8. 一台并励直流电动机原运行于某一 I_a，n，E_a 和 T_{em} 值下，设负载转矩 T_2 增大，试分析电机将发生怎样的过渡过程，并将最后稳定的 I_a，n，E_a 和 T_{em} 的数值与原值进行比较。

9. 一台直流并励电动机，在维修后作负载实验，发现电动机转速很高，电流超过正常值，停机检修发现线路无误，电动机的励磁电流正常。试分析这故障的可能原因并说明理由。

五、计算题

1. 一台直流发电机，$2p=4, a=1, Q_u=35$，每槽内有 10 根导体，如要在 1450 r/min 下产生 230 V 电动势，则每极磁通应为多少？

2. 一台并励直流发电机，$P_N = 35 \text{ kW}$，$U_N = 115 \text{ V}$，$n_N = 1\,450 \text{ r/min}$，电枢电路各绕组总电阻 $r_a = 0.024\,3 \text{ Ω}$，一对电刷压降 $2\Delta U_b = 2 \text{ V}$，励磁电路电阻 $R_f = 20.1 \text{ Ω}$。求额定负载时的电磁转矩及电磁功率。

3. 一台四极，82 kW，230 V，970 r/min 的并励直流发电机，在 75 ℃ 时电枢回路电阻 $R_a = 0.025\,9 \text{ Ω}$，励磁绕组总电阻 $R_f = 22.8 \text{ Ω}$，额定负载时，并励回路串入 3.5 Ω 的调节电阻，电刷压降为 2 V，基本铁耗及机械损耗 $p_{Fe} + p_m = 2.3 \text{ kW}$，附加损耗 $p_a = 0.005 P_N$，试求额定负载时发电机的输入功率，电磁功率，电磁转矩和效率。

4. 一台并励直流电动机，$P_N = 100 \text{ kW}, U_N = 220 \text{ V}, n_N = 550 \text{ r/min}$ 在 75 ℃ 时电枢回路电阻 $R_a = 0.022 \text{ Ω}$，励磁回路电阻 $R_f = 27.5 \text{ Ω}$，$2\Delta u = 2 \text{ V}$，额定负载时的效率为 88%，试求电机空载时的电流。

5. 两台完全相同的并励直流电机，机械上用同一轴联在一起，并联于 230 V 的电网上运行，轴上不带其他负载。在 1 000 r/min 时，空载特性如下：

I_f / A	1.3	1.4
U_0 / V	186.7	195.9

现在，电机甲的励磁电流为 1.4 A，电机乙的为 1.3 A，转速为 1 200 r/min，电枢回路总电阻（包括电刷接触电阻）均为 0.1 Ω，若忽略电枢反应的影响，试问：

（1）哪一台是发电机？哪一台为电动机？
（2）总的机械损耗和铁耗是多少？
（3）只调节励磁电流能否改变两机的运行状态（保持转速不变）？
（4）是否可以在 1 200 r/min 时两台电机都从电网吸取功率或向电网送出功率？

2.5 课后习题

2-1 描述直流电动机和发电机工作原理，并说明换向器和电刷各起什么作用？
2-2 一台电机在同一时间绝不能既是发电机又是电动机，为什么说发电机作用和电动机作用同时存在于一台电机中？
2-3 直流电机有哪些主要部件？试说明它们的作用及结构。
2-4 直流电机电枢铁心为什么必须用薄电工钢冲片叠成？磁极铁心有什么不同？
2-5 试述直流发电机和直流电动机主要额定参数的异同点。
2-6 某直流电机，额定数据为 $P_N = 17$ kW，$U_N = 220$ V，$n_N = 2 850$ r/min，$\eta_N = 83\%$。（1）若是直流发电机，求额定电流 I_N；（2）如果是直流电动机，再计算求额定电流 I_N。
2-7 试分别说明励磁方式不同时，电机电流 I、电枢电流 I_a 与励磁电流 I_f 之间的关系。
2-8 单叠绕组和单波绕组各有什么特点？其联接规律有何不同？
2-9 一台四极，单叠绕组的直流电机，试问：（1）若分别取下一组电刷、或相邻的两组电刷、或相对的两组电刷，电刷间的电压有何变化？电流有何变化？（2）如有一元件断线，电刷间的电压有何变化？电流有何变化？（3）若有一主极失磁，将产生什么后果？
2-10 什么叫电枢反应？电枢反应对气隙磁场有什么影响？对电机的运行有什么影响？
2-11 如何改变直流发电机的电枢感应电动势的方向？如何改变直流电动机电磁转矩方向？
2-12 如何判断直流电机是运行于发电机状态还是运行于电动机状态？
2-13 直流电动机的损耗主要有哪些？它们随负载变化吗？
2-14 并励直流电动机正在运行时励磁绕组突然断开，试讨论在电机有剩磁和没有剩磁的情况下会有什么后果？若启动时断线又有什么后果？
2-15 串励直流电动机的转速特性有什么特点？为什么串励直流电动机不允许空载运行？

2-16　并励直流发电机自励过程中，建立电压的条件是什么？建立起来的电压大小受哪些因素影响？

2-17　什么是直流发电机的外特性？他励与并励直流发电机的外特性有什么区别？为什么？

2-18　一台四极 $P_N = 82\text{ kW}$，$U_N = 230\text{ V}$，$n_N = 970\text{ r/min}$ 的并励直流发电机，$R_{a75\,°C} = 0.025\,9\ \Omega$，励磁绕组总电阻 $R_{af75\,°C} = 22.8\ \Omega$，额定负载时并励回路中串入 $3.5\ \Omega$ 的调节电阻，电刷压降为 2 V，铁耗和机械损耗共 2.5 kW，附加损耗为额定功率的 0.5%，试求额定负载时发电机的输入功率、电磁功率和效率。

2-19　一台 $P_N = 17\text{ kW}$、$U_N = 220\text{ V}$ 的串励直流电动机，串励绕组电阻为 $0.12\ \Omega$，电枢总电阻为 $0.2\ \Omega$，在额定电压下电动机电枢电流为 65 A 时，转速为 670 r/min，试确定电枢电流增为 75 A 时电动机的转速和电磁转矩（磁路设为线性）。

2-20　一台 96 kW 的并励直流电动机，$U_N = 440\text{ V}$，$I_N = 255\text{ A}$，$I_{fN} = 5\text{ A}$，$n_N = 500\text{ r/min}$，$R_a = 0.078\ \Omega$，不计电枢反应，试求：（1）电动机的额定输出转矩；（2）额定电流时的电磁转矩；（3）电动机的空载转速。

2-21　一台并励直流发电机，$P_N = 9\text{ kW}$，$U_N = 115\text{ V}$，$n_N = 1450\text{ r/min}$，$R_a = 0.07\ \Omega$，励磁回路电阻 $R_f = 330\ \Omega$，带额定负载运行时的铁耗 $p_{Fe} = 400\text{ W}$，机械损耗 $p_m = 110\text{ W}$，忽略附加损耗。试求：（1）额定负载时的输入功率和效率；（2）额定负载时的电磁功率和电磁转矩。

第 3 章 直流电机的电力拖动

应用各种电动机使生产机械产生运动的方式被称为电力拖动。电力拖动系统是以电动机作为原动机来拖动生产机械工作的运动系统。直流电机电力拖动研究的是以直流电动机作为原动机的直流电机的电力拖动，它主要研究直流电动机与所拖动的生产机械之间的关系，包括机械特性、起动、调速、制动以及四象限运行等内容。学习过程中主要研究对象是直流他励电动机的电力拖动。

3.1 学习要求

（1）了解电机与电力拖动系统的概念与分类、电机与电力拖动系统学习特点。
（2）熟练掌握电力拖动系统运动方程式，各种负载机械特性。
（3）熟练掌握他励直流电动机的机械特性。
（4）了解电力拖动系统对起动的要求，掌握他励直流电动机的起动方法。
（5）掌握评价调速的指标、他励直流电动机调速方法；了解调速方式与负载类型的配合、各种调速的特点。
（6）掌握能耗制动、反接制动、回馈制动及各种制动的特点；理解直流电动机的四象限运行。

3.2 学习指导

本章是以电力拖动系统运动方程式为基础、以机械特性为有力的工具来分析直流电动机的电力拖动。其重点是电力拖动系统的运动方程式及他励直流电动机的机械特性、负载的机械特性。难点在于各种调速方法的调速的指标及各种制动的特点。学习本章需掌握的几个基本概念如下：

1．直流电动机的电力拖动特点

用直流电动机作为原动机来拖动生产机械运行的系统,称为直流电动机的电力拖动系统。

直流电动机电力拖动系统包括：直流电动机、工作机构（包括传动机构和生产机械）、控制设备、电源四个部分。直流电动机的电力拖动系统具有过载能力强、启动和调速性能好、易于控制等优点，因此被广泛地应用在对起动性能及调速性能要求高的场合，如电力机车、矿井卷扬机、轧钢机、船舶机械、造纸和纺织机械等广泛采用直流电动机作为原动机。但直流电动机相对交流电动机而言，其结构复杂、维护困难、可靠性差、价格较贵。特别是与电力电子装置结合而具有直流电动机性能的交流电动机的不断涌现，使直流电动机有被交流电机取代的趋势。

2．电力拖动系统的运动方程式

电力拖动系统的运动方程式是分析电力拖动系统动态运行的理论依据。一般以单轴电力拖动系统为分析对象，按电动机运行惯例规定轴上各转矩的正方向，即电磁转矩 T_{em} 与运动方向 n 相同，负载转矩 T_L 与转速方向 n 相反，如图 3-1 所示，其电力拖动系统的运动方程式为

$$T_{em} - T_L = \frac{GD^2}{375} \cdot \frac{dn}{dt} \quad (3\text{-}1)$$

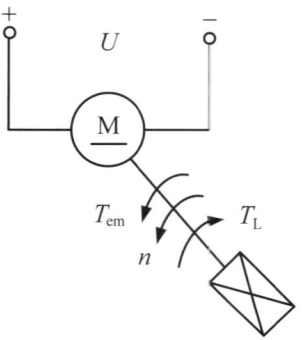

图 3-1 电动机状态

式（3-1）反映了电动机轴上的电磁转矩 T_{em}、负载转矩 T_L 与转速 n 之间的关系，

随着电动机类型、运转状态及生产机械负载类型的不同，电动机轴上的电磁转矩 T_{em} 和负载转矩 T_L 不仅大小不同，方向也是变化的。因此，运动方程式可写成下列一般形式：

$$(\pm T_{em}) - (\pm T_L) = \frac{GD^2}{375} \cdot \frac{dn}{dt} \quad (3\text{-}2)$$

式（3-2）中的转矩 T_{em} 和 T_L 都是带有正、负号的代数量。在实际应用运动方程式时，必须注意转矩的正、负号。一般规定如下：

首先选定电动机转轴某一旋转方向为转速 n 的正方向，则电磁转矩 T_{em} 与转速 n 的正方向相同时为正，相反时为负；负载转矩 T_L 与转速 n 的正方向相反时为正，相同时为负。惯性转矩 $\frac{GD^2}{375} \cdot \frac{dn}{dt}$ 的大小及正、负号由电磁转矩 T_{em} 和负载转矩 T_L 的代数和决定。图 3-2 与图 3-1 不同的是，T_{em} 与 n 转速方向相反，T_L 与转速 n 相同，因此对应的运动学方程为

$$(-T_{em}) - (-T_L) = \frac{GD^2}{375} \cdot \frac{dn}{dt} \quad (3\text{-}3)$$

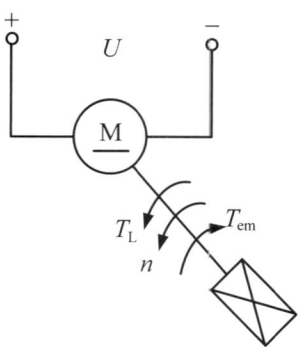

式（3-3）中电磁转矩 T_{em} 起制动作用而负载转矩 T_L 起加速作用。可见，根据该式可判断系统的运动状态。

图 3-2 制动状态

3．负载机械特性

常见的负载机械特性有三种：恒转矩负载（反抗性和位能性）、恒功率负载、泵与风机类负载。实际的生产机械往往是几种典型负载类型的综合。表 3-1 列举了三种典型负载的机械特性区别。

表 3-1 三种典型负载的机械特性区别

负载类型	特性	特点	实例
恒转矩负载	反抗性（图）	负载转矩 T_L 的大小恒定不变，方向总与转速方向相反（T_L 为制动转矩）	摩擦力
	位能性（图）	负载转矩 T_L 的大小不仅恒定不变，方向也不随转速方向改变（T_L 第一象限为制动转矩，第四象限为拖动转矩）	起重装置
恒功率负载	（图）	负载转矩 T_L 与转速 n 成反比	机床加工；卷纸机；轧钢机
泵与风机类负载	（图）	负载转矩 T_L 基本上与转速 n 的平方成正比	鼓风机；泵

4. 他励直流电动机的机械特性

电动机的机械特性是指稳态运行时转速与电磁转矩的关系 $n = f(T_{em})$，反映了稳态转速随转矩的变化规律。根据电动机运行时电气参数的不同，可分为固有机械特性和人为机械特性。表 3-2 列举了各类他励直流电动机的机械特性。利用电动机的机械特性和负载机械特性不但可以确定电动机的稳定工作点（交点），还可以用于分析电机的启动、调速、制动的过渡过程。

表 3-2 各类他励直流电动机的机械特性

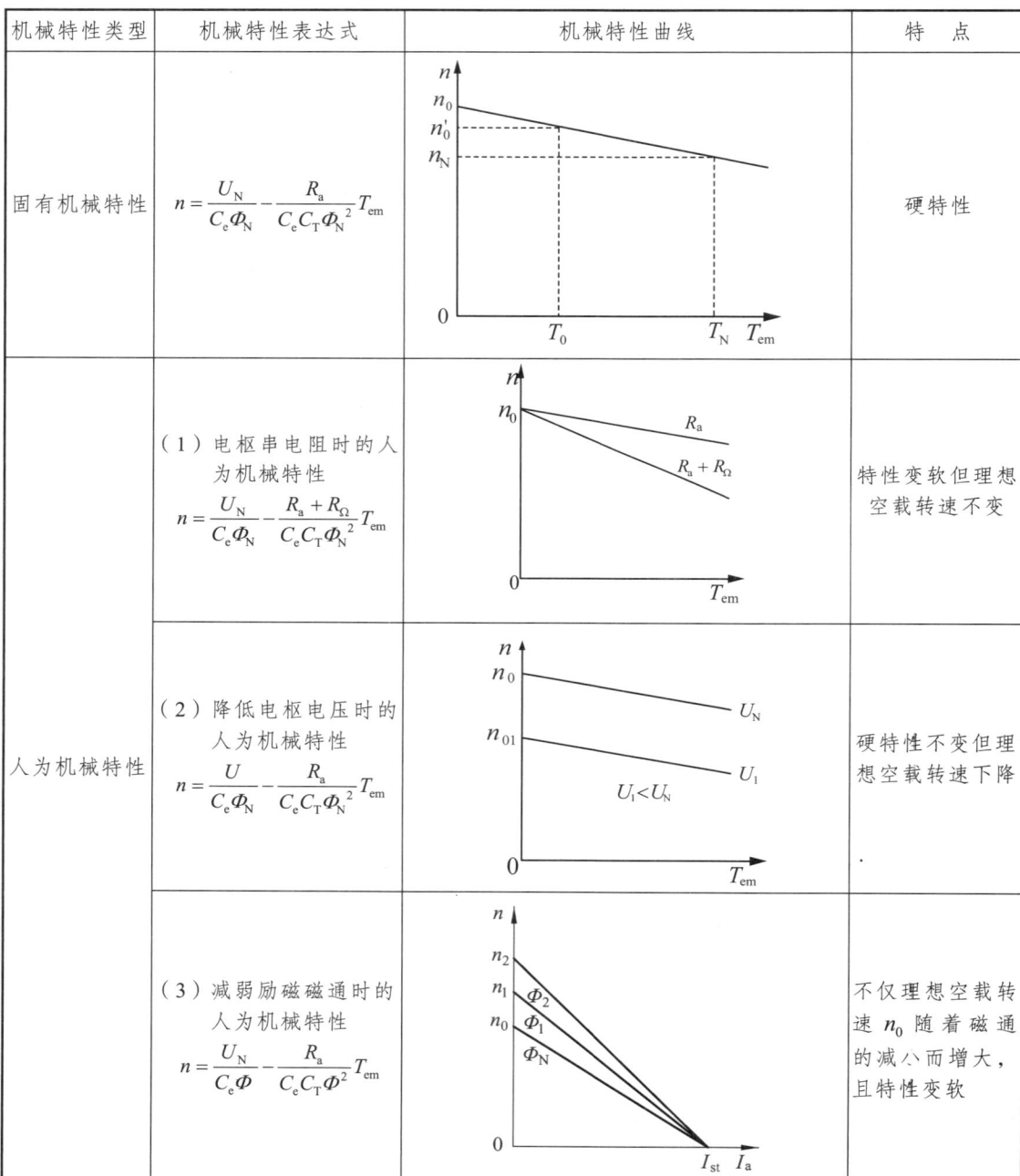

机械特性类型	机械特性表达式	机械特性曲线	特　点
固有机械特性	$n = \dfrac{U_N}{C_e \Phi_N} - \dfrac{R_a}{C_e C_T \Phi_N^2} T_{em}$		硬特性
人为机械特性	（1）电枢串电阻时的人为机械特性 $n = \dfrac{U_N}{C_e \Phi_N} - \dfrac{R_a + R_\Omega}{C_e C_T \Phi_N^2} T_{em}$		特性变软但理想空载转速不变
	（2）降低电枢电压时的人为机械特性 $n = \dfrac{U}{C_e \Phi_N} - \dfrac{R_a}{C_e C_T \Phi_N^2} T_{em}$		硬特性不变但理想空载转速下降
	（3）减弱励磁磁通时的人为机械特性 $n = \dfrac{U_N}{C_e \Phi} - \dfrac{R_a}{C_e C_T \Phi^2} T_{em}$		不仅理想空载转速 n_0 随着磁通的减小而增大，且特性变软

5．他励直流电动机的起动

电动机起动时应满足电力拖动系统的要求：① 起动电流较小；② 起动转矩足够大；③ 起动时间较短；④ 起动过程平滑，即加速度均匀；⑤ 起动过程的能量损耗较小；⑥ 起动设备简单、经济和可靠。如表 3-3 所示，从起动电流较小和起动转矩较大基本要求出发，对比了他励直流电动机各种起动方法的特点。

表 3-3 他励直流电动机对比各种起动方法的特点

起动方法	优 点	缺 点	应用场合
直接起动	不需要专用的起动设备，操作简便	起动电流 I_{st} 将达很大，可能为额定电流的 10~20 倍	一般不允许
降低电枢端电压起动	（1）降低电源电压起动 降压起动过程平稳，能量损耗小	要求有专用的调压直流电源、起动设备复杂，投资较大	多用于要求经常起动的场合和大中型电动机的起动
	（2）电枢回路串接电阻起动 当没有可调直流电源时采用，设备成本低	需分级切除电阻且起动过程的能量损耗较大	多用于中小型电动机的起动

6．他励直流电动机的调速

（1）电力拖动系统调速性能指标。

电力拖动系统调速性能的优劣是用调速性能指标来衡量的，如表 3-4 所示，列出了电力拖动系统调速性能指标。

表 3-4 电力拖动系统调速性能指标

调速指标	项 目
技术指标	调速范围
	调速平滑性
	调速相对稳定性
	容许输出
经济指标	电能损耗
	设备投资

（2）直流电动机的调速方法。

直流电动机的转速公式：

$$n = \frac{U - I_a(R_a + R_\Omega)}{C_e \Phi} \tag{3-4}$$

根据式（3-4）得出直流电动机常用的调速方法有：电枢串接电阻调速、降压调速、弱磁（改变励磁电流）调速。

① 电枢串接电阻调速：在端电压及励磁电流一定、接入电枢回路的电阻为零时，转速最高，增加电枢回路电阻后转速降低，故转速只能"调低"不能"调高"。增加电枢电阻，机械特性斜率增大，即硬度变软，此种调速方法功率损耗大，效率低。如果串入电枢回路的调节电阻是分级的，则为有级调速，平滑性不高。此法适用于恒转矩的负载调速。

② 降压调速：当励磁电流不变时，只要改变电枢端电压，即可改变电动机的转速，提高电枢端电压，转速升高。改变电枢端电压的大小，机械特性上下移动，但斜率不变，即其硬度不变。此种调速方法的最大缺点是需要专用电源。在保持电枢电流为额定值时，可保持转矩不变，故此法适用于恒转矩的负载调速。

③ 弱磁（改变励磁电流）调速：这种调速方法方便，在端电压一定时，只要调节励磁回路中的调节电阻便可改变转速。由于通过调节电阻中的励磁电流不大，故消耗的功率不大，转速变化平滑均匀，且范围宽广。接入并励回路中的调节电阻为零时的转速为最低转速，故只能"调高"，不能"调低"。改变励磁电流的大小，机械特性的斜率发生变化并上下移动。为使电机在调速过程中得到充分利用，在不同转速下都能保持额定负载电流，此法适用于恒功率负载的调速。

根据调速指标分析，可见直流电动机调速性能优异。如表 3-5 所示，列出了直流电动机三种调速方法的性能特点。

表 3-5 直流他励电动机三种调速方法性能特点

调速指标	电枢串接电阻调速	降压调速	弱磁调速
调速方向	从 n_N 向下调速	从 n_N 向下调速	从 n_N 向上调速
在一般静差率要求下的调速范围	2~3（无静差率要求时）	4~8	一般电动机：1.2~2 特殊电动机：3~4
调速平滑性	差	好	好
调速相对稳定性	差	好	较好
容许输出	恒转矩	恒转矩	恒功率
电能损耗	大	较小	小
设备投资	少	多	较少

7．他励直流电动机的制动

直流电机有电动和制动两种运行状态，均可用统一形式的机械特性方程式表示，即

$$n = \frac{U_N}{C_e \Phi} - \frac{R}{C_e C_T \Phi^2} T_{em} \qquad (3\text{-}5)$$

电动状态对应的机械特性位于第一象限（正转电动）和第三象限（反转电动）；制动状态对应的机械特性位于第二象限和第四象限。直流电机有三种制动方式：能耗制动、反接制动、回馈制动。各种制动方式的特点如表 3-6 所示。

表 3-6 直流电机三种制动方式特点比较

制动方法		优 点	缺 点	应用场合
能耗制动		① 制动减速较平稳、可靠 ② 控制线路较简单 ③ 便于实现准确停车（反抗性负载）	制动转矩随转速降低成正比地减小，制动效果不如电枢反接的反接制动	宜用于不要求反转、减速要求较平稳的场合，也可用以控制位能负载下降的速度
反接制动	转速反向（倒拉反转）的反接制动	控制线路较简单	制动过程有大量的能量损耗	用于位能负载，一般可在 $n<n_0$ 的条件下稳速下降（低速下放）
	电枢反接的反接制动	① 制动过程中，制动转矩较稳定，制动较强烈，制动较快 ② 在电动机停转时，也存在制动转矩（不能实现准确停车）	① 制动过程有大量的能量损耗 ② 制动到转速等于零时，如不及时切断电源，电动机会自行反向加速	宜用于要求迅速反转、较强制动的场合
回馈制动		① 不需改接线路，即可从电动状态自行转移到回馈制动状态 ② 电能可回馈电网，较为经济	① 当 $E_a<U$ 时，不能实现回馈制动 ② 单用回馈制动，不能使转速制动到零	① 可用于位能负载，在 $n>n_0$ 条件下稳速下降（高速下放） ② 在降压及增磁调速时可自行转入回馈制动状态运行

3.3 精选例题分析

1. 并励直流电动机起动电流决定于什么？正常工作时电枢电流又决定于什么？

答：在额定电压下，直流电动机的起动电流取决于电枢回路的总电阻，起动电流会较大，随着转速的上升和感应电动势的增加，电枢电流会迅速下降。正常工作时，直流电动机电枢电流的大小取决于负载的大小。

2. 何为电动机的充分利用？

答：电动机的充分利用是指电动机在调速过程中，无论转速高或低，电枢电流都保持为额定值。

3. 试分析在下列情况下，他励直流电动机的电枢电流和转速有何变化（假设电机不饱和）。

（1）电枢端电压减半，励磁电流和负载转矩不变。

（2）电枢端电压减半，励磁电流和输出功率不变。

（3）励磁电流加倍，电枢端电压和负载转矩不变。

答：（1）因为磁路不饱和且励磁电流 I_f 不变，因此主磁通 Φ 不变。负载转矩不变，即电磁转矩 T_{em} 不变，由于 $T_{em}=C_T\Phi I_a$，故电枢电流 I_a 不变。根据 $n=\dfrac{U-I_aR_a}{C_e\Phi}$，$U$ 减半，故转速 n

下降，且 n 小于原来的一半。

（2）U 减半，输出功率 P_2 不变，I_a 必然上升，否则，由于输入功率 $P_1 = UI_a$（他励），若 I_a 不变或减小，则 P_1 减小，P_2 必然不能保持不变。I_a 上升，n 必然下降。

（3）I_f 加倍，则 Φ 加倍。T_2 不变，即 T_{em} 不变，故 I_a 减半。由于 $I_a R_a \ll U$，从 n 的表达式可知，此时 n 下降。

4. 如图 3-3 所示，直流他励电动机在 a 点时分别进行能耗制动（特性 2）和电枢反接的反接制动（特性 3）控制，请问：为什么制动时电枢要串入电阻？串入的电阻越大，则制动效果如何？如果制动时串入的电阻增大，则停机时间是增加还是减小？图中 b、c 点分别工作在什么状态？如果系统带反抗性负载，分别进行能耗制动和电枢反接的反接制动后的稳定点在哪？如果带位能性负载又如何？

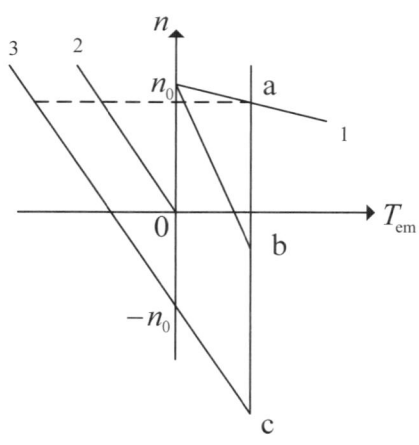

答：制动时电枢串入电阻的目的是限制制动电流。串入的电阻越大，则制动效果越差，因为串入的电阻越大，则制动电流越小，制动转矩就越小，转速下降慢，制动效果差。因此制动时串入的电阻增大，则停机时间是增加的。b 点工作在转速反向的反接制动状态，c 点工作在反向回馈制动状态。如果系统带反抗性负载，进行能耗制动后的稳定点在原点 0 点（准确停机）；进行

图 3-3 例题 4 图

电枢反接的反接制动后的稳定点在第三象限（反向电动状态）；如果系统带位能性负载，进行能耗制动后的稳定点在第四象限（倒拉）；电枢反接的反接制动后的稳定点在 c 点（反向回馈制动状态）；

5. 并励电动机和串励电动机的机械特性有何不同？为什么电车和电力机车都采用串励电动机？

答：当忽略电枢反应时，磁通 Φ 为不随负载变化的常数，并励电动机的机械特性 $n = f(T_{em})$ 是一条略下倾的直线，转速随负载增加而略有下降。如果电车和电力机车使用这种电动机，那么当电车载重或上坡时电机将过载较多。串励电动机的机械特性 $n = f(T_{em})$ 是一条转速随 T_{em} 增加而迅速下降的曲线。当电车载重或上坡时，电动机的转速会自动下降，使得 (nT_{em}) 增加不多，因而电机输入功率增加不像并励电动机那样快，所以电车和电力机车通常采用串励电动机拖动。

6. 某他励直流电动机额定数据如下：$P_N = 60 \text{ kW}$，$U_N = 220 \text{ V}$，$I_N = 350 \text{ A}$，$n_N = 1\,000 \text{ r/min}$，试问：

（1）如果该机直接起动，起动电流为多少？

（2）为使起动电流限制在 $2I_N$，应在电枢回路串入多大电阻？

（3）如果采用降压起动且起动电流限制在 $2I_N$，端电压应降为多少？

解：电枢电阻：$R_a = \dfrac{1}{2} \dfrac{U_N I_N - P_N}{I_N^2} = 0.07 \text{ (Ω)}$

直接起动：$I_N = \dfrac{U_N}{R_a} = \dfrac{220}{0.07} = 3\,142.86 \text{ (A)}$

串入电阻： $R_\mathrm{T} = \dfrac{U_\mathrm{N}}{2I_\mathrm{N}} - R_\mathrm{a} = \dfrac{220}{2\times 350} - 0.07 = 0.244 \ (\Omega)$

降压： $U = 2I_\mathrm{N}R_\mathrm{a} = 2\times 350\times 0.07 = 49 \ (\mathrm{V})$

7. 一台他励直流电动机，$P_\mathrm{N} = 17 \ \mathrm{kW}$，$U_\mathrm{N} = 220 \ \mathrm{V}$，$I_\mathrm{N} = 92.5 \ \mathrm{A}$，$R_\mathrm{a} = 0.16 \ \Omega$，$n_\mathrm{N} = 1\ 000 \ \mathrm{r/min}$。包动机允许最大电流 $I_\mathrm{a\,max} = 1.8I_\mathrm{N}$，电动机拖动负载 $T_\mathrm{L} = 0.8T_\mathrm{N}$ 电动运行，求：

（1）若采用能耗制动停车，电枢回路应串入多大电阻？

（2）若采用反接制动停车，电枢回路应串入多大电阻？

解：（1） $T_\mathrm{L} = 0.8T_\mathrm{N}$ 电动运行时，

$$I_\mathrm{a} = 0.8I_\mathrm{N} = 0.8\times 92.5 = 74 \ (\mathrm{A})$$

$$E_\mathrm{a} = U_\mathrm{N} - I_\mathrm{a}R_\mathrm{a} = 220 - 74\times 0.16 = 208.16 \ (\mathrm{V})$$

采用能耗制动停车，电枢回路应串入电阻

$$R_\mathrm{p} = \dfrac{E_\mathrm{a}}{I_\mathrm{a\,max}} - R_\mathrm{a} = \dfrac{208.16}{1.8\times 92.5} - 0.16 = 1.09 \ (\Omega)$$

采用反接制动停车，电枢回路应串入电阻

$$R_\mathrm{p} = \dfrac{U_\mathrm{N} + E_\mathrm{a}}{I_\mathrm{a\,max}} - R_\mathrm{a} = \dfrac{220 + 208.16}{1.8\times 92.5} - 0.16 = 2.14 \ (\Omega)$$

8. 一台他励直流电动机的铭牌数据为 $P_\mathrm{N} = 10 \ \mathrm{kW}$，$U_\mathrm{N} = 220 \ \mathrm{V}$，$I_\mathrm{N} = 53 \ \mathrm{A}$，$n_\mathrm{N} = 1\ 000 \ \mathrm{r/min}$，电枢电流最大允许值为 $2I_\mathrm{N}$。

（1）电动机在额定状态下进行能耗制动，求电枢回路应串接的制动电阻值；

（2）用此电动机拖动起重机，在能耗制动状态下以 300 r/min 的转速下放重物，电枢电流为额定值，求电枢回路应串入多大的制动电阻。

解：（1）估算电枢电阻值： $R_\mathrm{a} = \dfrac{1}{2}\left(\dfrac{U_\mathrm{N}I_\mathrm{N} - P_\mathrm{N}}{I_\mathrm{N}^2}\right) = \dfrac{1}{2}\left(\dfrac{200\times 53 - 10\times 10^3}{53^2}\right) = 0.3 \ (\Omega)$

制动前电枢电动势为 $E_\mathrm{a} = U_\mathrm{N} - I_\mathrm{N}R_\mathrm{a} = 220 - 53\times 0.3 = 204.1 \ (\mathrm{V})$

应串入的制动电阻值为 $R_\mathrm{B} = \dfrac{E_\mathrm{a}}{2I_\mathrm{N}} - R_\mathrm{a} = \dfrac{204.1}{2\times 53} - 0.3 = 1.625 \ (\Omega)$

（2）制动时，由于励磁保持不变，则 $C_\mathrm{e}\Phi_\mathrm{N} = \dfrac{E_\mathrm{a}}{n_\mathrm{N}} = \dfrac{204.1}{1\ 000} = 0.204\ 1$

下放重物时，电动机转速为负值，代入能耗制动的机械特性方程式

$$n = -\dfrac{R_\mathrm{a} + R_\mathrm{B}}{C_\mathrm{e}\Phi_\mathrm{N}} I_\mathrm{a}$$

得： $-300 = -\dfrac{0.3 + R_\mathrm{B}}{0.2041}\times 53$

所以 $R_\mathrm{B} = 0.855 \ \Omega$

9. 他励直流电动机额定数据： $P_\mathrm{N} = 5.6 \ \mathrm{kW}$，$U_\mathrm{N} = 220 \ \mathrm{V}$，$I_\mathrm{N} = 30 \ \mathrm{A}$，$n_\mathrm{N} = 1\ 000 \ \mathrm{r/min}$，电枢

回路总电阻 $R_a = 0.4 \Omega$，$T_Z = 0.8T_N$。试求：

（1）如果电枢回路中串入电阻 $R_a = 0.8 \Omega$，求稳定后的转速和电流。
（2）采用降压调速使转速降为 500 r/min，端电压应降为多少？稳定后电流为多少？
（3）如将磁通减少 15%，稳定后的转速与电流。
（4）如果端电压与磁通都降低 10%，求稳定后的转速与电流。

解：额定运行时

$$E_{aN} = C_e\Phi n = U_N - I_N R_a = 220 - 30 \times 0.4 = 208 \text{ (V)}$$

$$n_1 = \frac{E_{a1}}{C_e\Phi} = \frac{U_N - I_a R_{a1}}{E_{aN}/n_N} = \frac{220 - 24 \times (0.4 + 0.8)}{0.208} = 919 \text{ (r/min)}$$

（1）串入电阻 $R_a = 0.8 \Omega$，$T_Z = 0.8T_N$
稳定后，因电磁转矩不变，所以 $I_{a1} = 0.8I_N = 24$ A

（2）$n_2 = 500$ r/min
因负载转矩不变，所以稳定后电流不变，$I_{a2} = 0.8I_N = 24$ A

$$U_2 = E_{a2} + I_{a2}R_a = 0.208 \times 500 + 24 \times 0.4 = 113.6 \text{ (V)}$$

（3）$\Phi_3 = 0.85 \Phi_N$
因负载转矩不变，稳定后电流

$$I_{a3} = 0.8 \frac{\Phi_N}{\Phi_3} I_N = 0.8 \times 30 / 0.85 = 28.2 \text{ (A)}$$

$$n_3 = \frac{E_{a3}}{C_e\Phi_3} = \frac{220 - 28.2 \times 0.4}{0.85 \times 0.208} = 1\,180 \text{ (r/min)}$$

（4）$U_4 = 0.9U_N$，$\Phi_4 = 0.9\Phi_N$

稳定后电流：$I_{a4} = 0.8 \frac{\Phi_N}{\Phi_4} I_N = 0.8 \times 30 / 0.9 = 26.67$ (A)

$$n_4 = \frac{E_{a4}}{C_e\Phi_4} = \frac{220 \times 0.9 - 26.67 \times 0.4}{0.9 \times 0.208} = 1\,000.7 \text{ (r/min)}$$

10. 他励直流电动机额定数据：$P_N = 12$ kW，$U_N = 220$ V，$I_N = 64$ A，$n_N = 700$ r/min，电枢回路总电阻 $R_a = 0.25 \Omega$。试问：

（1）额定工况下采用电压反接制动使之快速停机，制动时电枢中串入 $R_\Omega = 6 \Omega$ 的制动电阻，问最大制动电流及电磁转矩为多少？停机时电流及电磁转矩为多少？如果负载为反抗性且停机时不切断电源，系统是否会反向起动？为什么？
（2）采用反接制动使 $T_Z = 0.8T_N$ 的位能负载以 300 r/min 的速度稳速下放，求制动电阻值。

解：根据电压方程

$$U_N = E_a + I_N R_a$$

$$E_a = 220 - 64 \times 0.25 = 204 \text{ (V)}, \quad C_e\Phi = \frac{E_a}{n} = \frac{204}{700} = 0.29$$

电压反接制动时：$I_T = \dfrac{-U_N - E_a}{R_a + R_\Omega} = \dfrac{-220 - 204}{0.25 + 6} = -67.84$ (A)

$$T_{em} = C_T \Phi I_a = \dfrac{60}{2\pi} C_e \Phi I_a = \dfrac{60}{2\pi} \times 0.29 \times 67.84 = 188.9 \text{ (N·m)}$$

停机时，$n = 0$，

$$I_a = \dfrac{-U_N}{R_a + R_\Omega} = \dfrac{-220}{6.25} = -35.2 \text{ (A)}$$

$$T_{em} = C_T \Phi I_a = \dfrac{60}{2\pi} \times 0.29 \times 35.2 = -97.5 \text{ (N·m)}$$

反抗性恒转矩负载，负载转矩大小与速度无关，方向与转向相反。

$$T_Z = 9\,550 \dfrac{P_N}{n_N} = 9\,550 \times \dfrac{12}{700} = 163.7 \text{ (N·m)}$$

结论：不能反向起动

（2） $n = -300$ r/min，$I_a = 0.8 \times 64 = 51.2$ A

$$E_a = C_e \Phi n = 0.29 \times (-300) = -87 \text{ (V)}$$

$$R_Z = \dfrac{U_N - E_a}{I_a} - R_a = \dfrac{220 + 87}{51.2} - 0.25 = 5.75 \text{ (}\Omega\text{)}$$

3.4 自测题

一、单项选择题

1. 电力拖动系统运动方程式中的 GD^2 反映了（　　）。
   A. 旋转体的重量与旋转体直径平方的乘积，它没有任何物理意义
   B. 系统机械惯性的大小，它是一个整体物理量
   C. 系统储能的大小，但它不是一个整体物理量
   D. 上述都不正确

2. 他励直流电动机的人为特性与固有特性相比，其理想空载转速和斜率均发生了变化，那么这条人为特性一定是（　　）。
   A. 串电阻的人为特性　　　　B. 降压的人为特性
   C. 弱磁的人为特性　　　　　D. 上述都不正确

3. 直流电动机直接起动时的起动电流是额定电流的（　　）倍。
   A. 4～7　　　　B. 1～2　　　　C. 10～20　　　　D. 20～30

4. 直流电动机采用降低电源电压的方法起动，其目的是（　　）。
   A. 使起动过程平稳　　　　B. 减小起动电流

C. 减小起动转矩　　　　　　　D. 减小损耗

5. 直流并励电动机起动时，励磁回路的调节电阻应置于（　　）。
   A. 任意位置　　　　　　　　　B. 最大位置
   C. 中间位置　　　　　　　　　D. 零位置

6. 他励直流电动机的改变电压调速属于（　　）。
   A. 恒功率调速方式　　　　　　B. 恒转矩调速方式
   C. 风机类调速方式　　　　　　D. 上述都不正确

7. 当电动机的电枢回路铜损耗比电磁功率或轴机械功率都大时，这时电机处于（　　）。
   A. 能耗制动状态　　　　　　　B. 反接制动状态
   C. 回馈制动状态　　　　　　　D. 电动状态

8. 下列哪一种直流电动机调速节能（　　）。
   A. 转子串接电阻调速　　　　　B. 改变电枢电压调速
   C. 定子串接电阻调速　　　　　D. 定子和转子同时串接电阻调速

9. 直流他励电动机欲增加速度，则（　　）。
   A. 调负载　　　　　　　　　　B. 降低电枢电压
   C. 削磁　　　　　　　　　　　D. 电枢串接电阻

10. 他励直流电动机拖动恒转矩负载，当电枢电压降低瞬间，其电枢电流和转速将（　　）。
    A. 电枢电流减小，转速减小　　B. 电枢电流减小，转速不变
    C. 电枢电流不变，转速减小　　D. 电枢电流不变，转速不变

11. 电动机哪一种制动一般不用于位能性恒转矩负载的下拉控制（　　）。
    A. 能耗制动　　　　　　　　　B. 反接正转制动（下拉串电阻）
    C. 正接反转制动　　　　　　　D. 反接正转制动（下拉不串电阻）

12. 电动机用在起重机中，下放重物时要求转速较慢，则应采取的制动方案为（　　）。
    A. 能耗制动　　B. 反接正转制动　　C. 正接反转制动

13. 他励直流电动机带恒转矩负载，当在电枢回路中串接电阻时，稳定后其（　　）。
    A. 电动机电枢电流不变，转速下降　　B. 电动机电枢电流不变，转速升高
    C. 电动机电枢电流减小，转速下降　　D. 电动机电枢电流减小，转速升高

14. 串励直流电动机空载转速（　　）空载或轻载运行。
    A. 低，允许　　　　　　　　　B. 低，不允许
    C. 很高，不允许　　　　　　　D. 很高，允许

15. 电源电压不变时，直流电动机的起动电流决定于（　　）。
    A. 负载转矩　　　　　　　　　B. 电枢回路的总电阻
    C. 励磁电流　　　　　　　　　D. 由上述因素同决定

16. 当直流电动机带额定负载运行时，如励磁回路断开，则电枢电流将（　　）。
    A. 减小　　　B. 增加　　　C. 不变　　　D. 不确定

17. 电力机车采用直流牵引的目的是（　　）。
    A. 直流电动机起动和调速性能好　　B. 直流电动机结构简单维护方便
    C. 直流电动机调速方法多　　　　　D. 效率高

18. 直流他励电动机电枢串电阻的调速，若负载转矩不变，则稳定后（   ）。
    A. 输入功率不变   B. 输出功率不变
    C. 总损耗不变   D. 电磁功率不变
19. 直流电动机拖动一台他励直流发电机，当电动机的外电压，励磁电流不变时，增加发电机的负载，则电动机的电枢电流 I_a 和转速 n 将（   ）。
    A. I_a 增大，n 降低   B. I_a 减少，n 升高
    C. I_a 减少，n 降低   D. I_a 增大，n 升高
20. 有一电力拖动系统拖动位能恒转矩负载运行，已知负载转矩为 150 N·m，系统损耗转矩为 30 N·m，当系统匀速上升和下降时，电机的电磁转矩为（   ）。
    A. 上升时转矩为 180 N·m，下降时转矩为 150 N·m
    B. 上升时转矩为 180 N·m，下降时转矩为 120 N·m
    C. 上升时转矩为 150 N·m，下降时转矩为 150 N·m
    D. 上升时转矩为 150 N·m，下降时转矩为 120 N·m

二、判断题

1. 大型直流电动机可以直接起动。   （   ）
2. 在电枢绕组中串接的电阻愈大，起动电流就愈小。   （   ）
3. 起动时的电磁转矩可以小于负载转矩。   （   ）
4. 直流电动机降压调速适用于恒转矩负载。   （   ）
5. 直流电动机欲增加速度，则增加励磁。   （   ）
6. 电动机拖动的负载越大，电流就越大，因此只要是空载，直流电动机就可以直接起动。
                                                                           （   ）
7. 直流电动机增加励磁回路中的电阻值，电动机的转速将升高。   （   ）
8. 直流电动机的电磁转矩是驱动性质的，因此稳定运行时，大的电磁转矩对应的转速就高。
                                                                           （   ）
9. 直流电动机的人为特性都比固有特性软。   （   ）
10. 直流电动机串多级电阻起动。在起动过程中，每切除一级起动电阻，电枢电流都将突变。
                                                                           （   ）
11. 上升位能负载时的工作点在第一象限内，而下放位能负载时的工作点在第四象限内。
                                                                           （   ）
12. 他励直流电动机的降压调速属于恒转矩调速方式，因此只能拖动恒转矩负载运行。
                                                                           （   ）
13. 他励直流电动机降压或串电阻调速时，允许最大静差率数值越大，调速范围也越大。
                                                                           （   ）
14. 并励直流电动机，起动电阻不加在转子内，而串联在定子回路中，也可以达到同样的目的。
                                                                           （   ）
15. 直流他励式电动机带位能性负载，如控制高速匀速下放重物，采用转速反向的反接制动。
                                                                           （   ）
16. 起动他励直流电动机时，磁路回路应比电枢回路后接入电源。   （   ）
17. 负载转矩变化引起的转速变化是调速。   （   ）

18. 电动机工作状态时电磁转矩的方向与转速的方向相反。（   ）
19. 能耗制动低速制动转矩小。（   ）
20. 电动机的转速超过理想空载转速时，出现回馈制动。（   ）

三、填空题

1. 欲改变直流电动机的转向，可以_____或_____。
2. 一般中大型直流电动机的起动方法有_____和_____。
3. 并励直流发电机并联于电网上，若原动机停止供给机械能，将发电机过渡到电动机状态工作，此时电磁转矩方向_____；旋转方向_____。
4. 如果不串联制动电阻，反接制动瞬间的电枢电流大约是能耗制动瞬间的电枢电流的_____倍。
5. 当电动机的转速超过_____时，出现回馈制动。
6. 拖动恒转矩负载进行调速时，应采用_____调速方法；而拖动恒功率负载时应采用_____调速方法。
7. 制动状态的特征_____；制动的作用是_____。
8. 他励直流电动机的励磁和负载转矩不变时，如降低电枢电压稳定后，则电枢电流将_____，电磁转矩将_____，转速将_____，输入功率将_____，电磁功率将_____，输出功率将_____。
9. 他励直流电动机高速下放重物，应用_____制动；低速下放重物，应用_____或_____制动。
10. 他励直流电动机带负载运行时，若增大负载转矩，电动机的转速将_____。
11. 并励直流电动机运行时，如果增大电枢回路电阻，电动机的转速将_____；如果增大励磁回路的电阻，电动机的转速将_____。
12. 他励直流电动机，负载转矩保持不变，如将励磁回路的调节电阻增大，则电枢电流将_____，输入功率将_____，输出功率将_____。如只将电枢电路中的调节电阻增大，电枢电流将_____，输入功率将_____，输出功率将_____。
13. 他励直流电动机带位能性负载额定运行时，若要实现匀速下放重物，可采用以下三种方法实现：（1）_____；（2）_____；（3）_____。其中消耗能量最多的方法是_____。
14. 他励直流电动机带额定负载转矩运行时，若要将转速调低，可用的方法是：（1）_____；（2）_____。若要将转速调高，则可用的方法是_____。
15. 他励直流电动机高速下放重物时应用电枢反接的反接制动控制，最后稳定运行在_____制动工作状态。

四、简答题

1. 一台他励直流电动机，当所拖动的负载转矩不变时，电机端电压和电枢附加电阻的变化都不能改变其稳态下电枢电流的大小，这一现象应如何理解？这时拖动系统中哪些量必然要发生变化？对串励电动机情况又如何？
2. 指出如图 3-4 中 A、B、C、D、E 各点的工作状态。

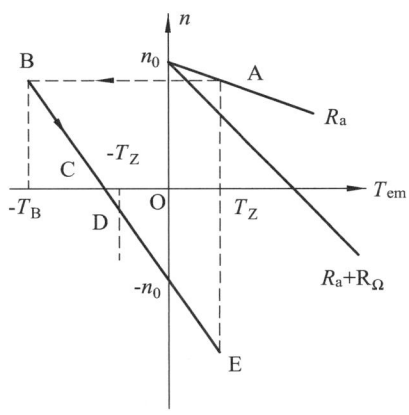

图 3-4 简答题 2 图

3. 某他励直流电动机额定数据如下：$P_N = 10$ kW，$U_N = 220$ V，$\eta_N = 0.8$，$n_N = 1\,000$ r/min，$R_a = 0.3\,\Omega$

（1）求堵转电流是额定电流的多少倍？

（2）保持磁通不变，当负载增加 3 倍时转速为多少？

4. 一台他励直流电动机的铭牌数据如下：$P_N = 22$ kW，$U_N = 220$ V，$I_N = 116$ A，$n_N = 1\,500$ r/min。若该电动机运行在倒拉反转反接制动状态，以 800 r/min 的速度下放重物，转轴上带额定负载。① 试求电枢回路中应串联多大电阻；② 求从电网输入的功率 P_1；③ 求从轴上输出的功率 P_2；④ 求电枢回路电阻上消耗的功率。

5. 简答题 4 中电动机在固有机械特性曲线上做回馈制动下放重物，已知 $I_a = 100$ A，试求重物下放时电动机的转速。

6. 一台他励直流电动机的额定数据为 $P_N = 22$ kW，$U_N = 220$ V，$I_N = 115$ A，$n_N = 1\,500$ r/min，电枢电阻 $R_a = 0.1\,\Omega$。保持额定负载转矩不变，试计算：① 电枢回路串入 0.6 Ω 电阻后的稳态转速；② 电源电压降为 150 V 时的稳态转速；③ 磁通减弱为 $0.8\Phi_N$，如果要求电动机的电枢电流不超过额定值，则电动机能输出的最大转矩与功率是多少。

3.5 课后习题

3-1 电力拖动系统运动方程式中，各转矩正、负号是如何规定的？

3-2 生产机械的负载转矩特性常见的有哪几类？何谓反抗性负载？何谓位能性负载？

3-3 电力拖动系统稳定运行的条件是什么？

3-4 什么是固有机械特性？什么是人为机械特性？他励直流电动机的固有特性和各种人为特性各有什么特点？

3-5 功率大的他励直流电动机为什么不能直接起动？直接起动会引起什么不良后果？

3-6 试说明他励直流电动机分别处于电动状态、能耗制动状态、回馈制动状态及反接制动状态下的能量关系。

3-7　他励直流电动机有几种调速方法？各有什么特点？

3-8　什么叫恒转矩调速方式？什么叫恒功率调速方式？它们各自与什么性质的负载配合才合适？

3-9　静差率与调速范围有什么关系？为什么要同时提出才有意义？

3-10　造成直流电动机不能起动的可能原因有哪些？应如何处理？

3-11　一台他励直流电动机，铭牌数据为 P_N = 10 kW，U_N = 220 V，I_N = 53.4 A，n_N = 1 500 r/min，R_a = 0.4 Ω。试求：① 电动机额定运行时的电磁转矩、输出转矩和空载转矩。② 理想空载转速和实际空载转速。③ 半载时的转速。④ n = 1 600 r/min 时的电枢电流。

3-12　一台他励直流电动机，铭牌数据为 P_N = 2.5 kW，U_N = 220 V，I_N = 12.5 A，n_N = 1 500 r/min，R_a = 0.8 Ω。试求：① 当电动机以 1 200 r/min 的转速运行时，采用能耗制动停车，若限制最大制动电流为 $2I_N$，则电枢回路应串入多大的制动电阻；② 若带位能性恒转矩负载，负载转矩 T_L = 0.9T_N，采用能耗制动使负载以 120 r/min 转速稳速下降，电枢回路应串入多大制动电阻。

3-13　一台并励直流电动机，铭牌数据为：P_N = 20 kW，U_N = 220 V，I_N = 78A，n_N = 1000 r/min，R_a = 0.376 Ω，R_f = 220 Ω。试求：① 当电机以 500 r/min 的转速吊起 0.8 倍额定重力负载时，电枢回路中应串入多大电阻。② 可以采用哪几种方法实现电机以 500 r/min 的转速带上述负载恒速下放？请计算每种方法电枢回路中应串入的电阻。③ 当电机在①中情况工作时突然改换电源极性，要求电枢电流不超过 1.5I_N，求电枢回路中应串接的电阻及稳定时的电机转速。

3-14　一台他励直流电动机，铭牌数据为 P_N = 7.5 kW，U_N = 110 V，I_N = 79.84 A，n_N = 1 500 r/min，R_a = 0.101 4 Ω。试求：① $U = U_N$，$\Phi = \Phi_N$ 条件下，电枢电流 I_a = 60 A 时稳态转速是多少。② $U = U_N$ 条件下，主磁通减少 15%，保持额定负载转矩不变，稳态运行时电动机电枢电流与转速分别是多少。③ $U = U_N$，$\Phi = \Phi_N$ 条件下，所带负载转矩为 0.8T_N，若电动机稳态运行时转速为 – 800 r/min，则电枢回路中应串入多大电阻。

第4章 变压器

　　变压器是一种静止的电磁装置(或称为静止的电机),它利用电磁感应作用将一种等级的交流电压和电流转换成同频率的另一种等级的交流电压和电流,即利用电磁感应实现了能量或信号的传递。因为交流电机的工作原理也是建立在电磁感应基础上的,故变压器的分析方法、基本结论均可以推广应用到交流电机(特别是异步电机)中。因此,熟练掌握变压器的基本理论知识,将为学习交流电机打下坚实的基础。

4.1 学习要求

　　(1)了解变压器的基本结构和主要种类,掌握变压器额定值的定义及其相互关系。
　　(2)掌握变压器的工作原理,理解变压器的电磁关系,特别是磁动势平衡方程的意义。
　　(3)理解变比的物理意义,并掌握其计算方法(重点是三相变压器)。
　　(4)掌握变压器绕组的折算方法和等效电路,熟练使用等效电路和基本方程式分析变压器的相关问题,掌握相量图的画法。
　　(5)了解标幺值的定义,基本掌握使用标幺值分析问题的方法。
　　(6)掌握变压器参数的测定方法。
　　(7)掌握变压器的运行特性,理解变压器的参数对运行特性的影响,掌握电压调整率和效率的计算方法。
　　(8)掌握三相变压器联接组的表示方法及其判定方法。
　　(9)理解不同磁路系统、联接组别对相电动势波形的影响,并掌握其分析方法。
　　(10)掌握变压器理想并联运行的条件,理解联接组、变比和短路阻抗标幺值对变压器并联运行的影响。

4.2 学习指导

1. 变压器稳态运行时的电磁关系

　　变压器一次侧接交流电源(一次侧相当于电源的负载——电动机惯例),二次侧带负载运行（二次侧相当于电源——发电机惯例）。一、二次侧没有电路上的联系，通过主磁通 $\dot{\Phi}_m$ 实现能量的传递；通过不同匝数（N_1/N_2）的一、二次绕组与主磁通耦合实现变压。如图 4-1 所示，图中：$Z_1 = R_1 + jX_1$，$Z_2 = R_2 + jX_2$，在某种程度上可理解为是变压器一、二次侧的"内阻"。

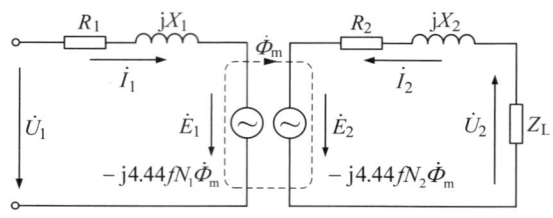

图 4-1　变压器负载运行示意图

1）磁动势与主磁通

① $\dot{I}_1$、$\dot{I}_2$ 分别产生一、二次磁动势 $\dot{F}_1$，$\dot{F}_2$。

② $\dot{F}_1$、$\dot{F}_2$ 共同产生主磁通 $\dot{\Phi}_m$，即励磁磁动势 $\dot{F}_0 = \dot{F}_1 + \dot{F}_2$

2）感应电动势与变比

① 主磁通 $\dot{\Phi}_m$ 在一、二次绕组中产生的相电动势分别为 $\dot{E}_1$，$\dot{E}_2$，$E_1 = 4.44fN_1\Phi_m$，$E_2 = 4.44fN_2\Phi_m$ 如图 4-1 所示。

② 变比 k 定义为一、二次绕组相电动势 E_1 与 E_2 之比，即

$$k = \frac{E_1}{E_2} = \frac{4.44fN_1\Phi_m}{4.44fN_2\Phi_m} = \frac{N_1}{N_2} \approx \frac{U_{1N\varphi}}{U_{2N\varphi}} \quad \text{（下标"}\varphi\text{"表示相值）}$$

3）电压方程式

$$\dot{U}_1 = -\dot{E}_1 + \dot{I}_1 Z_1 ; \quad \dot{U}_2 = \dot{E}_2 - \dot{I}_2 Z_2$$

4）额定值

这里需要特别注意三相变压器的情况。额定容量 S_N 是指三相绕组（一次侧或二次侧）总容量。

$$S_N = \sqrt{3}U_{1N}I_{1N} = \sqrt{3}U_{2N}I_{2N} = 3U_{1N\varphi}I_{1N\varphi} = 3U_{2N\varphi}I_{2N\varphi} \quad (4-1)$$

① 一、二次侧的额定电压（U_{1N}/U_{2N}）和额定电流（I_{1N}/I_{2N}）都是指"线"值，而不是一相的值。但在以后计算中，经常需要计算一相的情况（例如等效电路中的参数计算），此时，应根据三相绕组的联接方式（Y 或 D 联接）求出其额定相电压和额定相电流（见表 4-1）。

表 4-1　额定值与相值的关系（$i = 1, 2$，分别表示一、二次）

类　别	参　数			
	U		I	
	额定值	相值	额定值	相值
Y 联接	U_{iN}	$U_{iN}/\sqrt{3}$	I_{iN}	I_{iN}
D 联接	U_{iN}	U_{iN}	I_{iN}	$I_{iN}/\sqrt{3}$

② 二次侧额定电压的定义，它是一次绕阻外施额定电压时二次绕组的开路线电压。

③ 负载和额定负载的含义。当变压器一次绕组接到额定电压的交流电网上，二次电流 I_2 达到其额定值 I_{2N} 时，变压器所带的负载称为额定负载。此时，一次电流 I_1 也等于其额定值 I_{1N}，变压器为额定运行，也称满载。因此，变压器负载的大小是以负载电流大小来衡量的。负载运行时，二次侧的负载阻抗值越小，负载电流就越大，即负载越大。

2．变压器的等效电路

由图 4-1 可知，一、二次侧没有电的直接联系，靠主磁通把二者联系起来。仔细观察 E_1，E_2 的表达式：$E_1 = 4.44fN_1\Phi_m$，$E_2 = 4.44fN_2\Phi_m$，它们的区别就是匝数不同。假设把二次侧匝数 N_2 换成 N_1，则换算后的二次侧电动势 $E_2' = E_1$。以此为桥梁就可以把一、二次侧从电路上连在一起了，从而可得到变压器的等效电路。

1）折合算法

① 原则：保持电磁关系不变（磁动势平衡和功率守恒）。

② 方法：把二次侧匝数 N_2 换成 N_1（通常将二次绕组折合到一次侧），保持 F_2 不变。

③ 折合关系（见表 4-2）：

$$E_2' = 4.44fN_1\Phi_m, \quad E_2 = 4.44fN_2\Phi_m \longrightarrow E_2' = kE_2$$

$$\dot{I}_2'N_1 = \dot{I}_2 N_2 = \dot{F}_2 \longrightarrow \dot{I}_2' = \frac{N_2}{N_1}\dot{I}_2 = \frac{1}{k}\dot{I}_2$$

表 4-2　折合关系（变比 $k = E_1/E_2 = N_1/N_2$）

物理量	折合关系		举 例	
	②→①	①→②	②→①	①→②
U，E	$\times k$	$\div k$	$\dot{U}_2' = k\dot{U}_2$	$\dot{E}_1' = \dot{E}_1/k$
I	$\div k$	$\times k$	$\dot{I}_2' = \dot{I}_2/k$	$\dot{I}_1' = k\dot{I}_1$
R，X，Z	$\times k^2$	$\div k^2$	$R_2' = k^2 R_2$	$X_1' = X_1/k^2$

2）等效电路

① T 形等效电路：根据图 4-1，以 $E_2' = E_1$ 为桥梁，再结合 $\dot{E}_1 = -\dot{I}_0(R_m + jX_m)$ 可得变压器 T 形等效电路，如图 4-2（a）所示。

R_m——为表示交变的主磁通在铁心中引起的铁耗 p_{Fe} 而引入的等效电阻。

$$p_{Fe} = mI_0^2 R_m \quad (m \text{ 为相数}) \tag{4-2}$$

X_m——与主磁通相对应的等效电抗，反映励磁电流所产生的交变主磁通对电路的电磁作用能力。

$$X_m = 2\pi f N_1^2 \Lambda_m = 2\pi f N_1^2 \frac{\mu_{Fe} S}{l} \tag{4-3}$$

R_m 和 X_m 都不是常数，都随主磁路饱和程度的变化而变化。例如，当外施电压 $U_1 > U_{1N}$ 时，Φ_m 增大，使磁路饱和程度加深，导致磁导率 μ_{Fe} 减小，所以 R_m 和 X_m 都将减小。

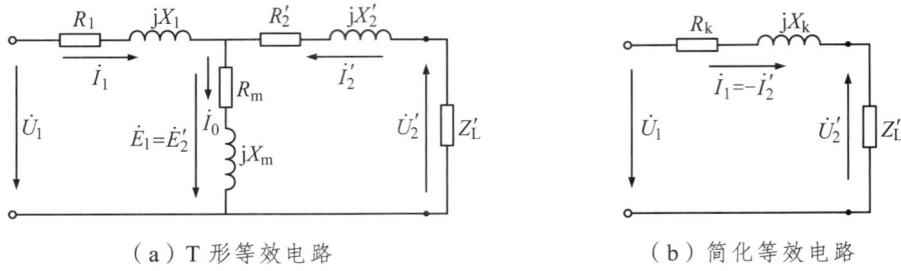

（a）T 形等效电路　　　　　　（b）简化等效电路

图 4-2　变压器的等效电路

② 简化等效电路：因励磁电流 I_0 很小，忽略后可得简化等效电路，如图 4-2（b）所示。

$$R_k = R_1 + R_2' = R_1 + k^2 R_2 \ ; \quad X_k = X_1 + X_2' = X_1 + k^2 X_2 \ ; \quad Z_k = Z_1 + Z_2' = R_k + jX_k$$

注意：等效电路中的参数均需采用相值（三相变压器应根据联接方式进行线值→相值折算，参见表 4-1）。

3．变压器参数的测定

1）空载实验：测取励磁阻抗 $Z_m = R_m + jX_m$ 和空载损耗 p_0（通常在低压侧做）

$$|Z_{m低}| = \frac{U_{2N\varphi}}{I_{0\varphi}} \ ; \quad R_{m低} = \frac{p_{0\varphi}}{I_{0\varphi}^2} \ ; \quad X_{m低} = \sqrt{|Z_{m低}|^2 - R_{m低}^2}$$

注意：① 上述计算出来的数据是低压侧（二次侧）的参数，最后还要折算到高压侧还原为一次侧的实际值：$Z_m = k^2 Z_{m低}$，$R_m = k^2 R_{m低}$，$X_m = k^2 X_{低}$。
② 空载实验测得的损耗主要是铁耗，$p_{Fe} = p_0$，可认为是不变损耗。

2）短路实验：测取短路阻抗 $Z_k = R_k + jX_k$ 和负载损耗 p_{kN}（通常在高压侧做）

$$|Z_k| = \frac{U_{1k\varphi}}{I_{1N\varphi}} \ ; \quad R_k = \frac{p_{k\varphi}}{I_{1N\varphi}^2} \ ; \quad X_k = \sqrt{|Z_k|^2 - R_k^2}$$

注意：① 短路实验测得的损耗主要是铜耗 p_{Cu}，与负载大小有关，是可变损耗。
② 变压器短路属故障状态，不宜长时间让变压器处于短路，以防损坏。

4．标幺值

采用标幺值表示物理量量值的相对大小（无单位），是电气工程领域中常用的做法。
采用标幺值分析比较直观，也比较方便，标幺值运算符合欧姆定律。
求标幺值的关键是正确选取各物理量的基值，如表 4-3 所示。

表 4-3　变压器、电机中各物理量的基值

项　目	侧　别	
	一次侧	二次侧
功率	S_N	S_N
线电压	U_{1N}	U_{2N}
相电压	$U_{1N\varphi}$	$U_{2N\varphi}$
线电流	I_{1N}	I_{2N}
相电流	$I_{1N\varphi}$	$I_{2N\varphi}$
阻抗	$Z_{1N} = \dfrac{U_{1N\varphi}}{I_{1N\varphi}}$	$Z_{2N} = \dfrac{U_{2N\varphi}}{I_{2N\varphi}}$
电阻		
电抗		

5．变压器的运行特性

1）外特性 $U_2 = f(I_2)$，注意不同性质负载的外特性特点：阻性、感性负载外特性下降；容性负载外特性可能上升，也可能下降。

① 电压调整率定义：

$$\Delta U = \frac{U_{2N} - U_2}{U_{2N}} \times 100\% = 1 - \frac{U_2}{U_{2N}} \qquad (4\text{-}4)$$

② 电压调整率计算公式：

$$\Delta U = \beta \left(\underline{R_k} \cos\varphi_2 + \underline{X_k} \sin\varphi_2 \right) \times 100\% \qquad (4\text{-}5)$$

上式中：$\beta = \underline{I_1} = \underline{I_2}$，称为负载因数。

注意：容性负载时，$\varphi_2 < 0$，$\sin\varphi_2 < 0$，ΔU 可能为负值（此时的外特性上升）。

③ 由电压调整率求 U_2

根据式（4-4）可得：

$$\underline{U_2} = 1 - \Delta U \longrightarrow U_2 = (1 - \Delta U)U_{2N}$$

2）效率特性 $\eta = f(\beta)$

① 效率计算公式：

$$\eta = \left(1 - \frac{p_0 + \beta^2 p_{kN}}{\beta S_N \cos\varphi_2 + p_0 + \beta^2 p_{kN}} \right) \times 100\% \qquad (4\text{-}6)$$

② 最大效率 η_{max}

当可变损耗 = 不变损耗，即 $\beta_m^2 p_{kN} = p_0$ 时，效率达到最高 η_{max}。此时，负载因数 $\beta_m = \sqrt{\dfrac{p_0}{p_{kN}}}$，将其代入式（4-6），可求得最大效率 η_{max}。

6．三相变压器联接组

联接组包含两层信息：① 绕组的联接方式（Y 联接/D 联接）；② 一、二次侧对应线电动势的相位差。可通过画电动势相量图，由绕组联接图确定联接组标号，或者由联接组标号画出绕组联接图。判定时应注意：

（1）在绕组联接图中，高、低压绕组均按相序（A—B—C）从左向右排列，上、下对齐的高、低压绕组是绕在同一铁心柱上的。

（2）根据同一铁心柱上高、低压绕组的同名端是否都标为首端，确定其电动势相量是同相还是反相；反之亦然。

（3）A、B、C 三相的电动势相量可构成一个等边三角形，它的 3 个顶点 A、B、C 应依次顺时针排列。

（4）高、低压绕组对应线电动势（$\dot{E}_{AB}$ 与 $\dot{E}_{ab}$）的顺时针方向相位差除以 30°，等于时钟标号。

$$联接组标号 = \frac{\dot{E}_{AB} \text{与} \dot{E}_{ab} \text{顺时针方向夹角}}{30°} \tag{4-7}$$

联接组标号有一定的规律，高、低压绕组联接方式相同时（均为 Y 联接或 D 联接），时钟标号为偶数，否则为奇数；将低压绕组首端标志右移一相（a、b、c→c、a、b），则联接组标号增加 4（相邻两相相位差 120°），如图 4-3 所示。

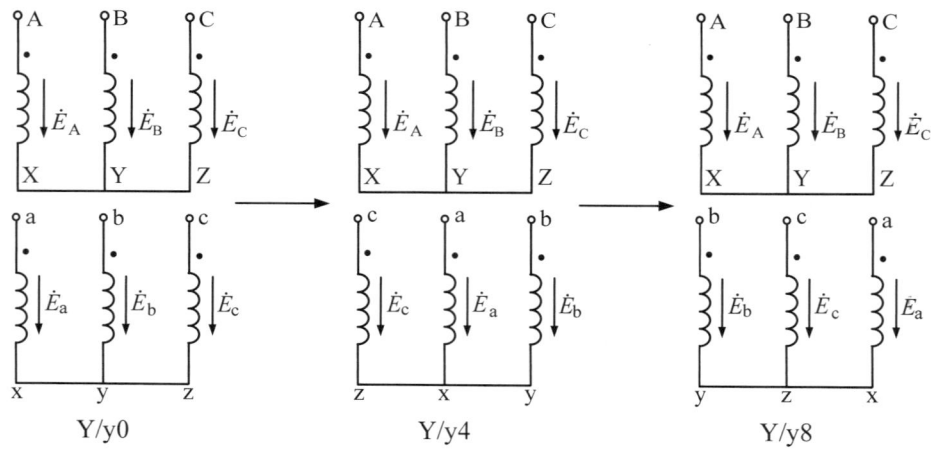

图 4-3 联接组变换示意图

7．三相变压器的磁路、电路系统对空载相电动势波形的影响

（1）空载相电动势波形非正弦的原因：主磁路饱和时，主磁通 $\varPhi$ 与励磁电流 i_0 是非线性关系（参见上海交大出版社《电机与拖动》p134 图 4-36）。

（2）使 $\varPhi$ 及其产生的空载相电动势 e 接近正弦波的方法：

① 使 i_0 为尖顶波，即 i_0 需含有 3 次谐波 i_{03}，为此应在电路系统中提供 i_{03} 的通路，即在

高压侧或低压侧采用 D（Δ）联接，或者有中线 N（n）。

② 在高、低压绕组均为 Y 联接时，i_0 不含 3 次谐波 i_{03}（无通路），因此 Φ 中出现 3 次谐波 Φ_3。若 Φ_3 能沿主磁路闭合，则产生较大的 3 次谐波相电动势 e_3，使相电动势波形呈尖顶波。为此需利用磁路系统，即采用三相芯式变压器，迫使 Φ_3 经过非铁磁材料（变压器油）闭合而被大大削弱。

上述分析如表 4-4 所示。

表 4-4 不同磁路、联接组别对相电动势波形的影响

联接组别		项 目			
		励磁电流三次谐波	主磁通三次谐波	相电动势	应用情况
Y/y	芯式	无	弱（走漏磁路）	正弦	1 800 kV·A 以下可用
Y/y	组式	无	强（走主磁路）	尖顶	不用
YN/y		有（经中线）	无	正弦	可用
Y/yn		有（经中线）	无	正弦	可用
Y/d（D/y）		有（Δ 中有）	可略去	接近正弦	可用

8．变压器并联运行

（1）并联运行的 3 个理想条件：
① 各变压器的变比应相等。
② 各变压器的联接组号应相同。
③ 各变压器的短路阻抗标幺值要相等。

第一、二个条件不满足时会产生环流，其中第二个条件不满足时绝对不能并联运行。

（2）负载分配：

并联运行的各变压器，在其他条件满足，仅短路阻抗标幺值不同时，其负载因数与其短路阻抗的标幺值成反比。短路阻抗标幺值小的变压器先达到满载。

$$\underline{I_\alpha} : \underline{I_\beta} : \underline{I_\gamma} = \frac{1}{|Z_{k\alpha}|} : \frac{1}{|Z_{k\beta}|} : \frac{1}{|Z_{k\gamma}|} = \underline{S_\alpha} : \underline{S_\beta} : \underline{S_\gamma} \tag{4-8}$$

4.3 精选例题分析

1．在研究变压器时，对正弦量电压、电流、电动势和磁通等为什么要规定正方向？我们是按什么惯例来规定正方向的？

答：由于变压器中电压、电流、电动势和磁通的大小和方向都随时间作周期性变化，为了能正确表明各量之间的关系，要规定它们的正方向。一般采用电工惯例来规定其正方向：

（1）同一条支路中，电压 u 的正方向与电流 i 的正方向一致。

（2）由电流 i 产生的磁动势所建立的磁通 Φ，与 i 的正方向符合右手螺旋定则。

（3）由磁通 Φ 产生的感应电动势 e，其正方向与产生该磁通的电流 i 的正方向一致，则有 $e = -N\dfrac{d\Phi}{dt}$；否则 $e = -(-N\dfrac{d\Phi}{dt}) = N\dfrac{d\Phi}{dt}$。如图 4-4 所示：

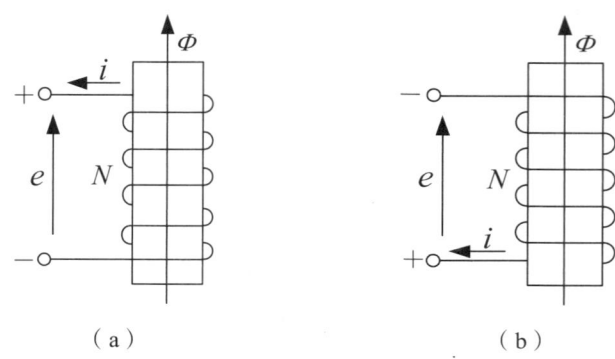

图 4-4 磁通及其感应电动势

图 4-4（a）中，e 与 Φ 的参考方向满足右手螺旋定则，因此，$e = -N\dfrac{d\Phi}{dt}$。

图 4-4（b）中，e 与 Φ 的参考方向不满足右手螺旋定则，因此，$e = -\left(-N\dfrac{d\Phi}{dt}\right) = N\dfrac{d\Phi}{dt}$。

2. 一台变压器额定运行时的铁耗 $p_{Fe} = 1\ kW$，铜耗 $p_{Cu} = 4\ kW$，当负载因数 $\beta = 0.5$ 时，p_{Fe} 和 p_{Cu} 分别为多大？

答：变压器外施额定电压稳态运行时，铁耗是不变损耗，在负载变化时基本不变，因此，$\beta = 0.5$ 时的铁耗为 $1\ kW$。铜耗是可变损耗，近似与负载因数 β 的平方成正比，即 $p_{Cu} = \beta^2 p_{kN}$，因此，$\beta = 0.5$ 时的铜耗为 $0.5^2 \times 4 = 1\ kW$。

3. 某变压器空载运行，一次侧加额定电压 U_{1N} 时，虽然一次绕组电阻 R_1 很小，但一次电流 I_0 并不大，为什么？若一次侧施加大小为 U_{1N} 的直流电压时，一次电流大不大？为什么？

答：① 因为 $\dot{U}_1 = -\dot{E}_1 + \dot{I}_0(R_1 + jX_1)$，$\dot{E}_1$ 是主磁通在一次绕组中产生的感应电动势，其值比较大，基本上与一次绕组外施电压 $\dot{U}_1$ 相平衡，因此 I_0 并不大。

② 若一次侧施加大小为 U_{1N} 的直流电压，此时，磁通是恒定的，$\dfrac{d\Phi}{dt} = 0$，则 $E_1 = 0$，$X_1 = 0$，可得 $I_0 = U_{1N}/R_1$，且 R_1 很小，故此时的 I_0 非常大，是额定电流的几十倍，会烧毁变压器。因此，绝对不允许变压器外接直流电。

4. 一台 $220\ V/110\ V$ 的单相变压器，试分析当高压侧加额定电压 $220\ V$ 时，空载电流 I_0 呈什么波形？加 $110\ V$ 时空载电流 I_0 又呈什么波形？若把 $110\ V$ 加在低压侧，I_0 又呈什么波形？

答：变压器设计时，工作磁通密度通常选择在磁化曲线的膝点（从不饱和状态进入饱和状态的拐点），也就是说，变压器在额定电压下工作时，磁路是较为饱和的。

① 当高压侧加 $220\ V$ 时，磁通密度为设计值，磁路饱和，根据磁化曲线，当磁路饱和时，

励磁电流增加的幅度比磁通大，所以空载电流呈尖顶波形。

② 当高压侧加 110 V 时，磁通密度小，低于设计值，磁路不饱和，根据磁化曲线，当磁路不饱和时，励磁电流与磁通几乎成正比，所以空载电流呈正弦波形。

③ 当低压侧加 110 V 时，与高压侧加 220 V 时相同，磁通密度为设计值，磁路饱和，空载电流呈尖顶波形。

5. 为什么说变压器的励磁电流中需要有一个三次谐波分量，如果励磁电流中的三次谐波分量不能流通，对线圈中感应电动机势波形有何影响？

答：因为磁路具有饱和特性，只有尖顶波电流才能产生正弦波磁通，因此励磁电流需要有三次谐波分量（只有这样，电流才是尖顶波）。

如果没有三次谐波电流分量，主磁通将是平顶波，其中含有较大的三次谐波分量，该三次谐波磁通将在绕组中产生三次谐波电动势，三次谐波电动势与基波电动势叠加使相电动势呈尖顶波形，从而使绕组承受过电压，有可能造成绕组绝缘击穿。

6. Y/d 联接的三相变压器，三次谐波电动势能在三角形中形成环流，而基波电动势能否在△中形成环流，为什么？

答：三次谐波电动势大小相等，相位互差 360°，即相位相同，因此在三角形中能够形成环流。

而基波电动势大小相等，相位互差 120°，任一瞬间三相基波电动势相量和恒等于 0，因而不能在△中形成环流。

7. 一台单相变压器，额定电压为 220 V/110 V，如果不慎将低压侧误接到 220 V 的电源上，对变压器有何影响？

答：这是一台降压变压器，低压绕组匝数 N_2 少。由公式 $U_1 \approx 4.44fN_1\Phi_m$ 可知，主磁通 Φ_m 要增加很多才能平衡端电压 U_{1N}，磁通的增加又因磁路非线性（饱和）引起励磁电流增加很多，电流过大就可能烧坏低压绕组。

8. 变压器在制造时，一次侧线圈匝数 N_1 较原设计时少，试分析对变压器铁心饱和程度、励磁电流、励磁电抗、铁损、变比等有何影响？

答：根据 $U_1 \approx E_1 = 4.44fN_1\Phi_m$ 可知：一次绕组匝数 N_1 减少，主磁通 Φ_m 将增加，铁心饱和程度增加，磁导率 $\mu_{Fe}\downarrow$。因为磁阻 $R_m = \dfrac{l}{\mu_{Fe}S}$，所以磁阻 R_m 增大。根据磁路欧姆定律 $\dot{I}_0 N_1 = \dot{\Phi}_m R_m$，当线圈匝数减少时，励磁电流 I_0 增大。又由于铁耗 $p_{Fe} \propto B_m^2 f^\beta$，且 $B_m = \dfrac{\Phi_m}{S}\uparrow$，所以 $p_{Fe}\uparrow$。因为励磁电抗 $X_m = 2\pi fN_1^2 \dfrac{\mu_{Fe}S}{l}$，且 $N_1\downarrow$，$\mu_{Fe}\downarrow$，所以 $X_m\downarrow$。

变比 $k = N_1/N_2$ 将减小。

9. 励磁电抗 X_m 的物理意义如何？我们希望变压器的 X_m 是大还是小好？若用空气芯而不用铁心，则 X_m 是增加还是降低？如果一次绕组匝数增加 5%，而其余不变，则 X_m 将如何变化？如果一次、二次绕组匝数各增加 5%，则 X_m 将如何变化？如果铁心截面积增大 5%，其他不变，则 X_m 将大致如何变化？如果铁心叠装时，硅钢片接缝间存在着较大的气隙，则对 X_m 有何影响？如果一次侧电压降低，则对 X_m 又有何影响？

答：X_m 是与主磁通相对应的等效电抗，它反映励磁电流所产生的交变主磁通对电路的电磁作用能力。X_m 大好；因为 $X_m = 2\pi f N_1^2 \dfrac{\mu_{Fe} S}{l}$，用空气芯，$\mu_{Fe}\downarrow$，则 X_m 减小；若 N_1 增加 5%，Φ_m 降低，磁路饱和程度降低，$\mu_{Fe}\uparrow$，则 X_m 增加；若 N_1、N_2 各增加 5%，X_m 仍然同上，增加；若铁心面积 S 增加 5%，则 X_m 增加；若叠装时硅钢片接缝间气隙较大，则 X_m 降低；若 U_1 降低，则主磁通 Φ_m 降低，$\mu_{Fe}\uparrow$，导致 X_m 增加。

10. 变压器空载运行时，一次侧电压由额定电压上升 15%，则励磁电流 I_0 将（　　）。
   A. 上升 15%　　　　B. 上升大于 15%　　　　C. 上升小于 15%
   答案：选 B；一次侧电压由额定电压再上升 15%，根据 $U_1 \approx E_1 = 4.44 f N_1 \Phi_m$ 可知，此时 Φ_m 将上升 15%；而且，此时的磁路已经深度饱和，Φ_m 与 I_0 成非线性关系变化（参见磁化曲线），故 I_0 将上升超过 15%。

11. 降压变压器中一次绕组的每匝电动势_____二次绕组的每匝电动势。（　　）
   A. 大于　　　　B. 等于　　　　C. 小于　　　　D. 无法确定
   答案：选 B；此题考查变压器的电磁感应原理，因为 $E_1 = 4.44 f N_1 \Phi_m$、$E_2 = 4.44 f N_2 \Phi_m$，当 $N_1 = N_2 = 1$ 时，显然二者相等。

12. 某台 440 V/220 V 的单相变压器，短路阻抗 $Z_k = (0.03+j0.05)\,\Omega$，负载阻抗 $Z_L = (0.6+j0.25)\,\Omega$，则从原边看进去总阻抗为_____。若原边漏电抗 $X_1 = 0.8\,\Omega$，则折合到副边大小为_____。
   答案：$(2.43+j1.05)\,\Omega$、$0.2\,\Omega$；此题主要考查变压器简化等效电路及折算。由简化等效电路可知：$Z_{总} = Z_k + Z_L' = Z_k + k^2 Z_L = 0.03 + j0.05 + 2^2(0.6 + j0.25) = (2.43 + j1.05)\,\Omega$

原边折算到副边，$X_1' = \dfrac{X_1}{k^2} = \dfrac{0.8}{4} = 0.2\,(\Omega)$

13. 某单相变压器 $U_{1N}/U_{2N} = 220\,V/110\,V$，$Z_k = 0.03$，在一次侧做短路实验时，为了把电流控制为额定电流，那么一次侧施加的电压为_____V。
   答案：6.6 V；若一次侧控制为额定电流，即 $I_{1k} = 1$，则 $U_{1k} = I_{1k} \cdot Z_k = 0.03$，故 $U_1 = U_{1k} \cdot U_{1N} = 0.03 \times 220 = 6.6\,V$。

14. 一台单相变压器，$U_{1N}/U_{2N} = 220\,V/110\,V$，若其参数 $R_1 = R_2$，则其 R_1、R_2 实际值的对应关系是：$R_1 = $_____$R_2$。
   答案：4；由 $R_1 = R_2$，可得 $\dfrac{R_1}{Z_{1N}} = \dfrac{R_2}{Z_{2N}}$，则 $\dfrac{R_1}{R_2} = \dfrac{Z_{1N}}{Z_{2N}} = \dfrac{U_{1N}}{I_{1N}} \cdot \dfrac{I_{2N}}{U_{2N}} = k^2 = 4$

15. 已知某单相变压器 $Z_m = 20$，当一次侧施加额定电压时，励磁电流 I_0 为一次侧额定电流的___倍。

   答案：0.05；一次侧施加额定电压，即 $U_1 = 1$，则 $I_0 = \dfrac{U_1}{Z_m} = \dfrac{1}{20} = 0.05$。

16. 在变压器高压侧和低压侧分别施加额定电压进行空载实验，所测得的铁耗是否一样，计算出来的励磁阻抗有何差别？如实验时，电源电压达不到额定电压，问能否将空载功率和空载电流换算到对应额定电压时的值，为什么？

   答：（1）在高、低压侧各施加额定电压 U_{1N}、U_{2N}，所对应的主磁通 Φ_m 不变，因此在高、低压侧做空载实验测得的铁耗 p_{Fe} 是一样的。

① 高压侧：$p_{Fe} = I_0^2 R_m$

② 低压侧：$p_{Fe低} = I_{0低}^2 R_{m低} = (kI_0)^2 \cdot \dfrac{1}{k^2} R_m = I_0^2 R_m = p_{Fe}$

（2）在高压侧测得的 Z_m 是低压侧的 k^2 倍。

① 高压侧：$Z_m = \dfrac{U_{1N}}{I_0}$

② 低压侧：$Z_{m低} = \dfrac{U_{2N}}{I_{0低}} = \dfrac{U_{1N}}{k} \cdot \dfrac{1}{kI_0} = \dfrac{1}{k^2} \cdot \dfrac{U_{1N}}{I_0} = \dfrac{1}{k^2} \cdot Z_m$

（3）不能换算。因为磁路为铁磁材料，具有饱和特性（呈现非线性关系）。磁阻随饱和程度不同而变化，阻抗不是常数，所以不能换算。由于变压器工作电压基本为额定电压，所以测量空载参数时，电压应加到额定值进行实验，从而保证所得数据与实际一致。

17. 怎样用实验方法测出（证实）Y/d5 变压器组？

答：先画出 Y/d5 的相量图，再据此推导出 Y/d5 的接线图，如下图所示。

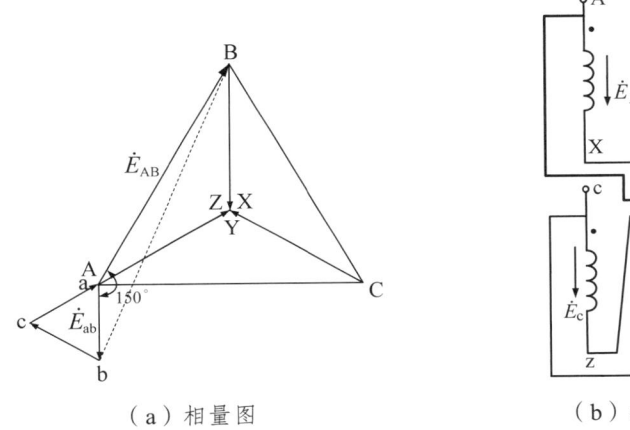

（a）相量图　　　（b）接线图

图 4-5　Y/d5 变压器

由图 4-5（a）可知，在△ABb 中，$U_{Bb} = \sqrt{U_{ab}^2 - 2U_{AB}U_{ab}\cos 150° + U_{AB}^2}$，且 $U_{AB} = kU_{ab}$，故 $U_{Bb} = U_{ab}\sqrt{1 + k\sqrt{3} + k^2}$。实验步骤如下：

① 测出变比 k。

② 用导线联接 A、a 端点。

③ 测出 U_{Bb}，U_{AB}，U_{ab} 的值。

④ 计算 U_{Bb} 值。

当测出的 U_{Bb} 值与计算值相等时，可知变压器接线是 Y/d5 联接组。

18. 试计算下列各台变压器的变比 k。

（1）$U_{1N}/U_{2N} = 3\,300\text{ V}/220\text{ V}$ 的单相变压器；

（2）$U_{1N}/U_{2N} = 6\text{ kV}/0.4\text{ kV}$ 的 Y/y 接法的三相变压器；

（3）$U_{1N}/U_{2N} = 10\text{ kV}/0.4\text{ kV}$ 的 Y/d 接法的三相变压器。

解：（1）单相变压器 $k = \dfrac{U_{1N}}{U_{2N}} = \dfrac{3\,300}{220} = 15$

（2）Y/y 接法的三相变压器 $k = \dfrac{U_{1N\varphi}}{U_{2N\varphi}} = \dfrac{U_{1N}/\sqrt{3}}{U_{2N}/\sqrt{3}} = \dfrac{U_{1N}}{U_{2N}} = \dfrac{6\times 10^3}{0.4\times 10^3} = 15$

（3）Y/d 接法的三相变压器 $k = \dfrac{U_{1N\varphi}}{U_{2N\varphi}} = \dfrac{U_{1N}/\sqrt{3}}{U_{2N}} = \dfrac{U_{1N}}{\sqrt{3}U_{2N}} = \dfrac{10\times 10^3}{\sqrt{3}\times 0.4\times 10^3} = 14.4$

19. 一台单相变压器 50 kV·A，7 200/480 V，50 Hz。其空载和短路实验数据如下：

实验名称	电压/V	电流/A	功率/W	电源施加
空载	480	5.2	245	低压边
短路	157	7	615	高压边

试求：（1）短路参数及其标幺值；

（2）空载和满载时的铜耗和铁耗；

（3）额定负载电流、功率因数 $\cos\varphi_2 = 0.9$（滞后）时的电压变化率、U_2 及效率。

解：$I_{1N} = \dfrac{S_N}{U_{1N}} = \dfrac{50\,000}{7\,200} = 6.944 \ (\text{A})$

$I_{2N} = \dfrac{S_N}{U_{2N}} = \dfrac{50\,000}{480} = 104.167 \ (\text{A})$

（1）短路参数：$Z_k = \dfrac{U_k}{I_k} = \dfrac{157}{7} = 22.42 \ (\Omega)$

$R_k = \dfrac{P_k}{I_k^2} = \dfrac{615}{7^2} = 12.55 \ (\Omega)$

$X_k = \sqrt{Z_k^2 - R_k^2} = \sqrt{22.42^2 - 12.55^2} = 18.58 \ (\Omega)$

其阻抗基值 $Z_{1N} = \dfrac{U_{1N}}{I_{1N}} = \dfrac{7\,200}{6.944} = 1\,036.87 \ (\Omega)$

则有：$\underline{Z_k} = \dfrac{Z_k}{Z_{1N}} = \dfrac{22.42}{1\,036.87} = 0.021\,6$

$\underline{R_k} = \dfrac{R_k}{Z_{1N}} = \dfrac{12.55}{1\,036.87} = 0.012\,1$

$\underline{X_k} = \dfrac{X_k}{Z_{1N}} = \dfrac{18.58}{1\,036.87} = 0.017\,9$

（2）空载时铁耗 $p_{Fe} \approx p_0 = 245 \ \text{W}$；铜耗 $p_{Cu} \approx 0$

满载时铜耗 $p_{kN} = \left(\dfrac{I_{1N}}{I_k}\right)^2 p_k = \left(\dfrac{6.944}{7}\right)^2 \times 615 = 605.2 \ (\text{W})$；铁耗 $p_{Fe} = 245 \ \text{W}$

（3）额定负载电流时：$I_2 = I_{2N} = 104.167 \ \text{A}$，$\beta = 1$，则有：

$$\Delta U = \beta(R_k \cos\varphi_2 + X_k \sin\varphi_2) \times 100\%$$
$$= (0.012\ 1 \times 0.9 + 0.017\ 9 \times \sqrt{1-0.81}) \times 100\% = 1.87\%$$

此时副边电压 $U_2 = (1-\Delta U) \times U_{2N} = (1-0.018\ 7) \times 480 = 471.02$ (V)

于是　　　　$P_2 = U_2 I_{2N} \cos\varphi_2 = 471 \times 104.167 \times 0.9 = 44\ 158.64$ (W)

　　　　　　$P_1 = P_2 + p_0 + p_{kN} = 44\ 158.64 + 245 + 605.2 = 45\ 008.64$ (W)

故　　　　$\eta = \dfrac{P_2}{P_1} \times 100\% = 98.11\%$

20. 某变压器的额定容量是 100 kV·A，额定电压是 6 000 V/230 V，副边 Y 接法，满载下负载的等效电阻 $R_L = 0.25\ \Omega$，等效电抗 $X_L = 0.44\ \Omega$。试求负载的端电压 U_2 及变压器的电压调整率。

解：副边额定电流：$I_{2N} = \dfrac{S_N}{\sqrt{3}U_{2N}} = \dfrac{100}{1.732 \times 0.23} = 251$ (A)

负载阻抗：$Z_L = \sqrt{R_L^2 + X_L^2} = \sqrt{0.25^2 + 0.44^2} = \sqrt{0.256\ 1} = 0.5$ (Ω)

负载端电压：$U_2 = \sqrt{3} I_{2N} Z_L = 1.732 \times 251 \times 0.5 = 217.4$ (V)

电压调整率：$\Delta U = \dfrac{U_{2N} - U_2}{U_{2N}} \times 100\% = \dfrac{230 - 217.4}{230} \times 100\% = 5.5\%$

21. 某单相变压器，$S_N = 20$ kV·A，$U_{1N}/U_{2N} = 600$ V/200 V，短路电压 $U_k = 0.05$，$R_k = 0.02$，$\cos\varphi_2 = 0.8$（滞后），铁耗 $p_{Fe} = 200$ W。求：

（1）额定负载时变压器的铜耗 p_{kN}；
（2）带 70% 负载时的二次侧端电压 U_2；
（3）最大效率时的一次侧电流 I_1。

解：（1）由题意可得 $p_k = R_k = 0.02$，$Z_k = U_k = 0.05$，则有：

$$p_{kN} = 0.02 \times S_N = 0.02 \times 20\ 000 = 400\ \text{W}$$
$$X_k = \sqrt{Z_k^2 - R_k^2} = \sqrt{0.05^2 - 0.02^2} = 0.045\ 83$$

（2）$\Delta U = \beta(R_k \cos\varphi_2 + X_k \sin\varphi_2) = 0.7(0.02 \times 0.8 + 0.045\ 83 \times 0.6) = 0.030\ 45$

故：$U_2 = (1-\Delta U) \times U_{2N} = (1 - 0.030\ 45) \times 200 = 193.9$ (V)

（3）最大效率时，负载因数 $\beta_m = \sqrt{\dfrac{p_0}{p_{kN}}} = \sqrt{\dfrac{200}{400}} = 0.707\ 1$

则有：$I_1 = \beta_m = 0.707\ 1$

$$I_1 = I_1 \cdot I_{1N} = 0.707\ 1 \times \dfrac{S_N}{U_{1N}} = 0.707\ 1 \times \dfrac{20\ 000}{600} = 23.6\ \text{(A)}$$

22. 某台 Y/d 联接的三相变压器，$S_N = 5\ 600$ kV·A，$U_{1N}/U_{2N} = 35$ kV/6.3 kV。在高压侧做短路实验，测得 $U_{1k} = 2\ 610$ V，$I_{1k} = 92.3$ A，$p_k = 53$ kW。当 $U_1 = U_{1N}$，$I_2 = I_{2N}$ 时，测得 $U_2 = U_{2N}$，求此时负载的性质及功率因数角 φ_2 的大小。

解：根据题意可知 $\Delta U = \beta(\underline{R}_k \cos\varphi_2 + \underline{X}_k \sin\varphi_2) = 0$，以此为突破口可求出 φ_2 角。

$$Z_k = \frac{U_{1k}}{\sqrt{3}I_{1k}} = \frac{2610}{\sqrt{3} \times 92.3} = 16.33 \ (\Omega)$$

$$R_k = \frac{p_k}{3I_{1k}^2} = \frac{53 \times 10^3}{3 \times 92.3^2} = 2.07 \ (\Omega)$$

$$X_k = \sqrt{Z_k^2 - R_k^2} = \sqrt{16.33^2 - 2.07^2} = 16.198 \ (\Omega)$$

$$I_{1N} = \frac{S_N}{\sqrt{3}U_{1N}} = \frac{5\,600 \times 10^3}{1.732 \times 35 \times 10^3} = 92.38 \ (A)$$

$$\underline{R}_k = \frac{R_k}{Z_{1N}} = \frac{\sqrt{3}I_{1N}R_k}{U_{1N}} = \frac{\sqrt{3} \times 92.38 \times 2.07}{35 \times 10^3} = 0.009\,46$$

$$\underline{X}_k = \frac{X_k}{Z_{1N}} = \frac{\sqrt{3}I_{1N}X_k}{U_{1N}} = \frac{\sqrt{3} \times 92.38 \times 16.198}{35 \times 10^3} = 0.074$$

根据 $\Delta U = \beta(\underline{R}_k \cos\varphi_2 + \underline{X}_k \sin\varphi_2) = 0$，可得：$\underline{R}_k \cos\varphi_2 = -\underline{X}_k \sin\varphi_2$

则有：$\tan\varphi_2 = -\dfrac{\underline{R}_k}{\underline{X}_k} = -\dfrac{0.009\,46}{0.074} = -0.127\,84$

故　　$\varphi_2 = -7.285°$　（负号表示容性负载）

23. 两台变压器：$S_{N1} = 50 \text{ kV·A}$，$u_{k1} = 5\%$，$S_{N2} = 40 \text{ kV·A}$，$u_{k2} = 4\%$。并联运行时，第____台先达到满载；在都不过载情况下，总容量为_____kV·A。

答案：2，80；因为 $u_{k2} < u_{k1}$，所以第 2 台先达到满载。

根据 $\dfrac{\underline{S}_1}{\underline{S}_2} = \dfrac{\underline{I}_1}{\underline{I}_2} = \dfrac{Z_{k2}}{Z_{k1}} = \dfrac{u_{k2}}{u_{k1}} = \dfrac{0.04}{0.05} = 0.8$，当第 2 台达到满载即 $\underline{S}_2 = 1$ 时，$\underline{S}_1 = 0.8$。

故　$S_总 = S_1 + S_2 = \underline{S}_1 \cdot S_{N1} + \underline{S}_2 \cdot S_{N2} = 0.8 \times 50 + 1 \times 40 = 80 \text{ kV·A}$

24. 两台标号为 Y/d11 的变压器并联运行，$U_{1N}/U_{2N} = 35 \text{ kV}/10.5 \text{ kV}$，第一台容量为 $1\,250 \text{ kV·A}$，$u_{k1} = 6.5\%$，第二台容量为 $2\,000 \text{ kV·A}$，$u_{k2} = 6\%$，试求：

（1）总输出为 $3\,250 \text{ kV·A}$ 时，每台变压器的负载是多少？

（2）在两台变压器均不过载的情况下，并联组的最大输出为多少？此时并联组的利用率达到多少？

解：（1）$\dfrac{\underline{S}_1}{\underline{S}_2} = \dfrac{\underline{I}_1}{\underline{I}_2} = \dfrac{Z_{k2}}{Z_{k1}} = \dfrac{u_{k2}}{u_{k1}} = \dfrac{0.06}{0.065} = 0.923$

所以　　$S_总 = S_1 + S_2 = 0.923\underline{S}_2 \cdot S_{N1} + \underline{S}_2 \cdot S_{N2} = 3\,153.75\underline{S}_2 = 3\,250$

解之，得　$\underline{S}_2 = \dfrac{3\,250}{3\,153.75} = 1.03$

$\underline{S}_1 = 0.923\underline{S}_2 = 0.951$

于是，$S_2 = 1.03 \times 2\,000 = 2\,060 \text{ kV·A}$

$S_1 = 0.951 \times 1\,250 = 1\,188.75 \text{ kV·A}$

（2）两台变压器均不过载，则第二台先满载，$S_2^* = 1$

$$S_{\max} = S_1 + S_{N2} = 0.923 \times 1\,250 + 2\,000 = 3\,153.8 \text{ kV} \cdot \text{A}$$

并联组利用率：$\dfrac{S_{\max}}{S_{N1} + S_{N2}} = \dfrac{3\,153.8}{3\,250} = 0.970\,4$

4.4 自测题

一、单项选择题

1. 若将变压器一次侧接到大小与铭牌相同的直流电源上，变压器的电流比额定电流将（　　）。
   - A. 小一些
   - B. 不变
   - C. 大一些
   - D. 大几十倍甚至上百倍

2. 变压器空载损耗（　　）。
   - A. 等于铁耗
   - B. 等于铜耗
   - C. 大于铁耗
   - D. 小于铜耗

3. 变压器（稳态）短路实验所测损耗（　　）。
   - A. 主要为铜耗
   - B. 主要为铁耗
   - C. 全部为铜耗
   - D. 全部为铁耗

4. 变压器的铁心导磁性能和饱和程度对其励磁电抗 X_m 的影响（　　）。
   - A. 导磁性能好，X_m 大；饱和程度大，X_m 小
   - B. 导磁性能好，X_m 小；饱和程度大，X_m 小
   - C. 导磁性能好，X_m 大；饱和程度大，X_m 大
   - D. 导磁性能好，X_m 小；饱和程度大，X_m 大

5. 变压器运行时，其二次端电压反而升高，原因可能是负载呈（　　）。
   - A. 容性
   - B. 感性
   - C. 阻性
   - D. 都不是

6. 一台频率为 50 Hz、额定电压为 220 V/100 V 的变压器，如果把一次绕组接到 50 Hz、380 V 电源上，则主磁通和励磁电抗变化（　　）。
   - A. 主磁通增加，励磁电抗增加
   - B. 主磁通增加，励磁电抗减小
   - C. 主磁通减小，励磁电抗增加
   - D. 主磁通减小，励磁电抗增加

7. 考虑饱和，当变压器主磁通按正弦规律变化时，空载电流波形为（　　）。
   - A. 正弦波
   - B. 平顶波
   - C. 方波
   - D. 尖顶波

8. 一台三相电力变压器：S_N = 500 kV·A，U_{1N}/U_{2N} = 10 kV/0.4 kV，Y/y0 接法，下面数据中有一个是励磁电流的数值，它应该是（　　）。
   - A. 28.87 A
   - B. 50 A
   - C. 2 A
   - D. 10 A

9. 一次侧外施额定电压并维持不变，变压器由空载转为满载运行时，其主磁通将会：（　　）。

A. 增大　　　　　B. 减小　　　　　C. 基本不变　　　D. 无法确定

10. 变压器负载电流增大时，(　　)。
   A. 原边电流调节增大　　　　　B. 原边电流自动增大
   C. 原边电流自动减小　　　　　D. 原边电流调节减小

11. 三相变压器，原副边绕组匝比 $N_1/N_2 = 10$，原副边绕组线电压比值为 10，则此变压器绕组的接法可能是：(　　)。
   A. D/y　　　　　B. Y/d　　　　　C. Y/y　　　　　D. 无法确定

12. 一台变比为 $k = 10$ 的变压器，从低压侧做空载实验加额定电压时，求得副边的励磁阻抗的标幺值为 16。那么，原边做空载实验加额定电压时的励磁阻抗标幺值是(　　)。
   A. 16　　　　　B. 1 600　　　　C. 0.16　　　　　D. 160

13. Y/d 联接的三相变压器，U_{1N}，U_{2N} 分别为一、二次侧额定电压，则变压器的变比为(　　)。
   A. $\dfrac{U_{1N}}{\sqrt{3}U_{2N}}$　　B. $\dfrac{U_{1N}}{U_{2N}}$　　C. $\dfrac{\sqrt{3}U_{1N}}{U_{2N}}$　　D. $\dfrac{U_{2N}}{U_{1N}}$

14. 一台变比为 k 的变压器，从一次侧测得的励磁阻抗为 Z_m，那么从二次侧测量到的励磁阻抗应为(　　)。
   A. Z_m　　　　B. $k^2 Z_m$　　　C. Z_m/k　　　　D. Z_m/k^2

15. 单相变压器在绕组匝数和电频率 f 不变的情况下，关于励磁电抗 X_m 和一次侧漏电抗 X_1，说法正确的是(　　)。
   A. X_m、X_1 都是常数　　　　B. X_m、X_1 都不是常数
   C. X_m 是常数，X_1 不是常数　D. X_m 不是常数，X_1 是常数

16. 变比 $k = 2$ 的变压器，空载损耗 250 W（从低压侧测得），短路损耗 1 000 W（从高压侧测得），则变压器效率最大时负载电流的标幺值为(　　)。
   A. 2　　　　　B. 1　　　　　C. 0.5　　　　　D. 0.25

17. 联接组号不同的变压器不能并联运行，其原因是(　　)。
   A. 电压变化率太大　　　　　B. 空载环流太大
   C. 负载时励磁电流太大　　　D. 变比不同

18. 一台频率为 50 Hz、额定电压为 380 V/110 V 的变压器，如果把一次绕组接到 50 Hz、220 V 电源上，则主磁通和励磁电流变化：(　　)。
   A. 主磁通增加，励磁电流增加　B. 主磁通增加，励磁电流减小
   C. 主磁通减小，励磁电流增加　D. 主磁通减小，励磁电流减小

19. 变压器空载运行时，其电流及功率因数的大小：(　　)。
   A. 电流较大，功率因数较大　　B. 电流较大，功率因数较小
   C. 电流较小，功率因数较大　　D. 电流较小，功率因数较小

20. 两台容量不同、变比和联接组号相同的三相变压器并联运行，它们所分担的容量之比(　　)。
   A. 与短路阻抗成正比　　　　　B. 与短路阻抗成反比
   C. 与短路阻抗的标幺值成正比　D. 与短路阻抗的标幺值成反比

21. 当变压器运行效率最高时，其不变损耗（   ）可变损耗。
    A. 大于   B. 小于   C. 等于   D. 不确定
22. 变压器降压使用时，能输出较大的（   ）。
    A. 功率   B. 电流   C. 电能   D. 电功
23. 变压器空载电流小的原因是（   ）。
    A. 变压器的励磁阻抗大   B. 一次绕组匝数多，电阻大
    C. 一次绕组漏电抗大   D. 一次绕组漏阻抗大
24. 一台三相电力变压器 S_N = 560 kV·A，U_{1N}/U_{2N} = 8 000 V/400 V，D/y 接法，忽略励磁电流，若低压边相电流为 300 A，则高压边的相电流为（   ）。
    A. 15 A   B. 30 A   C. 6 000 A   D. 8.66 A
25. 考虑磁路饱和，对于 Y/d 联接的三相芯式变压器，通以接近正弦波的空载励磁电流，产生的主磁通、相电动势的波形分别为（   ）。
    A. 正弦波、近似正弦波   B. 近似正弦波、平顶波
    C. 尖顶波、平顶波   D. 平顶波、尖顶波
26. 将 50 Hz，220 V/127V 的变压器原边接到 100 Hz、220 V 的电源上，铁心中的磁通将（   ）。
    A. 减小   B. 增加   C. 不变   D. 不能确定
27. 变压器的负载电流增大时，其输出端电压将（   ）。
    A. 上升   B. 不变   C. 下降   D. 以上都有可能
28. Y/d 联接的三相变压器组，外加正弦电压，铁心中磁通基本上是（   ）。
    A. 正弦波   B. 平顶波   C. 方波   D. 尖顶波
29. 某单相变压器 Z_k = 0.05，做短路实验时施加的电压为 $8\%U_{1N}$，则短路电流（   ）。
    A. = I_{1N} B. < I_{1N} C. > I_{1N} D. 无法确定
30. 单相变压器 U_{1N}/U_{2N} = 220 V/110 V，如果一次侧接 380 V，则主磁通将（   ）。
    A. 增大为 1.73 倍   B. 不变
    C. 增大为 3.45 倍   D. 减小
31. 变压器在负载运行时，建立主磁通的励磁磁动势是（   ）。
    A. 一次绕组产生的磁动势   B. 二次绕组产生的磁动势
    C. 一次和二次绕组产生的合成磁动势 D. 以上都不对
32. 一台三相电力变压器，二次侧带对称负载，且输出电压恰好等于其二次侧的额定电压，则该负载一定是（   ）。
    A. 纯电阻负载   B. 电感性负载
    C. 电容性负载   D. 无法判断
33. 三相变压器二次侧的额定电压是指一次侧加额定电压时二次侧的（   ）。
    A. 空载线电压   B. 额定负载时的线电压
    C. 空载相电压   D. 额定负载时的相电压
34. 三相变压器组不宜采用 Y/y 联接组，主要是为了避免（   ）。
    A. 线电动势波形发生畸变   B. 相电动势波形发生畸变

C. 损耗增大　　　　　　　　　　D. 有效材料的消耗增大

35. 变压器负载呈容性，当负载增加时，副边电压（　　）。
   A. 上升　　　　B. 不变　　　　C. 下降　　　　D. 以上都有可能

二、判断题

1. 变压器中匝数较多、线径较小的绕组是高压绕组。（　　）
2. 空气芯变压器励磁电流小。（　　）
3. 工程上希望变压器励磁电抗大而漏电抗小。（　　）
4. 变压器原边匝数增加 5%，副边匝数下降 5%，励磁电抗将不变。（　　）
5. 变压器空载运行时，电源输入的功率只是无功功率。（　　）
6. 变压器频率增加，励磁电抗增加，漏电抗不变。（　　）
7. 电力系统的变压器一般是三相组式变压器。（　　）
8. Y/d9 变压器原、副边相电动势电位差为 270°。（　　）
9. 一台 Y/d3 三相变压器，其励磁电流波形是尖顶波，主磁通波形也是尖顶波。（　　）
10. 变压器空载实验在高压边进行和在低压边进行测得的铁损耗相同。（　　）
11. 变压器空载实验在高压边进行和在低压边进行测得的参数相同。（　　）
12. 变压器一次侧外接额定电压保持不变，则负载时的主磁通比空载时的略小。（　　）
13. U_1 和 f 不变时，变压器的 $\varPhi_m$ 基本为常数，因此负载和空载时感应电动势 E_1 为常数。（　　）
14. 变压器负载运行时，一次侧和二次侧电流标幺值相等。（　　）
15. 变压器空载运行时一次侧施加额定电压，由于绕组电阻 R_1 很小，因此电流很大。（　　）
16. 变压器空载和负载时的损耗是一样的。（　　）
17. 三相变压器的变比可看作是一、二次侧额定线电压之比。（　　）
18. 不管变压器饱和与否，其参数都是保持不变的。（　　）
19. Y/y4 和 Y/y8 联接的两台三相变压器，变比相等，短路阻抗标幺值相等，经过改接后可作并联运行。（　　）
20. 当变压器的二次侧电流增加时，由于二次绕组磁动势的去磁作用，变压器铁心中的主磁通将要减小。（　　）
21. 当负载随昼夜、季节而波动时，可根据需要将某些变压器切除或并联以提高运行效率，减少不必要的损耗。（　　）
22. Y/d 联接的三相变压器一次侧线电压标幺值是其相电压标幺值的 $\sqrt{3}$ 倍。（　　）
23. 只要使变压器的一、二次绕组匝数不同，就可达到变压的目的。（　　）

三、填空题

1. 变压器工作原理的基础是_____定律。
2. 在变压器中，同时和一次绕组、二次绕组相交链的磁通称为_____，仅和一侧绕组交链的磁通称为_____。
3. 某设计频率为 60 Hz 的电力变压器接于 50 Hz、电压为额定电压的电网上运行，此时变压器的磁路饱和程度_____，励磁电流_____，励磁电抗_____，漏电抗_____，铁耗_____。

4. 当变压器主磁通按正弦规律变化时，（考虑磁路的饱和）其空载电流波形为_____。

5. 变压器等效电路中的 X_m 是对应于_____的电抗，R_m 是表示_____的等效电阻。

6. 变压器在额定电压下负载运行时，当负载电流增大时，铜耗将_____；铁耗将_____。

7. 通过_____和_____实验可求取变压器的参数。

8. 变压器是一种能变换_____电压，而_____不变的静止电气设备。

9. 如果变压器的负载系数为 β，则它的铜耗 p_{cu} 与短路损耗 p_{kN} 的关系式为_____，所以铜耗是随_____的变化而变化的。

10. 某变压器带感性负载运行时，若负载电流相同，$\cos\varphi_2$ 越小，副边电压变化率_____；效率_____。

11. 某 Y/d 联接三相变压器，U_{1N}/U_{2N} = 6 300 V/400 V，若电源电压由 6.3 kV 改为 10 kV，假定用改换高压绕组的办法来满足电源电压的变换，若保持低压绕组匝数每相为 40 匝不变，则高压绕组每相匝数 N_1 应改为_____匝。

12. 单相变压器，$k = 2$，在二次侧测得励磁电抗 $X_m = 300\ \Omega$，实际励磁电抗为_____Ω。

13. 一台单相变压器，空载实验在低压侧测得 $p_0 = 5$ kW，在高压侧做短路实验，$p_k = 10$ kW，变压器最大效率时，一次侧电流为其额定电流的_____倍。

14. 某 380 V/110 V 单相变压器，如果 380 V 交流电压误接在二次侧，导致运行时 $\cos\varphi_1$_____。

15. 某单相变压器，变比 $k = 2$，$S_N = 100$ kV·A，$U_{1N} = 1\ 000$ V，忽略励磁电流，I_{2N} 大约为_____A。

16. 额定电压为 220 V/110 V 的单相变压器，已知：$Z_k = (0.01+j0.05)\ \Omega$，$Z_L = (0.6+j0.12)\ \Omega$，则从原边看进去总阻抗为_____$\Omega$。如高压边漏电抗 $X_1 = 0.4\ \Omega$，折合到副边大小为_____Ω。

17. 某三相电力变压器带电阻电感性负载运行，负载因数相同的条件下，$\cos\varphi_2$ 越高，则电压变化率 ΔU_____；额定电压为 10 000 V/400 V 的三相变压器负载运行时，若副边电压为 410 V，则负载的性质应是_____。

18. 变压器折算法的依据是_____。

19. 变压器铁心导磁性能越好，其励磁电抗越_____，励磁电流越_____。

20. 变压器副边电流大小和性质决定于_____，当副边电流增大时，原边电流_____。

四、简答与作图题

1. 变压器空载运行时，是否要从电网取得功率？这些功率属于什么性质？起什么作用？为什么小负荷用户使用大容量变压器无论对电网和用户均不利？

2. 变压器空载运行时，一次侧施加额定电压，这时一次绕组电阻 R_1 很小，为什么空载电流 I_0 却不大？如将它接在同电压（仍为额定值）的直流电源上，会如何？

3. 画电动势相量图判别图 4-6 所示三相变压器的联接组号。

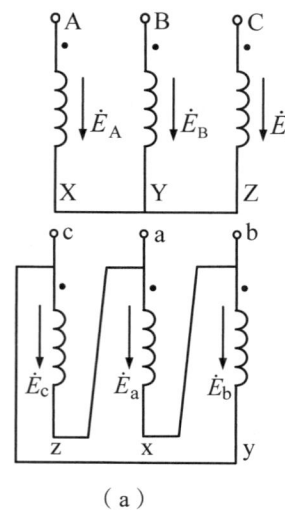 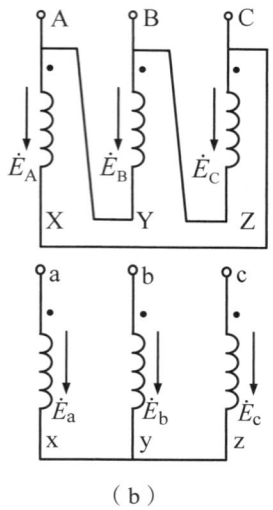 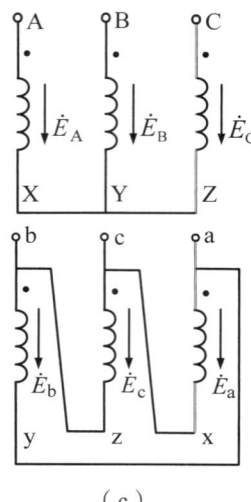

（a） （b） （c）

图 4-6 变压器联接组

五、计算题

1. 一台三相变压器，$S_N = 5\,600$ kV·A，$U_{1N}/U_{2N} = 10$ kV/6.3 kV，Y/d 接法。一、二次侧相绕组的参数为：$R_1 = 0.028\,7\,\Omega$，$X_1 = 0.49\,\Omega$，$R_2 = 0.034\,2\,\Omega$，$X_2 = 0.584\,\Omega$。试求：

（1）折算到一次侧的短路电阻 R_k、短路电抗 X_k、短路阻抗 Z_k；

（2）满载且 $\cos\varphi_2 = 0.8$（滞后）情况下，二次侧的端电压 U_2。

2. 某台 Yd/5 联接三相变压器，$S_N = 10$ kV·A，额定电压为 380 V/110 V，短路阻抗 $Z_k = (1+j1)\,\Omega$，负载阻抗为 $Z_L = (2+j2)\,\Omega$，$\cos\varphi_2 = 0.8$（滞后）。求：

（1）该负载阻抗对应的二次侧电流 I_2；

（2）带 50% 负载时的 ΔU 及 U_2；

（3）一次侧施加额定电压时的短路电流是额定电流的多少倍？

4.5 课后习题

4-1 什么叫变压器的主磁通，什么叫漏磁通？空载和负载时，主磁通的大小取决于哪些因素？

4-2 变压器的励磁电抗和漏电抗各对应于什么磁通？对于已经制成的变压器，它们是否为常数？

4-3 一台 50 Hz 的变压器接到 60 Hz 的电源上运行时，若额定电压不变，问励磁电流、铁耗、漏抗会怎样变化？

4-4 试分析变压器运行时，电源电压降低对铁心饱和程度、励磁电流、励磁阻抗和铁耗有什么影响？

4-5 为什么变压器的空载损耗可近似看成铁耗，短路损耗可近似看成铜耗？

4-6 电力变压器的效率与哪些因素有关？何时效率最高？

4-7 为了得到正弦形的感应电动势，当铁心饱和和不饱和时，空载电流各呈什么波形，为什么？

4-8 在导出变压器的等效电路时，为什么要进行折算？折算是在什么条件下进行的？

4-9 有一台单相变压器，$S_N = 250$ kV·A，$U_{1N}/U_{2N} = 10$ kV/0.4 kV，试计算原、副绕组的额定电流 I_{1N}，I_{2N}。

4-10 三相变压器，额定容量 $S_N = 5\,000$ kV·A，$U_{1N}/U_{2N} = 10$ kV/6.3 kV，Y/d 联接，试求：① 一次、二次侧的额定电流；② 一次、二次侧的额定相电压和相电流。

4-11 某台单相变压器，已知其参数为：$R_1 = 2.19\ \Omega$，$X_1 = 15.4\ \Omega$，$R_2 = 0.15\ \Omega$，$X_2 = 0.964\ \Omega$，$N_1 = 876$ 匝，$N_2 = 260$ 匝，$R_m = 1\,250\ \Omega$，$X_m = 12\,600\ \Omega$。当二次侧电压 $U_2 = 6\,000$ V，电流 $I_2 = 180$ A，且 $\cos\varphi_2 = 0.8$（滞后）时：① 画出折算到高压侧的"T"形等效电路；② 用"T"形等效电路和简化等效电路求 $\dot U_1$ 和 $\dot I_1$，并比较其结果。

4-12 有一台 $S_N = 1\,000$ kV·A，$U_{1N}/U_{2N} = 10$ kV/6.3 kV 的单相变压器，额定电压下的空载损耗为 4 900 W，空载电流为 0.05（标幺值），额定电流下 75 ℃时的短路损耗为 14 000 W，短路电压为 5.2%。设折算后一次和二次绕组的电阻相等，漏电抗亦相等，试计算：① 折算到一次侧时"T"形等效电路的参数；② 用标幺值表示时简化等效电路的参数；③ $\cos\varphi_2 = 0.8$（滞后）时，求变压器的额定电压调整率和额定效率；④ 变压器的最大效率，发生最大效率时负载的大小（$\cos\varphi_2 = 0.8$）。

4-13 根据下列联接组号画出变压器的原、副边绕组接线图。
（1）Y/d5；（2）D/y1；（3）Y/y8。

4-14 已知 A、B、C 为正相序，试画相量图判定图 4-7 中三相变压器的联接组别。

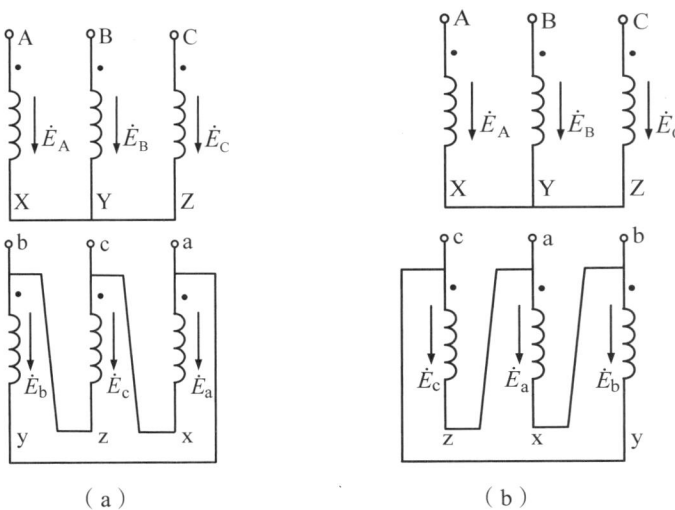

图 4-7 变压器联接组

4-15 某变电所有 3 台变压器，已知数据如下：
变压器 A $S_N = 3\,200$ kV·A，$U_{1N}/U_{2N} = 35$ kV/6.3 kV，$u_k = 6.9\%$；
变压器 B $S_N = 5\,600$ kV·A，$U_{1N}/U_{2N} = 35$ kV/6.3 kV，$u_k = 7.5\%$；
变压器 C $S_N = 3\,200$ kV·A，$U_{1N}/U_{2N} = 35$ kV/6.3 kV，$u_k = 7.6\%$；
这 3 台变压器的联接组号都是 Y/y0，求：① 变压器 A 与变压器 B 并联运行，当总负载为 8 000 kV·A 时，每台变压器各分担多少负载？② 3 台变压器并联运行时，在不允许任何一台过载的条件下，输出的最大负载是多少？

第 5 章　交流旋转电机的共同理论

交流旋转电机通常是指异步电机和同步电机，它们的定子绕组结构、特点及定子中所发生的电磁现象、能量转换机理等方面是完全相同的。因此，本章采用统一的观点来分析交流旋转电机定子绕组的共同问题，主要包括：三相交流绕组的构成和联接规律，交流绕组的感应电动势和磁动势等内容。

5.1　学习要求

（1）了解交流绕组的构成原则和类别。
（2）掌握线圈、电角度、极距、节距、相带、每极每相槽数、槽距角、线圈组等专业术语。
（3）理解单层分布绕组、双层短距绕组的优缺点，熟悉基波电动势星形相量图及三相单层绕组、双层绕组的展开图。
（4）理解交流绕组感应电动势的产生机理，熟悉感应电动势的波形，频率与极对数和转速之间的关系。
（5）理解短距系数、分布系数、绕组系数的由来及物理意义，掌握电动势的计算公式。
（6）掌握谐波电动势的特点及消除谐波的方法。
（7）理解单个整距线圈所产生的磁动势波形，熟悉矩形波按傅氏级数分解为各次正弦波。
（8）掌握单相绕组的磁动势性质、表达式及如何分解为两个反向旋转的圆形旋转磁动势。
（9）理解相轴的概念，掌握用"解析法"分析三相基波合成磁动势性质的方法。
（10）掌握圆形旋转磁动势的产生条件，理解椭圆形旋转磁场及其与脉振磁场、圆形旋转磁场的关系。

5.2　学习指导

1．相绕组的构成

（1）构成原则。
① 三相（A/B/C）基波电动势对称，互差 120° 电角度。

② 基波电动势尽可能大（节距 $y_1 = \tau$ 或接近于 τ）。
③ 谐波电动势尽可能小（分布、短距）。
④ 节省材料，制造简单。

（2）相绕组形成顺序。

导体→线匝→线圈→线圈组→相绕组，如图 5-1 所示。

① 构成绕组的最小单元是导体。
② 两根放置在不同槽内（跨度为节距 y_1）的导体通过端部联接成线匝（单匝线圈）。
③ 多个相同的放置在同一槽中的线匝相串联形成线圈（N_K 匝）。
④ 同一极下 q 个相邻槽中的线圈联接形成线圈组；
⑤ 不同极下的线圈组串联或者并联形成相（A/B/C）绕组。

2．相绕组的感应电动势

1）基波电动势

相绕组的基波电动势分析计算与绕组的构成相似，以单根导体为基础来推导：导体电动势→线匝电动势→线圈电动势→线圈组电动势→相绕组电动势，推导过程如图 5-1 所示。

	单根导体基波感应电势有效值	单个线匝基波感应电势有效值	单个线圈基波感应电势有效值	单个线圈组（q 个线圈分布串联）基波感应电势有效值	每相基波感应电势有效值
单层分布整距绕组	 $E_{A1}=2.22f\Phi_1$ $f=\dfrac{pn_1}{60}$	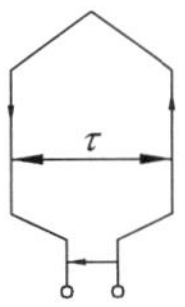 $E_{T1}=4.44f\Phi_1$	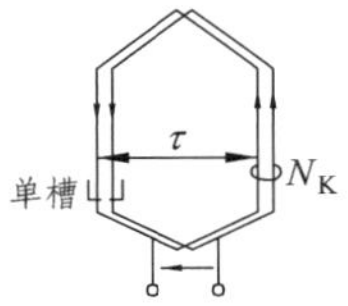 $E_{K1}=4.44f\Phi_1 \times N_K$	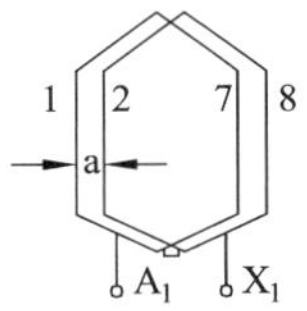 $E_{q1}=q\times 4.44f\Phi_1 N_K \times k_{d1}$ $q=\dfrac{Q}{2pm}$ $\alpha=\dfrac{p\times 360}{Q}$ $k_{d1}=\dfrac{\sin q\dfrac{\alpha}{2}}{q\sin\dfrac{\alpha}{2}}$	①每相共有 p 个线圈组 ②每相共有 a 个并联支路 ③每相基波感应电势有效值： $E_{\varphi 1}=(\dfrac{p}{a})E_{q1}$ $=(\dfrac{p}{a})\times 4.44fqN_K k_{d1}\Phi_1$ ④每相每支路串联匝数： $N_1=(\dfrac{p}{a})qN_K$
双层分布整距绕组	 $E_{A1}=2.22f\Phi_1$	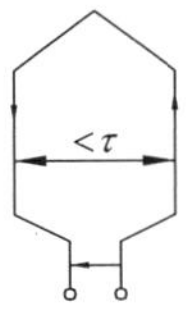 $E_{T1}=4.44f\Phi_1 \times k_{p1}$ $k_{p1}=\sin\dfrac{y\pi}{2}$	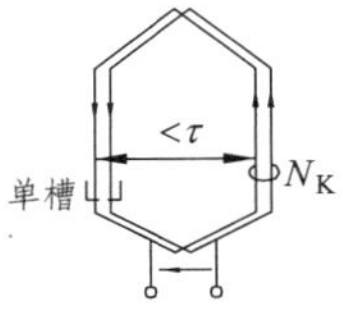 $E_{K1}=4.44f\Phi_1 k_{p1}\times N_K$	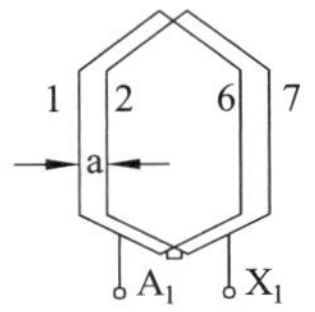 $E_{q1}=q\times 4.44f\Phi_1 k_{p1}N_K \times k_{d1}$	①每相共有 $2p$ 个线圈组 ②每相共有 a 个并联支路 ③每相基波感应电势有效值： $E_{\varphi 1}=(\dfrac{2p}{a})E_{q1}$ $=(\dfrac{2p}{a})\times 4.44fqN_K k_{d1}\Phi_1$ ④每相每支路串联匝数： $N_1=(\dfrac{2p}{a})qN_K$

图 5-1 相绕组及基波感应电动势形成示意图

2）各次谐波电动势

各次谐波电动势的分析与基波电动势类似，二者的差异如表 5-1 所示。

表 5-1　基波电动势与谐波电动势的差异（$v = 3, 5, 7, \cdots$）

项目	极对数	频率	极距	分布系数	短距系数	相电动势
基波	p	f	τ	$k_{d1} = \dfrac{\sin q \dfrac{a}{2}}{q \sin \dfrac{\alpha}{2}}$	$k_{p1} = \sin\left(y\dfrac{\pi}{2}\right)$	$E_{\varphi 1} = 4.44 f N_1 k_{dp1} \Phi_1$
谐波	vp	vf	$\dfrac{1}{v}\tau$	$k_{dv} = \dfrac{\sin q \dfrac{v a}{2}}{q \sin \dfrac{v\alpha}{2}}$	$k_{pv} = \sin v\left(y\dfrac{\pi}{2}\right)$	$E_{\varphi v} = 4.44 v f N_1 k_{dpv} \Phi_v$

3．消弱谐波的方法

（1）对 3 的奇数倍次谐波（3、9、15、21、…），当 Y 联接时，线电动势中不会出现这些谐波；当△联接时，线电动势中仍然不会出现这些谐波，但会形成环流，产生附加损耗，使温升增加、效率下降。所以，现代同步发电机多采用 Y 联接。

（2）削弱谐波电动势的方法有：① 采用不均匀气隙，改善气隙磁场分布，使之接近正弦波形；② 采用分布绕组；③ 采用短距绕组。

（3）若要完全消除 v 次谐波电动势，则应选节距 $y_1 = \left(1 - \dfrac{1}{v}\right)\tau$。需要说明的是，通常采用 $y_1 = \dfrac{5}{6}\tau$ 的短距绕组来同时消弱 5、7 次谐波，效果比较好。

4．交流绕组的磁动势

单个整距线圈所产生的磁动势→单层整距线圈组磁动势（引入分布系数）→双层短距线圈组磁动势（引入短距系数）→单相绕组的磁动势（脉振磁动势）→三相对称绕组的磁动势（圆形旋转磁动势）。

① 一个整距线圈的磁动势：$f_{K1} = F_{K1}\cos\omega t\cos\alpha = 0.9 N_K I \cos\omega t\cos\alpha$

② 单层整距线圈组的磁动势幅值：$F_{q1} = q F_{K1} k_{d1} = 0.9 N_K I q k_{d1}$

③ 双层短距线圈组的磁动势幅值：$F_{m1} = 2 F_{q1} k_{p1} = 2 \times 0.9 N_K I q k_{d1} k_{p1}$

④ 一相绕组的磁动势（脉振磁动势）：

$$f_{\varphi 1} = F_{m1}\cos\omega t\cos\alpha = 0.9 \dfrac{N_1 k_{dp1}}{p} I \cos\omega t\cos\alpha$$

⑤ 三相绕组的合成磁动势（圆形旋转磁动势）：

$$f_1 = f_{A1} + f_{B1} + f_{C1} = \dfrac{3}{2} F_{m1}\cos(\alpha - \omega t) = 1.35 \dfrac{N_1 k_{dp1}}{p} I \cos(\alpha - \omega t)$$

单相与三相交流绕组产生的基波磁动势对照如表 5-2 所示。

表 5-2 单相与三相交流绕组产生的基波磁动势

磁动势	项目				
	表达式	幅值	幅值位置	转速	转向
单相绕组	$F_{m1}\cos\omega t\cos\alpha$	$0.9\dfrac{N_1 k_{dp1}}{p}I$	$\alpha=0$（位于相轴）	为脉振磁动势	无
三相绕组	$\dfrac{3}{2}F_{m1}\cos(\alpha-\omega t)$	$1.35\dfrac{N_1 k_{dp1}}{p}I$	$\alpha=\omega t$（在空间旋转）	角速度为 ω	取决于电流的相序

5．解析法分析交流绕组的磁动势

1）相轴的概念

相轴是指某相绕组线圈产生的磁场的主轴线，可用右手螺旋定则判断其位置和方向。例如，在图 5-2 中，A 相绕组线圈的电流由 X 端流入，从 A 端流出，用右手螺旋定则判断出其相轴位置为右手大拇指所指方向，即垂直位置。同理，可用右手螺旋定则判断出 B 相、C 相的相轴位置，分别在 $\alpha=120°$、$\alpha=240°$ 的地方，如图 5-2 所示。这里需要特别注意的是，α 的正方向为逆时针方向（A、B、C 三相电流的正相序方向），图中已标出。

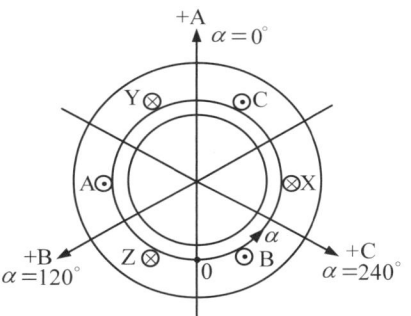

图 5-2 三相集中整距绕组模型及各相的相轴

2）单相交流绕组的磁动势（脉振磁动势）

① 数学表达式：单相交流绕组的基波磁动势为脉振磁动势，它既是空间函数又是时间函数。

$$f_{\varphi 1}=F_{m1}\cos\omega t\cos\alpha=0.9\dfrac{N_1 k_{dp1}}{p}I\cos\omega t\cos\alpha$$

② 波形在空间上随 α 按正弦分布，波形大小在时间上随 ωt 按正弦规律变化。
③ 脉振频率取决于电流的频率。
④ 脉振磁动势的幅值为 F_{m1}，幅值的位置在相绕组的轴线上。
⑤ 脉振磁动势数学表达式的一般写法：

$$f_{\varphi 1}=\underbrace{F_{m1}}_{\text{幅值}}\ \underbrace{\cos(\omega t-\varphi)}_{\text{电流表达式}}\ \underbrace{\cos(\alpha-\theta)}_{\text{相轴位置}}$$

参照上述写法，已知 $i_B=\sqrt{2}I\cos(\omega t-120°)$、$i_C=\sqrt{2}I\cos(\omega t-240°)$，且由图 5-2 可知 B 相相轴在 $\alpha=120°$、C 相相轴在 $\alpha=240°$，故可写出 B、C 相绕组的基波磁动势表达式：

$$f_{B1}=F_{m1}\cos(\omega t-120°)\cos(\alpha-120°)\ ;\quad f_{C1}=F_{m1}\cos(\omega t-240°)\cos(\alpha-240°)$$

注意：表达式后面一项的写法，因相轴是单相脉振磁动势振幅最大值位置，可令：$\cos(\alpha-120°)=1\rightarrow\alpha=120°$ 即是 B 相相轴位置。切记不能写成 $\cos(\alpha+120°)$，那样相轴就在 α

= -120° 位置了。

3）用解析法分解单相脉振磁动势

$$f_{\varphi 1} = F_{m1}\cos\omega t\cos\alpha = \frac{1}{2}F_{m1}\cos(\alpha-\omega t) + \frac{1}{2}F_{m1}\cos(\alpha+\omega t) = \dot{F}_1' + \dot{F}_1''$$

上式表明，一个空间脉振磁动势可以分解为 2 个旋转分量，每个旋转分量的振幅只有原脉振磁动势振幅的一半；2 个旋转分量的旋转角速度均为 ω，但方向相反；正转分量 $\dot{F}_1'$ 与反转分量 $\dot{F}_1''$ 合成的磁动势 $\dot{F}_1$ 始终在相轴轴线上；当电流为正的最大值时，两个旋转分量 $\dot{F}_1'$ 与 $\dot{F}_1''$ 正好同时都转到 $\alpha=0$ 处，合成的磁动势出现最大值，如图 5-3 所示。

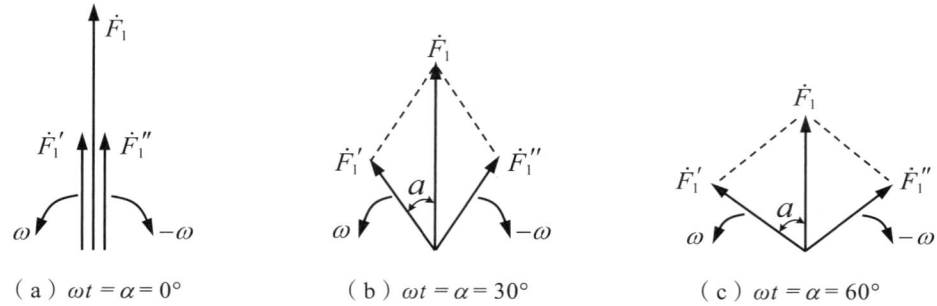

（a）$\omega t = \alpha = 0°$　　（b）$\omega t = \alpha = 30°$　　（c）$\omega t = \alpha = 60°$

图 5-3　各时刻采用分解矢量形式表示的脉振磁动势

4）用解析法合成三相交流绕组磁动势
① 根据脉振磁动势数学表达式的写法写出各个单相交流绕组的基波磁动势表达式。
② 对其分别进行三角函数"积化和差"分解。
③ 合并、消除相关项，即可得到三相合成基波磁动势的表达式。
举例如下：

$$\begin{aligned}f_1 &= f_{A1} + f_{B1} + f_{C1}\\ &= \frac{1}{2}F_{m1}\cos(\alpha-\omega t) + \frac{1}{2}F_{m1}\cos(\alpha+\omega t) +\\ &\quad \frac{1}{2}F_{m1}\cos(\alpha-\omega t) + \frac{1}{2}F_{m1}\cos(\alpha+\omega t-240°) +\\ &\quad \frac{1}{2}F_{m1}\cos(\alpha-\omega t) + \frac{1}{2}F_{m1}\cos(\alpha+\omega t-120°)\\ &= \frac{3}{2}F_{m1}\cos(\alpha-\omega t)\end{aligned}$$

上式中，三个单相（A/B/C）脉振磁动势共分解有 6 个旋转分量，其中 3 个正转、3 个反转。仔细观察发现，3 个正转的磁动势表达式完全相同，而 3 个反转的磁动势空间上刚好相差 120° 电角度，可见三者是对称的，相加之后等于零。于是只剩下 3 个正转的分量，它们幅值相等、转速相等、转向相同，故可进行叠加。叠加后可得三相合成的基波磁动势表达式：$f_1 = \frac{3}{2}F_{m1}\cos(\alpha-\omega t)$。

5）三相交流绕组的基波磁动势

数学表达式：$f_1 = \frac{3}{2}F_{m1}\cos(\alpha - \omega t) = 1.35\frac{N_1 k_{dp1}}{p} I \cos(\alpha - \omega t)$

① 三相电流流过三相对称绕组产生的基波磁动势是空间上旋转的圆形旋转磁动势，其幅值不变，为基波脉振磁动势最大值的 3/2 倍。

② 三相合成基波磁动势的波长和单相基波脉振磁动势一样，即极对数一样。

③ 令 $\cos(\alpha - \omega t) = 1 \to \alpha - \omega t = 0 \to \alpha = \omega t$，故三相合成基波磁动势的旋转方向为 $+\alpha$ 方向，也就是顺着 A、B、C 三相电流的正相序方向，旋转角速度为 ω；调换通入电流的相序可改变合成基波磁动势的旋转方向。

④ 三相合成基波旋转磁动势波幅位置随时间而变，出现在 $\alpha - \omega t = 0$ 即 $\alpha = \omega t$ 处，当某一相电流达到正最大值，波幅就恰好移至该相轴线处。

⑤ 三相合成基波磁动势的旋转速度 $n_1 = \frac{60f}{p}$，旋转的角速度与电流交变的角频率相同。

6）三相交流绕组的谐波磁动势

三相合成各次谐波磁动势的分析方法与基波类似。同理，也可采用"解析法"推导出各次谐波磁动势的表达式。

① 三相合成 3 及 3 的奇数倍次谐波磁动势为 0。

② 三相合成的第 5、11、17 次等 $v = (6k-1)$ 次（k 为自然数）谐波磁动势表达式为 $f_v = F_v \cos(v\alpha + \omega t)$。由 $\cos(v\alpha + \omega t) = 1 \to v\alpha + \omega t = 0 \to \alpha = -\frac{1}{v}\omega t$，故它们都是空间上反转的圆形旋转磁动势，磁动势幅值 $F_v = \frac{1}{v} \times 1.35 \frac{N_1 k_{dpv}}{p} I$，三相合成 v 次谐波磁动势的极对数 $p_v = vp$，其转速是基波的 $\frac{1}{v}$。

③ 三相合成的第 7、13、19 等 $v = (6k+1)$ 次谐波磁动势表达式：$f_v = F_v \cos(v\alpha - \omega t)$。它们都是空间上正转的圆形旋转磁动势，转速是基波的 $\frac{1}{v}$。

6．多相绕组磁动势合成的规律

分析多相绕组通入交流电流产生的磁动势时，先将各单相绕组产生的脉振磁动势分解为正、反两个旋转分量，再将所有绕组的正、反旋转分量分别合成得到总的合成正、反转磁动势分量 F' 和 F''；多相（包含单相）交流绕组产生的合成磁动势，总可以看作是 F' 和 F'' 的合成。合成的磁动势不外乎以下三种情况：

（1）当 $F'' = 0$（或 $F' = 0$）时，合成的磁动势为正转（或反转）圆形磁动势。

（2）当 $F' = F'' \neq 0$ 时，合成的磁动势为脉振磁动势。

（3）当 $F' \neq F''$，且 $F' \neq 0$、$F'' \neq 0$ 时，合成的基波磁动势为椭圆形旋转磁动势。

总之，在对称绕组中通入对称交变电流，一定会产生圆形旋转磁动势，其旋转方向取决于所通入电流的相序。

5.3 精选例题分析

1. 单层、双层交流绕组各有什么特点？并说明它们分别适用于什么场合。

答：单层分布整距、双层分布短距是交流绕组常用的两种形式，它们的特点如表 5-3 所示（假设总槽数为 Q、极对数为 p）。

表 5-3 单层、双层交流绕组特点比较

绕组	y_1	总线圈数	每相总线圈组数	a_{max}	优点	适用场合
单层绕组	$=\tau$	$\dfrac{Q}{2}$	p	p	槽内利用率较高，嵌线方便，不能完全消除谐波	10 kW 以下交流电机
双层绕组	$<\tau$	Q	$2p$	$2p$	槽内利用率高，能够完全消除某次谐波，改善电动势、磁动势波形	大、中型交流电机

2. 试说明谐波电动势产生的原因及其削弱方法。

答：一般在同步电机中，磁极磁场不可能为正弦波，由于电机磁极磁场非正弦分布所引起的发电机定子绕组感应电动势就会出现一系列高次谐波。为了尽量减少谐波电动势的产生，我们常常采取一些方法来尽量削弱电动势中的高次谐波，使电动势波形接近于正弦波形。一般常用的方法有：

① 使气隙磁场沿电枢表面的分布尽量接近正弦波形。例如：对凸极式发电机改善磁极的极外形，对隐极发电机改善励磁绕组的分布范围，使磁极磁场沿电枢表面的分布接近正弦。

② 三相对称绕组采用 Y 接线，以消除线电动势中 3 及 3 的倍次谐波分量。

③ 用短距绕组来削弱高次谐波电动势。

3. 绕组采用短距和分布形式，对其产生的基波磁动势和谐波磁动势各有什么影响？

答：绕组采用短距和分布形式，对产生的基波磁动势浮点削弱较少，一般削弱 5%～10%；对谐波磁动势削弱很大，通常对 5、7 次谐波磁动势的削弱可达到 80%～90%，甚至更大。

4. 某四极交流电机电枢有 36 槽，槽距角大小为_____，相邻两个线圈电动势相位差_____。若线圈两个边分别在第 1、第 9 槽中，绕组短距系数等于_____，绕组分布系数等于_____，绕组系数等于_____。

答案：20°，20°，0.984 8，0.959 8，0.945 2

本题主要考查对交流绕组结构、星形相量图、短距系数、分布系数、绕组系数等知识点。

① 槽距角 $\alpha = \dfrac{p \times 360°}{Q} = \dfrac{2 \times 360°}{36} = 20°$

② 相邻两槽的电角度夹角为 20°，故相邻两槽中的两个线圈电动势相位差 20°。

③ 由题意知 $y_1 = 8$，$\tau = 9$，$y = \dfrac{8}{9}$，故 $k_{p1} = \sin\left(y\dfrac{\pi}{2}\right) = \sin\left(\dfrac{8}{9} \times \dfrac{\pi}{2}\right) = 0.984\,8$

④ 由题意知 $\alpha = 20°$，$q = \dfrac{Q}{2pm} = \dfrac{36}{2 \times 2 \times 3} = 3$，故

$$k_{d1} = \frac{\sin q \dfrac{a}{2}}{q \sin \dfrac{\alpha}{2}} = \frac{\sin\left(3 \times \dfrac{20°}{2}\right)}{3 \times \sin \dfrac{20°}{2}} = 0.959\ 8$$

⑤ 绕组系数 $k_{dp1} = k_{d1} \times k_{p1} = 0.945\ 2$

5. 单层交流绕组每相共有_____个线圈组，每个线圈组有_____个线圈串联，其每相最多有_____个线圈串联；双层交流绕组每相共有_____个线圈组，每个线圈组有_____个线圈串联，其每相最多有_____个线圈串联。

答：p，q，$p \times q$；$2p$，q，$2p \times q$。

本题主要考查单层、双层交流绕组的结构特点。由前面的学习指导可知：不管单层、双层交流绕组，其每个线圈组均有 q 个线圈串联；单层绕组的最小并联支路数 $a_{\min} = 1$，此时，p 个线圈组全部串联，故单层绕组每相最多有 $p \times q$ 个线圈串联；而对于双层绕组，其最小并联支路数 $a_{\min} = 1$，此时，$2p$ 个线圈组全部串联，故双层绕组每相最多有 $2p \times q$ 个线圈串联。

6. 某台三相同步电机的定子采用三相双层分布短距绕组，已知：$Q = 36$，$p = 1$，$y_1 = 14$，$N_K = 1$，$f = 50$ Hz，$\Phi_1 = 2.63$ Wb，$a = 1$。试求：

（1）导体电动势。
（2）匝电动势。
（3）线圈电动势。
（4）线圈组电动势。
（5）绕组相电动势。

解：根据题设条件，可求得：

$$\tau = \frac{Q}{2p} = \frac{36}{2} = 18$$

$$\alpha = \frac{p \times 360°}{Q} = \frac{1 \times 360°}{36} = 10°$$

$$q = \frac{Q}{2pm} = \frac{36}{2 \times 3} = 6$$

分布系数

$$k_{d1} = \frac{\sin \dfrac{q\alpha}{2}}{q \sin \dfrac{\alpha}{2}} = \frac{\sin \dfrac{6 \times 10°}{2}}{6 \times \sin \dfrac{10°}{2}} = 0.956\ 1$$

短距系数

$$k_{p1} = \sin\left(\frac{y_1}{\tau} \times 90°\right) = \sin\left(\frac{14}{18} \times 90°\right) = 0.939\ 7$$

绕组系数

$$k_{dp1} = k_{d1} k_{p1} = 0.956\ 1 \times 0.939\ 7 = 0.898$$

（1）导体电动势
$$E_{A1} = 2.22 f \Phi_1 = 2.22 \times 50 \times 2.63 = 291.9 \text{ (V)}$$

（2）匝电动势
$$E_{T1} = 2E_{A1}k_{p1} = 2 \times 291.9 \times 0.939\,7 = 548.6 \text{ (V)}$$

（3）线圈电动势
$$E_{K1} = N_K E_{T1} = 1 \times 548.6 = 548.6 \text{ (V)}$$

（4）线圈组电动势
$$E_{q1} = qE_{K1}k_{d1} = 6 \times 548.6 \times 0.956\,1 = 3\,147 \text{ (V)}$$

（5）相绕组电动势
$$E_{\varphi 1} = \left(\frac{2p}{a}\right) \times E_{q1} = \frac{2}{1} \times 3\,147 = 6\,294 \text{ (V)}$$

7. 由交流电流 $i = 10\cos(\omega t - 10°)$ 产生的磁场在空间 $\alpha = 90°$ 处脉振，若测得其幅值为 100 安匝，则该磁动势的数学表达式为_____。

答：$100\cos(\omega t - 10°)\cos(\alpha - \pi/2)$。

本题考查脉振磁动势的数学表达式，可参照前面的学习指导，脉振磁动势的数学表达式由 3 部分组成：幅值、电流表达式、相轴位置。由题意可知：幅值为 100 A·匝，通入电流表达式为 $\cos(\omega t - 10°)$，相轴在 $\alpha = 90°$ 处，得解。

8. 数学表达式 $F_m\cos(\omega t - 240°)\cos(\alpha - 2\pi/3)$ 表示的是一个_____磁动势，其幅值位置在_____。

答：脉振，$\alpha = 2\pi/3$ 处。

本题考查脉振磁动势的数学表达式及其物理意义。可参照前面的学习指导，脉振磁动势的数学表达式是两个三角函数的乘积形式，其幅值位置在相轴位置，即 $\alpha - 2\pi/3 = 0$，亦即 $\alpha = 2\pi/3$ 处。

9. 单相集中整距绕组产生的矩形波磁动势的幅值与其基波磁动势的幅值相差_____倍，基波磁动势的性质是_____。

答：$\frac{4}{\pi}$，脉振。本题考查矩形波磁动势的傅里叶分解。

10. 图 5-4 所示为单相集中整距交流绕组，通入交流电流 $i_A = \sqrt{2}I\cos\omega t$，其基波磁动势幅值为 F_{K1}，试写出其基波磁动势的时-空表达式 f_{A1}；若匝数为 $N_K = 100$ 匝，$I = 20$ A，试计算基波磁动势幅值 F_{K1} 为多少？并在图中画出 $\omega t = 60°$ 时的基波磁动势波形。

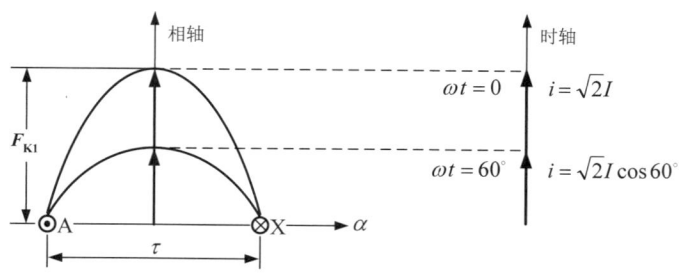

图 5-4 单相集中整距交流绕组

答：本题主要考查单相脉振磁动势的数学表达式、幅值计算及波形等知识点，根据前面的学习指导可得解：① $f_{A1} = F_{K1}\cos\omega t\cos\alpha$；② $F_{K1} = 0.9N_K I = 0.9\times 100\times 20 = 1\,800$ A·匝；③ $\omega t = 60°$ 时的基波磁动势波形如图 5-4 所示。

11. 已知某三相对称绕组通入的三相电流为：$i_A = \sqrt{2}I\cos\omega t$，$i_B = \sqrt{2}I\cos(\omega t + 120°)$，$i_C = \sqrt{2}I\cos(\omega t - 120°)$。则合成基波磁动势的性质是_____，转向是从绕组轴线_____转向_____转向_____。若 $f = 60$ Hz，电机是 6 极的，则基波磁动势转速为_____r/min。当 $\omega t = 120°$ 瞬间，磁动势幅值在_____轴线处。

答：圆形旋转磁动势；A，C，B；1 200，C 相绕组。

本题考查三相绕组的合成磁动势及其特点。由题设条件可得三相绕组合成基波磁动势表达式为 $f_1 = F_{m1}\cos(\alpha - \omega t)$，其转向是从电流超前相的相轴转向电流滞后相的相轴，即 A 相→C 相→B 相；其转速为 $n_1 = \dfrac{60f}{p} = 1\,200$ r/min；其幅值在 $\alpha = \omega t = 120°$ 即 C 相绕组轴线处。

12. 某交流电机电枢只有两相对称绕组，通入两相电流。若两相电流大小相等，相位差 90°，电机中产生的基波磁动势性质是_____。若两相电流大小相等，相位差 60°，电机中产生的基波磁动势性质是_____。若两相电流大小不等，相位差 90°，电机中产生的基波磁动势性质是_____。在两相电流相位相同的条件下，不论各自电流大小如何，电机中产生的基波磁动势性质为_____。

答：圆形旋转磁动势，椭圆形旋转磁动势，椭圆形旋转磁动势，脉振磁动势。

本题考查圆形旋转磁动势、椭圆形旋转磁动势、脉振磁动势这三种磁动势的产生条件，可参照学习指导分析。

13. 某三相交流电机通入的三相电流有效值相等，电机的极数、电流的相序和频率、磁动势的性质及转速转向等内容列在表 5-4 中，请正确填入所缺的内容。

表 5-4 三相交流电机参数一览

序号	电流相序	频率/Hz	极数	磁动势性质	磁动势转向	磁动势转速 /(r/min)
1	对称，A-B-C	50	4	圆形旋转		
2	对称，A-B-C	50	12			
3	对称，A-C-B		6			1 200
4		60	8	圆形旋转	A→C→B	
5	不同大小，同相位	50	4			

答案：（1）A→B→C，1 500；（2）圆形旋转，A→B→C，500；（3）60，圆形旋转，A→C→B；（4）对称 A-C-B，900；（5）脉振，不旋转，0。

本题考查圆形旋转磁动势、脉振磁动势的产生条件，以及圆形旋转磁动势的频率、转向、转速的影响因素等知识点。①对称绕组中通入对称交流电产生圆形旋转磁场；②圆形旋转磁动势的转速 $n_1 = \dfrac{60f}{p}$，转向沿着正相序方向。

14. 一台 50 Hz 的三相同步电机，转子以同步转速旋转，定子三相绕组电流产生的 5、7 次谐波磁动势在定、转子绕组中感应的电动势的频率分别是多少？

答：此题考查知识点 $f = \dfrac{pn_1}{60}$ 及 5、7 次谐波磁动势的转速、极对数。

定子三相绕组电流产生的 5、7 次谐波磁动势的速度为 $n_5 = -\dfrac{1}{5}n_1$，$n_7 = \dfrac{1}{7}n_1$。如图 5-5 所示。

准确地说，公式 $f = \dfrac{pn_1}{60}$ 中，频率 f 与绕组切割磁动势的相对速度 $n_切$ 成正比。故：

① 5 次谐波磁动势在定子绕组中感应的电动势的频率为

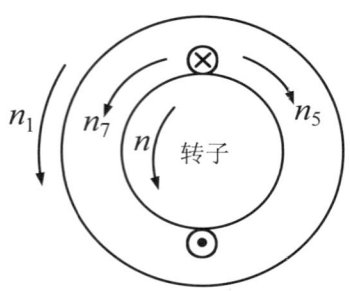

图 5-5 同步电机各磁动势示意图

$$f_5 = \frac{p_5 n_切}{60} = \frac{5p}{60} \times \frac{1}{5} n_1 = \frac{pn_1}{60} = f = 50 \text{ (Hz)}$$

② 7 次谐波磁动势在定子绕组中感应的电动势的频率为

$$f_7 = \frac{p_7 n_切}{60} = \frac{7p}{60} \times \frac{1}{7} n_1 = \frac{pn_1}{60} = f = 50 \text{ (Hz)}$$

③ 5 次谐波磁动势在转子绕组中感应的电动势的频率为

$$f_5' = \frac{p_5 n_切}{60} = \frac{5p}{60} \times \left(n + \frac{1}{5} n_1\right) = \frac{5p}{60} \times \left(n_1 + \frac{1}{5} n_1\right) = \frac{6 pn_1}{60} = 6f = 300 \text{ (Hz)}$$

④ 7 次谐波磁动势在转子绕组中感应的电动势的频率为

$$f_7' = \frac{p_7 n_切}{60} = \frac{7p}{60} \times \left(n - \frac{1}{7} n_1\right) = \frac{7p}{60} \times \left(n_1 - \frac{1}{7} n_1\right) = \frac{6 pn_1}{60} = 6f = 300 \text{ (Hz)}$$

15. 某三相两极交流电机中，有一个表达式为 $f = F_m \cos(7\alpha - 5\omega t)$ 的气隙磁动势，这表明：产生该磁动势的电流频率为基波电流频率的_____倍；该磁动势的极对数为_____；在空间的转速为_____；转向是_____；它在定子电枢绕组中所感应的电动势的频率为_____Hz。

答：5，$7p$，$\dfrac{5}{7} n_1$，正转，250

本题主要考查谐波磁动势数学表达式的物理意义及感应电动势频率的计算公式。根据题设条件，由表达式可知产生该磁动势的电流角频率为 5ω，故产生该磁动势的电流频率为基波电流频率的 5 倍；由表达式可知该磁动势为 7 次谐波磁动势，故它的极对数为基波磁动势的 7 倍，即 $7p$；令 $\cos(7\alpha - 5\omega t) = 1 \rightarrow 7\alpha - 5\omega t = 0 \rightarrow \alpha = \dfrac{5}{7}\omega t$，故该磁动势的转速是基波磁动势的 $\dfrac{5}{7}$ 倍，即 $\dfrac{5}{7} n_1$；转向是正转；$f_7 = \dfrac{p_7 n_切}{60} = \dfrac{7p}{60} \times \dfrac{5}{7} n_1 = 5 \times \dfrac{pn_1}{60} = 5 f_1 = 250 \text{ (Hz)}$。

16. 变压器相绕组的感应电动势计算公式为_____，交流旋转电机单相绕组的感应电动势计算公式为_____，两者的主要差别在_____和_____。

答：$E_\varphi = 4.44 f N_1 \Phi_m$，$E_{\varphi1} = 4.44 f N_1 k_{dp1} \Phi_1$，变压器中 N_1 表示一相绕组的实际匝数，而交流电机中 $N_1 k_{dp1}$ 表示一相绕组的等效匝数，变压器中 Φ_m 表示主磁通幅值，交流电机中 Φ_1 表示每极磁通量。

本题主要考查变压器感应电动势与交流电机感应电动势的异同，加深对计算公式的理解。

17. 一台定子绕组为三角形联接的异步电机，接到对称的三相交流电源上，当绕组内有一相断线时，将产生什么性质的磁动势？

答：假设 C 相绕组断线，则 $i_C = 0$，A、B 两相电流为 $i_A = I_m \sin\omega t$，$i_B = I_m \sin\left(\omega t - \dfrac{2\pi}{3}\right)$。

将坐标原点（$\alpha = 0$）取在 A 相绕组轴线上，则有：

$$f_{A1} = F_{m1} \sin\omega t \cos\alpha$$

$$f_{B1} = F_{m1} \sin\left(\omega t - \dfrac{2\pi}{3}\right)\cos\left(\alpha - \dfrac{2\pi}{3}\right)$$

$$\begin{aligned}f_1 &= f_{A1} + f_{B1}\\&= F_{m1}\left[\sin\omega t\cos\alpha + \sin\left(\omega t - \dfrac{2\pi}{3}\right)\cos\left(\alpha - \dfrac{2\pi}{3}\right)\right]\\&= F_{m1}\left[\sin(\omega t - \alpha) - \dfrac{1}{2}\sin\left(\omega t + \alpha - \dfrac{\pi}{3}\right)\right]\end{aligned}$$

因此，合成磁动势为椭圆形旋转磁动势，其转向为 A→B→C→A（正转）。

18. 如图 5-6 所示的两相对称绕组，若通入电流 $i_A = \sqrt{2} I \sin\omega t$，$i_B = \sqrt{2} I \sin(\omega t + 90°)$。① 试在图中画出 A、B 两相的相轴；② 通过"解析法"分析两相合成的基波磁动势的性质；③ 在图中画出 $\omega t = 150°$ 时三相合成基波磁动势的幅值位置。

解：① A、B 两相的相轴如图 5-6 所示，并以 +A 为 $\alpha = 0°$ 位置；

② $f_{A1} = F_{m1}\sin\omega t\cos\alpha$

$$f_{B1} = F_{m1}\sin(\omega t + 90°)\cos(\alpha - 90°)$$

$$\begin{aligned}f_1 &= f_{A1} + f_{B1}\\&= \dfrac{1}{2}F_{m1}\sin(\omega t + \alpha) + \dfrac{1}{2}F_{m1}\sin(\omega t - \alpha) +\\&\quad \dfrac{1}{2}F_{m1}\sin(\omega t + \alpha) + \dfrac{1}{2}F_{m1}\sin(\omega t - \alpha + 180°)\\&= F_{m1}\sin(\omega t + \alpha)\end{aligned}$$

令 $\sin(\omega t + \alpha) = 1 \rightarrow \omega t + \alpha = 90° \rightarrow \alpha = 90° - \omega t$

故两相合成的基波磁动势是空间上反转的圆形旋转磁动势。

③ 当 $\omega t = 150°$ 时，合成基波磁动势的幅值位置在 $\alpha = 90° - \omega t = 90° - 150° = -60°$ 处，如图 5-6 所示。

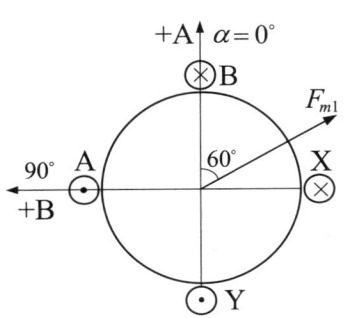

图 5-6 两相对称绕组

19. 如图 5-7 所示的三相对称绕组，现在绕组中分别通入以下电流：$i_A=\sqrt{2}I\cos\omega t$，$i_B=\sqrt{2}I\cos(\omega t-120°)$，$i_C=\sqrt{2}I\cos(\omega t-240°)$。（1）试在图中画出 A、B、C 三相的相轴，求出三相合成基波磁动势的表达式并说明其性质；（2）在图中画出 $\omega t=150°$ 时三相合成基波磁动势的幅值位置。

解：（1）A、B、C 三相的相轴如图 5-7 所示。

$$f_{A1}=F_{m1}\cos\omega t\cos\alpha$$

$$f_{B1}=F_{m1}\cos(\omega t-120°)\cos(\alpha-120°)$$

$$f_{C1}=F_{m1}\cos(\omega t-240°)\cos(\alpha-240°)$$

$$f_1=f_{A1}+f_{B1}+f_{C1}$$
$$=\frac{1}{2}F_{m1}\cos(\alpha-\omega t)+\frac{1}{2}F_{m1}\cos(\alpha+\omega t)+$$
$$\frac{1}{2}F_{m1}\cos(\alpha-\omega t)+\frac{1}{2}F_{m1}\cos(\alpha+\omega t-240°)+$$
$$\frac{1}{2}F_{m1}\cos(\alpha-\omega t)+\frac{1}{2}F_{m1}\cos(\alpha+\omega t-120°)$$
$$=\frac{3}{2}F_{m1}\cos(\alpha-\omega t)$$

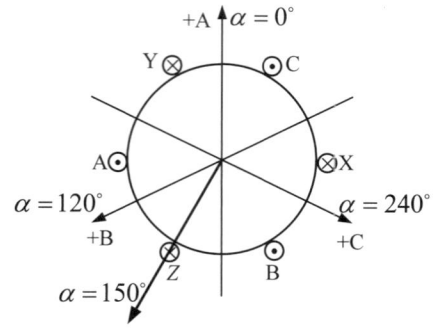

图 5-7 三相对称绕组

由上式可知，三相合成基波磁动势是一个空间上正转的圆形旋转磁动势。

（2）由三相合成的表达式可知，当 $\omega t=150°$ 时，合成基波磁动势正幅值在 $\alpha=150°$ 位置，如图 5-7 所示。

20. 两个绕组在空间相距 120° 电角度，如图 5-8 所示，它们的有效匝数相等。已知绕组 AX 流过的电流为 $i_A=\sqrt{2}I\sin\omega t$，求绕组 BY 流过的电流 i_B 是多少，才能产生如图 5-8 所示的圆形旋转磁动势？

解：设 AX 绕组相轴+A 为 $\alpha=0$ 位置，且以逆时针方向为 α 正方向，则由图 5-8 可知 BY 绕组相轴在 $\alpha=-120°$ 处。根据产生圆形旋转磁动势的条件，可设 $i_B=\sqrt{2}I_B\sin(\omega t-\phi)$，则 AX、BY 绕组产生的基波脉振磁动势分别为

$$f_{A1}=F_{m1A}\sin\omega t\cos\alpha$$
$$=\frac{1}{2}F_{m1A}[\sin(\omega t+\alpha)+\sin(\omega t-\alpha)]$$

$$f_{B1}=F_{m1B}\sin(\omega t-\phi)\cos(\alpha+120°)$$
$$=\frac{1}{2}F_{m1B}[\sin(\omega t+\alpha-\phi+120°)+\sin(\omega t-\alpha-\phi-120°)]$$

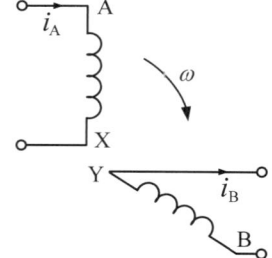

图 5-8 在空间相距 120° 电角度的两个绕组

要得到图 5-8 所示顺时针方向（反转）的圆形旋转磁动势，则必须满足

$$\frac{1}{2}F_{m1A}\sin(\omega t-\alpha)=-\frac{1}{2}F_{m1B}\sin(\omega t-\alpha-\phi-120°)$$

化简后得

$$\begin{cases} F_{m1A} = F_{m1B} \\ \omega t - \alpha - 180° = \omega t - \alpha - \phi - 120° \end{cases}$$

且由题设条件可知 AX、BY 绕组的有效匝数相等，则解上式可得

$$I_B = I, \quad \phi = 60°$$

故：

$$i_B = \sqrt{2}I\sin(\omega t - 60°)$$

5.4 自测题

一、单项选择题

1. 一个 p 对极的三相交流线圈，两个有效边在空间的电角度为170°，则其对应的机械角度为（　　）。
   A. $p \times 170°$　　B. $2p \times 170°$　　C. $170°/p$　　D. $170°/2p$

2. 三相异步电动机 $2p=8$，接到频率为 50 Hz 的电网上，定子通入三相对称电流产生的基波合成磁动势转速为（　　）。
   A. 600 r/min　　B. 750 r/min　　C. 1 000 r/min　　D. 1 500 r/min

3. 已知线圈的节距 $y_1 = 5\tau/6$，则该线圈的基波节距因数为（　　）。
   A. sin30°　　B. sin45°　　C. sin75°　　D. sin90°

4. 一台 Y 接法的三相异步电动机，定子绕组一相断线时，它所产生的基波磁动势是（　　）。
   A. 恒定磁动势　　　　　　B. 脉振磁动势
   C. 圆形旋转磁动势　　　　D. 椭圆形旋转磁动势

5. 若采用短距的方式同时削弱定子绕组中的 5 次和 7 次谐波磁动势，则应选绕组节距为（　　）。
   A. τ　　B. $4\tau/5$　　C. $6\tau/7$　　D. $5\tau/6$

6. 三相四极 36 槽交流绕组，若希望尽可能削弱 5 次空间谐波磁动势，绕组节距应取（　　）。
   A. $y_1 = 6$　　B. $y_1 = 7$　　C. $y_1 = 8$　　D. $y_1 = 9$

7. 交流绕组的绕组系数通常为（　　）。
   A. <1　　B. >1　　C. =1　　D. 上述皆有可能

8. 单相交流绕组的基波磁动势是（　　）。
   A. 恒定磁动势　　　　　　B. 脉振磁动势
   C. 圆形旋转磁动势　　　　D. 静止磁动势

9. 交流绕组采用短距与分布后，基波电动势与谐波电动势（　　）。
   A. 都减小　　　　　　　　B. 基波电动势不变，谐波电动势减小

  C. 都不变   D. 基波电动势减小，谐波电动势不变
 10. 三相合成磁动势中的 5 次谐波磁动势，在气隙空间以_____基波磁动势的转速旋转。
  A. 5 倍   B. 相等   C. 1/5 倍   D. 1/2 倍
 11. 现代三相同步发电机，电枢绕组通常采用（   ）。
  A. 单层整距、集中绕组、△接法   B. 单层短距、分布绕组、Y 接法
  C. 双层整距、集中绕组、△接法   D. 双层短距、分布绕组、Y 接法
 12. 三相双层短距、分布交流绕组，极对数为 3，则每相有（   ）个线圈组。
  A. 3   B. 6   C. 2   D. 1
 13. 一个整距线圈产生的磁动势波形为（   ）；一个线圈组产生的基波合成磁动势波形为（   ）。
  A. 正弦波   B. 矩形波   C. 阶梯波   D. 尖顶波

二、判断题

1. 两相对称绕组，通入两相对称交流电流，其合成磁动势为圆形旋转磁动势。（   ）
2. 改变电流相序，可以改变三相旋转磁动势的转向。（   ）
3. 电角度 = 机械角度×$2p$。
4. 双层分布短距绕组的最多并联支路数为 $2p$。（   ）
5. 采用分布短距的方法，可以削弱交流绕组中的 v 次谐波电动势。（   ）
6. 三相对称交流绕组中无 3 及 3 的倍数次谐波电动势。（   ）
7. 交流绕组的绕组系数均小于 1。（   ）
8. 五次谐波旋转磁动势的转向与基波旋转磁动势转向相同。（   ）
9. 单相绕组的脉振磁动势不可分解。（   ）
10. 交流电机与变压器一样通以交流电，所以它们的感应电动势计算公式相同。（   ）
11. 要想得到最理想的电动势，交流绕组应采用整距绕组。（   ）
12. 交流绕组采用短距与分布后，基波电动势与谐波电动势都减小了。（   ）
13. 表达式 $F_m \cos(\alpha - \omega t + 60°)$ 表示的是一个正转圆形旋转磁动势。（   ）
14. 交流绕组采用短距和分布绕组的目的是为了削弱 3 次谐波。（   ）
15. 三相单层分布绕组一对极范围内，每相有 1 个线圈组；三相双层分布短距绕组一对极范围内，每相有 2 个线圈组。（   ）

三、填空题

1. 一个三相对称交流绕组，$2p = 2$，通入 $f = 50$ Hz 的三相对称交流电流，则其合成磁动势为_____磁动势。
2. 交流电机中，采用_____绕组和_____绕组可以有效地削弱谐波分量，同时使基波分量_____。
3. 一个脉振磁动势可以分解为两个_____和_____相同，而_____相反的旋转磁动势。
4. 三相对称绕组的构成原则是_____，_____，_____。
5. 一台 50 Hz 的三相交流电机通以 60 Hz 的三相对称电流，并保持电流有效值不变，此时三相基波合成旋转磁动势的幅值大小_____，转速_____，极数_____。
6. 单相交流绕组产生的基波磁动势是_____，它可以分解成大小_____，转向_____，转速_____的两个旋转磁动势。

7. 有一个三相双层分布短距绕组，$2p = 4$，$Q = 36$，支路数 $a = 1$，那么极距 $\tau = \_\_\_\_$ 槽，每极每相槽数 $q = \_\_\_\_$，槽距角 $\alpha = \_\_\_\_$，分布因数 $k_{d1} = \_\_\_\_$，若 $y_1 = 8$，则节距因数 $k_{p1} = \_\_\_\_$，绕组因数 $k_{dp1} = \_\_\_\_$。

8. 若采用短距绕组的方法来消除相电动势中的 ν 次谐波，则应取节距 $y_1 = \underline{\_\_\_\_\tau}$。

9. 一台三相交流电机的三相绕组串联起来，通入交流电，则合成磁动势为____。

10. 对称交流绕组通以正弦交流电时，ν 次谐波磁动势的转速为____。

11. 三相合成磁动势中的 5 次谐波磁动势，在气隙空间以____基波旋转磁动势的转速旋转，转向与基波转向____，在定子绕组中，感应电动势的频率为____，要消除它定子绕组节距 $y_1 = \_\_\_\_$。

12. 一台 4 极的双层分布短距绕组电机，$Q = 36$，$N_K = 2$，则 A 相共布置____个线圈组，并联支路数 $a_{\max} = \_\_\_\_$，$a_{\min} = \_\_\_\_$；若 $a = 2$，则 A 相每条支路有____个线圈组串联；每个线圈组有____个线圈串联；A 相每条支路有____匝线圈串联。

13. 葛洲坝水电厂的水轮发电机是 96 极的三相同步发电机，其转子的转速应为___r/min。

14. 在 8 极三相对称绕组中通入 60 Hz 的三相对称电流，所产生的基波合成旋转磁动势的转速为____r/min。

15. 交流电机圆形旋转磁场产生的条件是____。

四、简答与作图题

1. 同步发电机电枢绕组为什么一般不接成△，而变压器却希望有一侧接成△接线呢？

2. 空间互差 90° 电角度的两相绕组，如图 5-9 所示，它们的匝数相等。若分别通入电流 $i_A = \sqrt{2}I\sin(\omega t - 30°)$ 和 $i_B = \sqrt{2}I\sin(\omega t - 120°)$。① 试在图中画出 A、B 两相的相轴；② 通过"解析法"分析两相合成的基波磁动势的性质；③ 在图中画出 $\omega t = 150°$ 时合成基波磁动势的幅值位置。

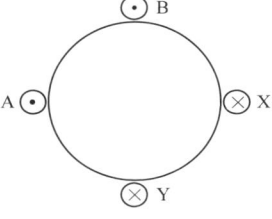

图 5-9 空间互差 90° 电角度的两相绕组

五、计算题

1. 一台 4 极，$Q = 36$ 的三相交流电机，采用双层分布短距绕组，并联支路数 $a = 1$，$y = 7/9$，$N_K = 20$，每极气隙磁通 $\Phi_1 = 7.5 \times 10^{-3}$ Wb，$f_1 = 50$ Hz，试求每相绕组的基波感应电动势。

2. 一台 Y 联接的三相双层分布绕组同步发电机，$2p = 4$，$Q = 36$ 槽，$y = 7/9$，$N_K = 3$，并联支路数 $a = 1$，基波频率 $f_1 = 50$ Hz，基波磁通量 $\Phi_1 = 0.75$ Wb，定子相电流的有效值为 30 A。试求：

（1）基波绕组因数 k_{dp1}。

（2）基波线电动势 E_{L1}。

（3）单相绕组的基波磁动势幅值 $F_{\varphi 1}$。

（4）三相绕组合成的基波磁动势幅值 F_1。

5.5 课后习题

5-1 为什么整距线圈产生的电动势最大？

5-2　为什么对称三相绕组线电动势中不存在3及3的倍数次谐波？为什么同步发电机三相绕组多采用Y接法而不采用△接法？

5-3　绕组分布与短距为什么能够改善电动势波形？若要完全消除电动势中的第 v 次谐波，应采用什么方法？

5-4　某台电机采用三相双层分布短距绕组，已知：$Q=36$，$2p=2$，$y_1=14$，$N_K=2$，$f_N=50$ Hz，$\Phi_1=1.315$ Wb，$a=1$。试求：① 单根导体基波电动势；② 单个线匝基波电动势；③ 单个线圈基波电动势；④ 单个线圈组基波电动势；⑤ 绕组每相基波电动势。

5-5　某三相交流电机，采用双层分布短距绕组，$Q=36$，$y=4/5$，$N_K=3$，并联支路数 $a=2$，$2p=4$，试计算：① 每相每支路有多少个线圈串联？② 采用短距绕组后，5次、7次谐波电动势相对于整距时分别被削弱了多少？

5-6　一台三相同步发电机，电枢采用双层分布绕组，已知电枢槽数 $Q=24$，$p=1$，为了满足同时削弱5、7次谐波的要求，y_1 选择短距。已知每槽有60根导体，并联支路数 $a=2$，频率 $f=50$ Hz，基波每极磁通量 $\Phi_1=0.004$ Wb。试求：① 每相绕组的基波电动势有效值；② 5次谐波电动势被削弱了多少？

5-7　一台三相同步发电机，$f=50$ Hz，$n_N=1\,500$ r/min，$q=3$，$y=8/9$，每相串联匝数 $N_1=108$，Y接法，每极磁通量 $\Phi_1=1.015\times10^{-2}$ Wb。试求：① 电机的极对数；② 定子槽数；③ 基波相电动势和线电动势的有效值。

5-8　脉振磁动势和旋转磁动势各有哪些基本特性？产生脉振磁动势、圆形旋转磁动势和椭圆形旋转磁动势的条件有什么不同？

5-9　空间互差90°电角度的两相绕组，如图5-10所示，已知它们的匝数相等。若分别通入电流 $i_A=\sqrt{2}I\sin(\omega t-10°)$ 和 $i_B=\sqrt{2}I\sin(\omega t-100°)$，试在图中画出A、B两相的相轴，并分析两相合成的基波磁动势的性质。

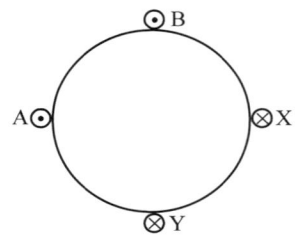

图5-10　空间互差90°电角度的两相绕组

5-10　如图5-11所示的三相对称绕组，现在绕组中分别通入以下电流：$i_A=\sqrt{2}I\cos\omega t$，$i_B=\sqrt{2}I\cos(\omega t-120°)$，$i_C=\sqrt{2}I\cos(\omega t-240°)$。① 试在图中画出A、B、C三相的相轴，求出三相合成基波磁动势的表达式并说明其性质；② 在图中画出 $\omega t=150°$ 时三相合成基波磁动势的幅值位置。

5-11　一台三相两极同步发电机，$P_N=5\times10^4$ kW，$f_N=50$ Hz，$U_N=10.5$ kV，Y形联接，$\cos\varphi_N=0.85$，定子为双层分布短距绕组，$Q=72$ 槽，$N_K=1$，$y_1=7\tau/9$，$a=2$。试求当定子电流为额定值时，三相合成磁动势的基波、3、5、7次谐波的幅值和转速，并说明转向。

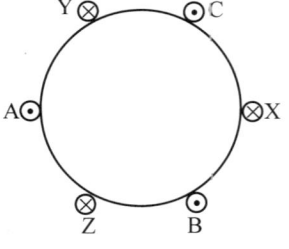

图5-11　三相对称绕组

第 6 章　三相异步电机

三相异步电动机是一种使用最为广泛的电动机。本章学习的重点是掌握异步电机的基本原理和分析方法。异步电机定子、转子之间没有电的直接联系，是借助于定子、转子之间的电磁感应作用实现机电能量转换的（这一点与变压器类似），故又称之为感应电机。因异步电机内部的电磁感应机理与变压器相似，故本章参照变压器的分析方法来研究异步电机，并比较分析二者的异同点。

6.1　学习要求

（1）熟悉三相异步电机的基本结构、主要类型及适用场合。
（2）熟练掌握异步电机的铭牌及额定值。
（3）理解、掌握异步电机的工作原理。
（4）熟练掌握转差率的定义以及用转差率来判断异步电机运行的三种状态。
（5）掌握三相异步电动机的分析方法，理解频率折算、绕组折算的原则及方法。
（6）掌握三相异步电动机的等效电路和基本方程式，理解三相异步电机的相量图。
（7）掌握三相异步电动机的功率和转矩关系。
（8）掌握三相异步电动机的参数测定方法。
（9）理解三相异步电动机的工作特性，并掌握其分析方法。

6.2　学习指导

1．异步电机工作原理

（1）工作原理。

定子（三相对称交流电流 I 通入三相对称绕组）→圆形旋转磁场（方向 A→B→C，$n_1 = \dfrac{60 f_1}{p}$ 为同步转速）→转子导体切割磁场（相对速度 $n_{切}$）→转子中有感应电动势（电流）（右手定则）

→转子导体受力（左手定则）→电磁转矩 T_{em} →转子转动（转速为 n ），如图 6-1 所示。

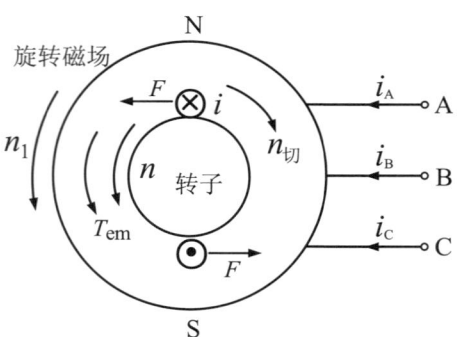

图 6-1 异步电机工作原理（简化模型）

（2）注意事项。

由异步电机工作原理可知，异步电机之所以能够转动是因为有电磁转矩 T_{em}，也就是转子导体有受力（电磁力）；而产生该力的关键是转子导体中有感应电流。由右手定则可知产生该电流的关键是转子导体必须切割磁力线，也就是转子与旋转磁场必须有速度差，故转子速度 n 绝对不能和旋转磁场速度 n_1 相等，二者必须有差异，这也是异步电机名称的来历。

（3）转差率。

旋转磁场转速即同步转速 n_1 与转子转速 n 之差（$n_1 - n$）称为转差。转差（$n_1 - n$）与同步转速 n_1 之比，称为转差率，用 s 表示，即 $s = \dfrac{n_1 - n}{n_1}$。

转差率 s 是异步电机最重要的一个技术参数，s 的大小可以反映异步电动机所带机械负荷的大小；s 所处的范围也可以反映异步电机的工作状态；用转差率 s 能表示转子转速 $n = (1-s)n_1$；同时，转子的感应电动势、转子频率、电磁功率、转差功率等参数都与转差率相关。额定转差率 s_N 通常很小，约为 0.015~0.05。

2．异步电机的三种工作状态

（1）电动机状态。

由上述异步电机的工作原理可知，转子转速 n 与旋转磁场转速 n_1 同方向，且 $n<n_1$，此时的转差率 $0<s<1$、电磁转矩 T_{em} 与 n 同向，故此时异步电机处于电动机状态，如图 6-2（a）所示。电机把输入的电能转换成机械能输出。

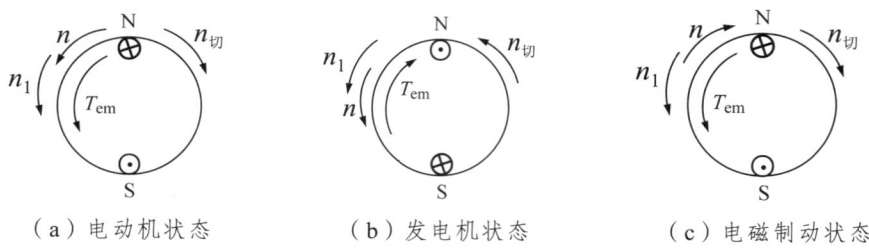

（a）电动机状态　　　（b）发电机状态　　　（c）电磁制动状态

图 6-2 异步电机的三种工作状态

（2）发电机状态。

设想一下：如何让 $n>n_1$？显然如果没有外力，这是不可能的。必须借助于外力作用使 $n>n_1$，此时 $s<0$，电磁转矩 T_{em} 与 n 反向，如图 6-2（b）所示。外界通过转子轴输入的机械能（外力）通过电机转换成电能输出。

（3）电磁制动状态。

与发电机状态类似，必须借助于外力作用才能使转子速度 n 与旋转磁场速度 n_1 反向，即 $n<0$，此时 $s>1$，电磁转矩 T_{em} 与 n 反向，如图 6-2（c）所示。外界通过转子轴输入的机械能、电机从电网上吸收的电能全部消耗在电机内部（发热严重）。

表 6-1 所示是异步电机三种工作状态的特点总结。

表 6-1 异步电机的三种工作状态

项 目	状 态		
	电动机	发电机	电磁制动
实现方法	定子绕组接对称电源	外力使电机快速旋转	外力使电机沿磁场反方向旋转
转速	$0<n<n_1$	$n>n_1$	$n<0$
转差率	$0<s<1$	$s<0$	$s>1$
电磁转矩	拖动	制动	制动
能量关系	电能转变为机械能	机械能转变为电能	电能和机械能变成内部消耗

3．异步电机的堵转（短路）

（1）特点。

定子输入三相对称交流电产生旋转磁场，转子回路有感应电流，转子导体受电磁力作用；但在外力作用下（销钉）使转子堵转，即 $n=0$、$s=1$、$f_1=f_2$，此时转子感应电动势、感应电流较大，与变压器的短路完全一样。注意：异步电机堵转属故障状态，故不能长时间堵转，容易烧毁电机。

（2）绕组折算。

由图 6-3 可知，异步电机堵转（短路）情况与变压器的短路完全一样，故可采用变压器的分析方法来分析异步电机堵转（短路）。此时，要获得异步电机的等效电路，可采用与变压器一样的"绕组折算"方法：使转子绕组的相数 m_2、有效匝数 N_2k_{dp2} 分别和定子绕组的相数（三相）、有效匝数 N_1k_{dp1} 相同。

① 电动势折算：

$$\left. \begin{array}{l} E_2 = 4.44 f_1 N_2 k_{dp2} \Phi_m \\ E_2' = 4.44 f_1 N_1 k_{dp2} \Phi_m \end{array} \right\} \longrightarrow E_2' = \frac{N_1 k_{dp1}}{N_2 k_{dp2}} E_2 = k_e E_2$$

② 电流折算（保持转子磁动势 F_2 不变）：

$$F_2 = \frac{m_2}{2}\frac{4}{\pi}\frac{\sqrt{2}}{2}\frac{N_2 k_{dp2}}{p} I_2 = F_2' = \frac{3}{2}\frac{4}{\pi}\frac{\sqrt{2}}{2}\frac{N_1 k_{dp1}}{p} I_2' \rightarrow \dot{I}_2' = \frac{m_2}{3}\frac{N_2 k_{dp2}}{N_1 k_{dp1}}\dot{I}_2 = \frac{1}{k_i}\dot{I}_2$$

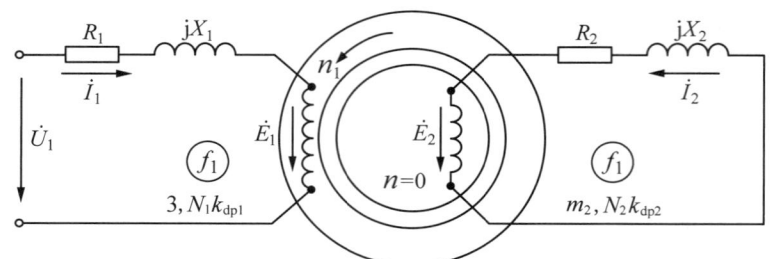

（a）异步电机堵转（短路）示意图

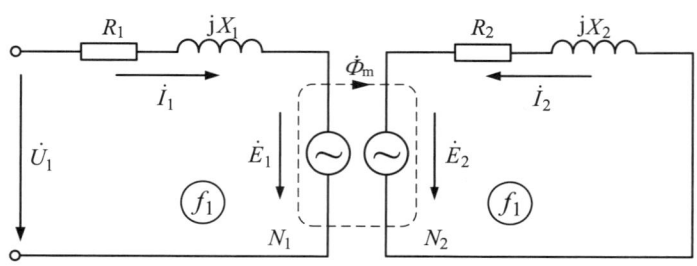

（b）变压器短路示意图

图 6-3　异步电机堵转（短路）与变压器短路比较

③ 阻抗折算：

$$Z_2' = R_2' + jX_2' = \frac{\dot{E}_2'}{\dot{I}_2'} = \frac{k_e \dot{E}_2}{\dfrac{\dot{I}_2}{k_i}} = k_e k_i (R_2 + jX_2) = k_e k_i R_2 + jk_e k_i X_2$$

（3）异步电机与变压器绕组折算比较。

从形式上看，异步电机转子参数折算到定子侧，与变压器二次侧参数折算到一次侧很相似；不同的是：

① 变压器中交流绕组是集中绕组，绕组系数为 1，且一次侧、二次侧相数一致，故 $k_e = k_i = \dfrac{N_1}{N_2} = k$。

② 异步电机中交流绕组是分布短距绕组，定子、转子绕组系数分别为 k_{dp1}，k_{dp2}，且定子、转子相数不一定一致（绕线型一致，鼠笼型不一致），存在如下关系：

绕线型（转子相数为 $m_2 = 3$）：$k_e = k_i = \dfrac{N_1 k_{dp1}}{N_2 k_{dp2}}$

鼠笼型（转子相数为 $m_2 \neq 3$）：$k_e = \dfrac{N_1 k_{dp1}}{N_2 k_{dp2}}$，$k_i = \dfrac{3}{m_2} \cdot \dfrac{N_1 k_{dp1}}{N_2 k_{dp2}} = \dfrac{3}{m_2} k_e$

4．异步电机的空载

（1）特点（转子是旋转的，只是转轴上不带负载，$I_2 \neq 0$，$n \approx n_1$）。

定子输入三相对称交流电产生旋转磁场，转子回路有感应电流即 $I_2 \neq 0$，这一点与变压器不同（变压器空载运行时 $I_2 = 0$），转子导体受电磁力作用，转子轴上不带任何机械负载、转子速度很快，$n \approx n_1$、$s \approx 0$、$f_1 \neq f_2$（这一点与变压器不同）。注意：异步电机空载属正常状态，不是指转子回路开路（这样 $I_2 = 0$ 转子是不会旋转的）。

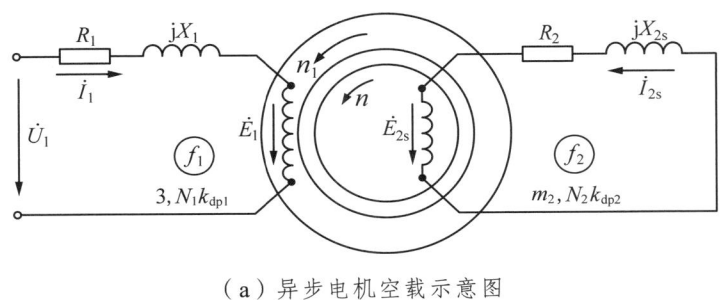

（a）异步电机空载示意图

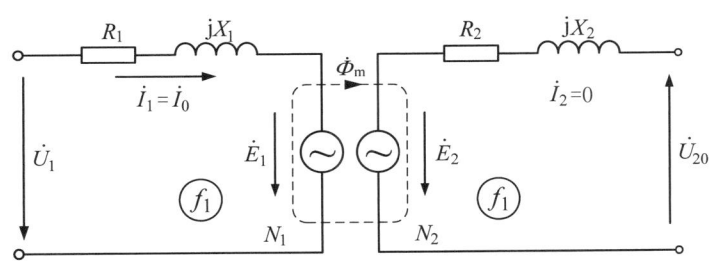

（b）变压器空载示意图

图 6-4　异步电机空载与变压器空载比较

（2）频率折算。

由图 6-4 可知，异步电机空载运行与变压器空载不完全一样，最大的不同在于：变压器一次、二次侧的频率一致；而异步电机定子、转子侧的频率不一致，$f_2 = sf_1$。此时，要获得异步电机的等效电路，除了要进行上述的"绕组折算"外，还要进行"频率折算"，即把转子侧的频率折算为定子频率 f_1，也就是等效为让转子静止不动（$n = 0$、$s = 1$、$f_1 = f_2$）。折算的原则仍然是磁动势平衡（保持转子磁动势 F_2 不变），即 $F_{2s} = F_2$，故 $I_{2s} = I_2$。由图 6-4（a）可得

$$（对应 f_2）\dot{I}_{2s} = \frac{\dot{E}_{2s}}{R_2 + jX_{2s}} = \frac{s\dot{E}_2}{R_2 + jsX_2} = \frac{\dot{E}_2}{\frac{R_2}{s} + jX_2} = \dot{I}_2 \quad（对应 f_1）$$

由上式可知，频率折算前的转子电阻由 R_2 变成了频率折算后的 R_2/s，其数值大大增加了。$\frac{R_2}{s} = R_2 + \frac{1-s}{s}R_2$，显然对转子进行频率折算，就是在转子回路中串接一个阻值为 $\frac{1-s}{s}R_2$ 的附加电阻并将转子堵转。经过这个处理后，转子频率 f_2 与定子频率 f_1 相等，而转子电流的大小、阻抗角，磁动势都没有改变，符合折算的原则。

5. 异步电机的等效电路

由上述分析可知，异步电机转子侧频率、绕组有效匝数、相数与定子侧不同，若要获得其等效电路，必须对转子侧参数进行频率折算和绕组折算。如图 6-5 所示，其中频率折算为异步电机所独有，而绕组折算与变压器类似。

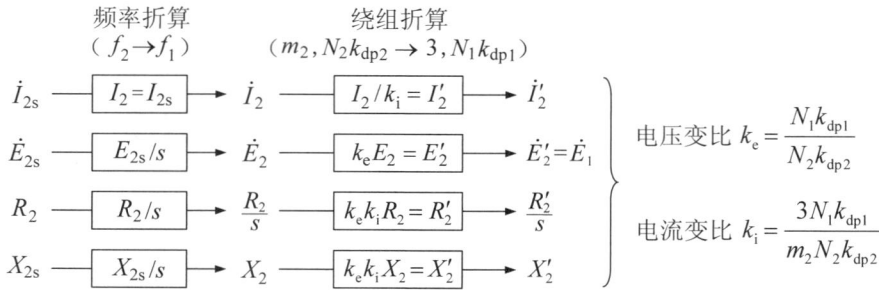

图 6-5 异步电机频率折算、绕组折算示意图

以 $\dot{E}_1 = \dot{E}_2'$ 为纽带，将经过绕组折算、频率折算后的转子电路（三相、频率 f_1、有效匝数 $N_1 k_{dp1}$，如图 6-6 所示）和定子电路画在一个电路图上，即可得到异步电动机的 T 形等效电路，如图 6-7 所示。

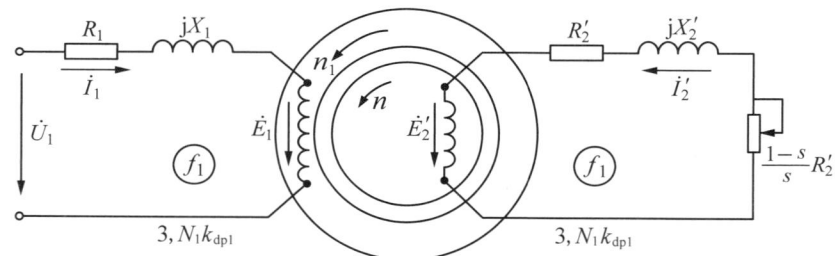

图 6-6 频率折算、绕组折算后的异步电机定子、转子电路示意图

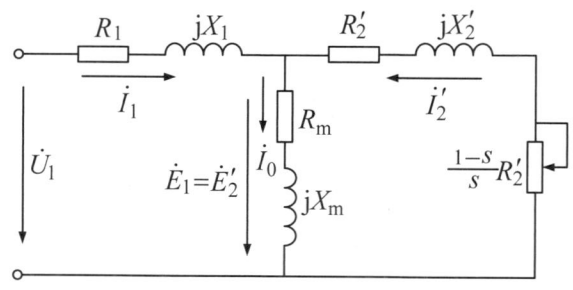

图 6-7 三相异步电机的 T 形等效电路

在图 6-7 中，附加电阻 $\frac{1-s}{s} R_2$ 的物理意义：当转子回路有电流 I_2 流过时，会分别在 R_2、$\frac{1-s}{s} R_2$ 上产生有功消耗 $I_2^2 R_2$ 和 $I_2^2 \frac{1-s}{s} R_2$。前者表示转子绕组的铜耗，后者则是实际转子回路中并不存在的虚拟消耗，用它来等效异步电动机所做的机械功率的大小。

6．定子磁动势、转子磁动势的平衡关系

（1）定子磁动势 $\dot{F}_1$：由定子绕组中的三相对称交流电流 $\dot{I}_1$ 产生，在空间上的旋转速度为同步转速 n_1，它以（$n_1 - n$）的速度切割转子导体。

（2）转子磁动势 $\dot{F}_2$：由转子绕组中的对称感应电流 $\dot{I}_2$ 产生，该电流的频率为 f_2。

① $f_2 = \dfrac{p(n_1 - n)}{60} = \dfrac{n_1 - n}{n_1} \times \dfrac{pn_1}{60} = sf_1$

② $\dot{F}_2$ 相对于转子自身的转速为：$n_2 = \dfrac{60 f_2}{p} = \dfrac{60 \cdot sf_1}{p} = sn_1$

③ $\dot{F}_2$ 相对于定子的转速为：$n_2 + n = sn_1 + n = sn_1 + (1-s)n_1 = n_1$

（3）$\dot{F}_1$、$\dot{F}_2$ 相对于定子来说在空间上是相对静止的。因此，可以把 $\dot{F}_1$ 和 $\dot{F}_2$ 矢量叠加，得到一个合成总磁动势 $\dot{F}_0$，即 $\dot{F}_1 + \dot{F}_2 = \dot{F}_0$。

7．异步电动机的功率和转矩

异步电动机是一种将电能转化为机械能的机电能量转换装置，可用能量守恒的观点去分析异步电动机的能量转换过程。

（1）各功率及损耗。

① 输入电功率：$P_1 = 3U_1 I_1 \cos\varphi_1 = \sqrt{3} U_N I_N \cos\varphi_N$

② 定子铜耗：$p_{Cu1} = 3I_1^2 R_1$

③ 定子铁耗：$p_{Fe} = 3I_0^2 R_m$

④ 电磁功率：

$$P_{em} = P_1 - p_{Cu1} - p_{Fe} = 3E_2' I_2' \cos\varphi_2 = m_2 E_2 I_2 \cos\varphi_2$$

$$= 3I_2'^2 \dfrac{R_2'}{s} = m_2 I_2^2 \dfrac{R_2}{s} = \dfrac{p_{Cu2}}{s}$$

⑤ 转子铜耗：$p_{Cu2} = 3I_2'^2 R_2' = m_2 I_2^2 R_2 = sP_{em}$

⑥ 总机械功率：$P_m = P_{em} - p_{Cu2} = 3I_2'^2 \dfrac{1-s}{s} R_2' = m_2 I_2^2 \dfrac{1-s}{s} R_2 = (1-s)P_{em}$

⑦ 空载损耗：$p_0 = p_m + p_a$

⑧ 输出机械功率：$P_2 = P_m - p_0 = P_1 - p_{Cu1} - p_{Fe} - p_{Cu2} - p_m - p_a = \sqrt{3} U_N I_N \cos\varphi_N \eta$

注意：① 上述损耗中不变损耗有 p_{Fe}，p_m；可变损耗有 p_{Cu1}，p_{Cu2}，p_a。

② 异步电机正常运行时，转子转速 n 很接近同步转速 n_1，s 很小，且 $f_2 = sf_1 \ll f_1$、$p_{Fe} \propto f^\beta B_m^2$，故转子铁耗 $p_{Fe2} \ll p_{Fe1}$，一般可忽略不计。

③ 转子侧功率关系：$P_{em} : p_{Cu2} : P_m = 1 : s : (1-s)$。

（2）功率流程图。

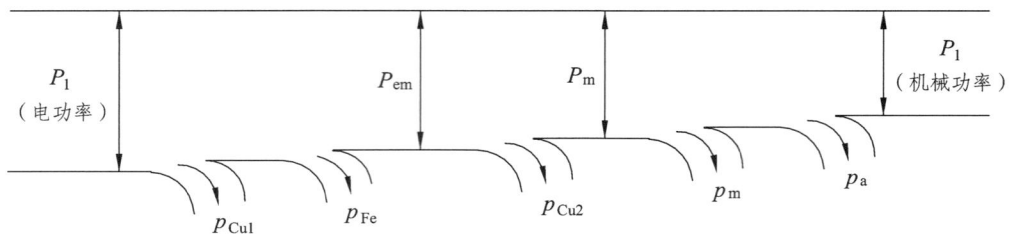

图 6-8 异步电机的功率流程图

（3）功率与转矩的关系。

① 电磁转矩：$T_{em} = \dfrac{P_m}{\Omega} = \dfrac{P_m}{\dfrac{2\pi n}{60}} = \dfrac{(1-s)P_{em}}{2\pi(1-s)n_1/60} = \dfrac{(1-s)P_{em}}{(1-s)\Omega_1} = \dfrac{P_{em}}{\Omega_1} = C_T \Phi_m I_2 \cos\varphi_2$

② 输出转矩：$T_2 = \dfrac{P_2}{\Omega} = \dfrac{P_2}{\dfrac{2\pi n}{60}} = 9.55\dfrac{P_2}{n}$

③ 空载转矩：$T_0 = \dfrac{p_0}{\Omega} = \dfrac{p_m + p_a}{\dfrac{2\pi n}{60}} = 9.55\dfrac{p_m + p_a}{n}$

④ 转矩平衡关系：$T_{em} = T_2 + T_0$

8．异步电机的参数测定

与变压器类似，异步电机等效电路中的参数 R_1，X_1，R_2'，X_2'，R_m，X_m 可通过堵转（短路）实验和空载实验来测定。

（1）堵转（短路）实验。

① 目的：测短路阻抗 Z_k，R_k，X_k，计算出 R_1，X_1，R_2'，X_2'。

② 特点：$n=0$，$s=1$，$P_m=0$，$I_0 \approx 0$（$Z_m \gg Z_1$，$Z_m \gg Z_2'$），$p_{Fe} \approx 0$，p_a 可忽略。定子侧输入功率 $p_{1k} = p_{Cu1} + p_{Cu2} = 3I_{1k}^2 R_1 + 3I_{1k}^2 R_2'$。

③ 参数计算：

$$\begin{cases} |Z_k| = \dfrac{U_{1k}}{I_{1k}} \\ R_k = \dfrac{p_{1k}}{3I_{1k}^2} = R_1 + R_2' \\ X_k = \sqrt{|Z_k|^2 - R_k^2} = X_1 + X_2' \end{cases}$$

注意：① 上述公式中的电压、电流均为相值。
② 异步电机堵转（短路）属故障状态，不宜长时间让电机堵转，以防损坏。

（2）空载实验。

① 目的：测励磁阻抗 R_m，X_m，p_m，p_{Fe}。

② 特点：$n \approx n_1$，$I_2 \approx 0$（因 $s \approx 0$，则 $R_2'/s \approx \infty$），$p_{Cu2} \approx 0$，p_a 可忽略。定子侧输入的功率

$$p_0 = p_{Cu1} + p_{Fe} + p_m = 3I_0^2 R_1 + 3I_0^2 R_m + p_m = 3I_0^2 R_0 + p_m$$

③ 参数计算：实验过程中，电机的转速没有太大的变化，可认为 p_m 是个常数。通过作图法求出 p_m（参见上海交大出版社《电机与拖动》），再进一步求出 R_m。

$$\begin{cases} |Z_0| = \dfrac{U_{1N}}{I_0} \\ R_0 = \dfrac{p_0 - p_m}{3I_0^2} = \dfrac{p_{Cu1} + p_{Fe}}{3I_0^2} = R_1 + R_m \\ X_0 = \sqrt{|Z_0|^2 - R_0^2} \end{cases}$$

注意：上述公式中的电压、电流均为相值。

9．三相异步电动机的工作特性

（1）工作特性：在定子电压、频率均为额定值及定、转子均不外串电阻或者电抗时，n、I_1、$\cos\varphi_1$、T_{em}、$\eta = f(P_2)$ 的特性关系。主要是定性分析各量随 P_2 变化的趋势。

（2）额定工况：定子侧的电压、电流、频率、功率因数、转子输出功率、转速以及电机的效率都达到其额定值。即 $U_1 = U_{1N}$、$I_1 = I_{1N}$、$f_1 = f_N$、$\cos\varphi_1 = \cos\varphi_{1N}$、$P_2 = P_{2N}$、$n = n_N$、$\eta = \eta_N$。

（3）异步电动机应尽量运行于额定工况或附近，以使其 $\cos\varphi_1$ 和 η 较高；不宜长时间运行于空载或轻载状态。

6.3 精选例题分析

1. 三相异步电动机的结构主要是哪几部分？它们分别起什么作用？

答：三相异步电动机的结构分定子和转子两部分，定、转子之间有空气隙。定子是由定子铁心、定子绕组和机座三个部分组成的。定子铁心是磁路的一部分，同时用来嵌放定子绕组；定子绕组通电时能产生磁场；机座用来固定与支撑定子铁心。转子部分有转子铁心和转子绕组。转子铁心也是磁路的一部分，同时用来嵌放转子绕组；转子绕组的作用是产生感应电动势、流过电流并产生电磁转矩。转轴起固定和支撑转子铁心的作用。

2. 异步电动机中的空气隙为什么要做得很小？

答：凡是电动机，定、转子之间必定要有气隙，否则无法旋转。异步电动机气隙小的目的是为了减小其励磁电流（空载电流），从而提高电动机功率因数。因异步电动机的励磁电流是由电网供给的，故气隙越小，磁阻越小，电网供给的励磁电流就越小。而励磁电流又属于感性无功性质，故减小励磁电流，相应就能提高电机的功率因数。所以在异步电动机设计时，

要求定、转子在不会发生机械碰撞的前提下，尽量把气隙做小。

3. 什么叫转差率？三相异步电动机的额定转差率为多少？为什么转差率是异步电动机最重要的一个技术参数？

答：旋转磁场转速即同步转速 n_1 与转子转速 n 之差（n_1-n）称为转差。转差（n_1-n）与同步转速 n_1 之比，称为转差率，用 s 表示，即 $s=\dfrac{n_1-n}{n_1}$。

额定转差率 s_N 通常很小，约为 0.015~0.05。转子转速 $n=(1-s)n_1$，用转差率 s 能表示转子转速，转子的感应电动势、转子频率、电磁功率、转差功率等参数都与转差率相关，所以转差率 s 是异步电机最重要的一个技术参数。

4. 为什么三相异步电动机正常运行时的转差率一般都很小？

答：由于转子铜耗 $p_{Cu2}=sp_{em}$，因此当电磁功率 p_{em} 一定时，s 越大，则 p_{Cu2} 越大，机械功率 $P_m=P_{em}-p_{Cu2}$ 越小，电动机效率越低。所以，为了减小损耗、提高效率，三相异步电动机正常运行时的转差率一般都很小。

5. 为什么说异步电机的工作原理与变压器的工作原理类似？试分析两者的异同点。

答：异步电机和变压器在功能、外形特征和运行方式上很不相同，但它们在工作原理上有很大的相似性，都是通过电磁感应原理来工作的。异步电机的定子相当于变压器的一次侧，转子相当于变压器的二次侧，两者的基本方程式、等效电路和相量图都非常相似。尤其是当异步电机堵转时，转子上的感应电压与定子电压之间的关系，与变压器的情况完全一样。因此，异步电机又被形象地称为"旋转变压器"。

两者的不同之处：①同容量的异步电机和变压器相比，变压器的空载电流较小。空载电流是用于产生励磁磁场或主磁通的，变压器的主磁通回路没有像异步电机定、转子间的气隙，完全由铁磁材料组成的主磁路磁阻很小，产生一定磁通所需的电流就很小。这样，变压器可以长期空载运行，而异步电机却不行；②在推导等效电路时，变压器只需进行绕组匝数折算即可（一、二次侧的频率相同），而异步电机由于定、转子频率不同，除像变压器一样进行绕组有效匝数折算之外，还需进行转子频率折算；③二者空载运行时的物理现象不同，变压器空载运行时二次侧开路，无电流、无漏抗，此时损耗有一次侧铜耗和铁耗；而异步电机空载运行时转子轴上无负载，但转子回路是闭合的，存在较小的转子电流，故转子侧有漏抗，此时的损耗有定子侧铜耗、铁耗、转子侧铜耗、机械损耗、附加损耗等。

6. 一台异步电动机定子绕组有 6 根引出线，其铭牌上标明"电压 380/220 V，接法 Y/△"。如果三相电源电压是 380 V，定子绕组应采用哪种接法？出线盒内的接线端子应如何联接？

答：应采用 Y 接法，出线盒内三个绕组的末端 U_2、V_2、W_2 联接在一起，三个首端出线头 U_1、V_1、W_1 分别接三相电源。

7. 一台额定电压 380 V、Y 联接的三相异步电动机，如果误连成 △ 联接，并接到 380 V 的电源上，会有什么后果？为什么？

答：一台额定电压 380 V、Y 联接的三相异步电动机，如果误连成 △ 联接，并接到 380 V 的电源上，电动机会被烧坏。因为额定电压 380 V、Y 联接的三相异步电动机，其定子相绕组额定电压为 $\dfrac{380}{\sqrt{3}}=220\ \text{V}$，若将 Y 联接的定子绕组误连成 △ 联接，并接到 380 V 的电源上，此时定子相绕组电压为 380 V，大大超过其额定电压，会使定子电流变得很大，甚至会烧坏电动机。

8. 为什么三相异步电动机的功率因数总是滞后的？

答：三相异步电动机要从电网吸收滞后的励磁电流产生磁场；且定子和转子绕组都是阻感性负载，所以三相异步电动机的功率因数总是滞后的。

9. 三相异步电动机空载运行时，为什么转子边功率因数 $\cos\varphi_2$ 很高，而定子边功率因数 $\cos\varphi_1$ 却很低？

答：异步电动机空载运行时，转差率 s 极小，$s \approx 0$，于是转子频率 f_2 很低，漏电抗 X_{2s} 很小，也接近于零。此时，转子边功率因数 $\cos\varphi_2 \approx 1$。但是，空载运行时，转子边 $I_{2s} \approx 0$，因此定子电流基本上是励磁所需的感性无功电流，故 $\cos\varphi_1$ 很低。

10. 为什么要进行频率折算？折算应遵循什么样的基本原则？

答：三相异步电动机运行时，定子电流频率为 f_1，转子电流频率为 $f_2 = sf_1$，定、转子电流频率不相等，对不同频率的电量列出的方程组不能联立求解，也不能根据它们求出等效电路和相量图。所以要对转子频率进行折算，使定、转子有相同的频率。频率折算的原则是保持转子磁动势 $\dot{F}_2$ 不变，也就是保持转子电流 $\dot{I}_2$ 不变。

11. 为什么异步电动机的转速一定低于同步转速，而异步发电机的转速则一定高于同步转速？如果没有外力帮助，转子转速能够达到同步转速吗？

答：因为异步电动机的转向与定子旋转磁场的转向相同，只有 $n < n_1$，即转子绕组与定子旋转磁场之间有相对运动，转子绕组才能感应电动势和电流，从而产生电磁转矩。若转速上升到 $n = n_1$，则转子绕组与定子旋转磁场同速、同向旋转，两者相对静止，转子绕组就不感应电动势和电流，也就不产生电磁转矩，电动机就不转了。而异步发电机的转子用原动机拖动进行工作，进行机电能量的转换，转速只有高于同步转速，才能向外送电。如果没有外力的帮助，转子转速不能达到同步转速。

12. 与同容量的变压器相比，三相异步电动机的空载电流大，还是变压器的空载电流大？为什么？

答：变压器的主磁通磁路全部用导磁性能良好的硅钢片构成，而三相异步电动机的主磁通磁路除了用硅钢片构成的定、转子铁心外，还有空气隙。气隙的长度尽管很小，但磁阻很大，使得异步电动机主磁路的磁阻远比相应的变压器大。异步电动机空载电流标幺值为 0.2～0.5，变压器空载电流的标幺值为 0.02～0.1。故相同容量的异步电机的空载电流比变压器的大得多。

13. 异步电机的气隙比同容量的同步电机的大还是小？为什么？

答：异步电机的气隙比同容量的同步电机的要小。因为异步电机的励磁电流由三相交流电源提供。如果气隙大，则磁阻大，产生一定的气隙磁通所需的励磁电流就大，会使异步电机的功率因数降低。为了减小励磁电流、提高功率因数，异步电机应采用较小的气隙。而同步电机的励磁电流由独立的直流电源提供，可以通过调节励磁电流来改变其功率因数的大小和性质，为了降低制造工艺复杂程度和成本，不需要像异步电机那样把气隙做得很小。

14. 一台三相异步电动机，$P_N = 75$ kW，$n_N = 975$ r/min，$U_N = 3\,000$ V，$I_N = 18.5$ A，$\cos\varphi_N = 0.87$，试问：（1）电动机的极对数是多少？（2）额定负载下 s_N 和 η_N 是多少？

解：（1）因为 $n_1 = \dfrac{60f}{p}$，$n = (1-s)n_1$，$s \in (2\% \sim 6\%)$。则有

$p = 1$ 时，$n_1 = 3\,000$ r/min；

$p = 2$ 时，$n_1 = 1\,500$ r/min；

$p = 3$ 时，$n_1 = 1\,000$ r/min；

$p = 4$ 时，$n_1 = 750$ r/min。

选最接近 n_N 的值，当 $n_N = 975$ r/min 时，可以得到 $n_1 = 1\,000$ r/min，所以极对数 $p = 3$

（2）$s_N = \dfrac{n_1 - n_N}{n_1} = \dfrac{1\,000 - 975}{1\,000} = 2.5\%$

$\eta_N = \dfrac{P_N}{\sqrt{3}U_N I_N \cos\varphi_N} = \dfrac{75\,000}{\sqrt{3} \times 3\,000 \times 18.5 \times 0.87} = 89.68\%$

15. 当三相异步电动机运行时，定、转子电动势的频率分别是多少？由定子电流产生的旋转磁动势以什么速度切割定子，又以什么速度切割转子？由转子电流产生的旋转磁动势以什么速度切割转子，又以什么速度切割定子？它与定子旋转磁动势的相对速度是多少？

答：定子电动势频率为 f_1，转子电动势频率为 $f_2 = sf_1$；由定子电流产生的定子旋转磁动势以 n_1 的速度切割定子，又以 $n_1 - n$ 的速度切割转子；由转子电流产生的转子旋转磁动势以 $n_2 = sn_1$ 的速度切割转子，又以 $n_2+n = n_1$ 的速度切割定子，它与定子旋转磁动势的相对速度为 $(n_2+n) - n_1 = 0$。

16. 已知三相异步电机的极对数 p、定子频率 f_1、转子频率 f_2、转差率 s、同步转速 n_1、转速 n、转子磁动势相对转子的转速 n_2，请根据它们之间的相互关系，填满表 6-2 中的空格。

表 6-2 三相异步电机参数相互关系

序号	p	f_1/Hz	f_2/Hz	s	n_1/(r/min)	n/(r/min)	n_2/(r/min)
1	1	50		0.03			
2	2	50				1 350	
3	3	50		1			
4	4			−0.2	750		
5	5				600	−500	
6		60	3		1 800		

答：本题主要考查三相异步电机各参数之间的相互关系，涉及的计算公式有

$n_1 = \dfrac{60f_1}{p}$，$s = \dfrac{n_1 - n}{n_1}$，$f_2 = sf_1$，$n = (1-s)n_1$，$n_2 = n_1 - n = sn_1$。

计算结果如下：

（1）1.5, 3 000, 2 910, 90；（2）5, 0.1, 1 500, 150；（3）50, 1 000, 0, 1 000；（4）50, 10, 900, −150；（5）50, 91.67, 1.833, 1 100；（6）2, 0.05, 1 710, 90。

17. 一台频率为 60 Hz 的三相异步电动机用在 50 Hz 电源上，其他不变，电动机空载电流如何变化？若拖动额定负载运行，电源电压有效值不变，因频率降低会出现什么问题？

答：电源电压大小额定不变的前提下，降低频率的结果是：电动势 E_1 接近 U_1，f_1 降低，主磁通 Φ_1 升高，励磁电流由于磁路饱和限制会增大很多，定子电流 I_1 随之增大。空载运行时，只要此时的 I_1 不超过额定电流即可，否则会损坏电机。若拖动额定负载运行，定子电流将会较大地超过额定值，将损坏电动机。

18. 一台三相异步电动机，额定运行时转速 $n_N = 1\,450$ r/min，问这时传递到转子的电磁功率有百分之几消耗在转子电阻上？有百分之几转化成机械功率？

解：$s_N = \dfrac{n_1 - n_N}{n_1} = \dfrac{1\,500 - 1\,450}{1\,500} = 0.033$

电磁功率 P_{em}、总机械功率 P_m、转子铜耗 p_{Cu2} 之间的比例为 $P_{em} : P_m : p_{Cu2} = 1 : (1-s) : s$，所以传递到转子的电磁功率中有 3.3%消耗在转子电阻上，有 96.7%转化成机械功率。

19. 一台三相异步电动机，额定功率 $P_N = 25$ kW，额定电压 $U_N = 380$ V，额定转速 $n_N = 1\,470$ r/min，额定效率 $\eta_N = 86\%$，额定功率因数 $\cos\varphi_N = 0.86$，求电动机额定运行时的输入功率 P_1 和额定电流 I_N。

解：$P_1 = \dfrac{P_N}{\eta_N} = \dfrac{25}{0.86} = 29.07$ kW

$$I_N = \dfrac{P_N}{\sqrt{3}\,U_N \cos\varphi_N \eta_N} = \dfrac{25\times 10^3}{\sqrt{3}\times 380\times 0.86\times 0.86} = 51.36\ (\text{A})$$

20. 异步电动机运行时，若负载转矩不变而电源电压下降10%，对电机的同步转速 n_1、转子转速 n、主磁通 Φ_m、转子电流 I_2、转子回路功率因数 $\cos\varphi_2$、定子电流 I_1 等有何影响？如果负载转矩为额定负载转矩，长期低压运行，会有何后果？

答：首先，电机的同步转速 n_1 保持不变，主磁通 Φ_m 将减小。其次，根据电磁转矩的计算公式 $T_{em} = C_T \Phi_m I_2 \cos\varphi_2$，因为负载转矩不变，转子转速 n 必然下降，以增大定、转子间的转差，使转子电流 I_2 增大，随之定子电流 I_1 也增大，以产生足够的电磁转矩来平衡负载转矩。最后，转子转速 n 的减小，使转子电流频率增大，转子回路的漏电抗增大，转子回路功率因数 $\cos\varphi_2$ 将减小。

由上分析可知，如果负载转矩为额定负载转矩，长期低压运行，异步电动机的功率因数很低，电能使用效率低，并且定、转子电流都偏大，有可能烧毁电机。

21. 三相异步电动机电磁功率为 P_{em}，总机械功率为 P_m，输出功率为 P_2，同步角速度为 Ω_1，机械角速度为 Ω，那么 $\dfrac{P_{em}}{\Omega_1} = \underline{\quad\quad}$，称为 $\underline{\quad\quad}$；$\dfrac{P_m}{\Omega} = \underline{\quad\quad}$，称为 $\underline{\quad\quad}$；$\dfrac{P_2}{\Omega} = \underline{\quad\quad}$，称为 $\underline{\quad\quad}$。

答：T_{em}，电磁转矩；T_{em}，电磁转矩；T_2，输出转矩。

本题主要考查电磁转矩、输出转矩与电磁功率、总机械功率、输出功率的关系。

22. 一台额定频率为 50 Hz 的三相异步电机，当定子绕组加额定电压，转子绕组开路时的每相感应电动势为 100 V。设电机额定运行时的转速 $n_N = 960$ r/min，转子转向与旋转磁场相同，问：

（1）此时电机运行在什么状态？

（2）此时转子每相电动势 E_{2s} 为多少？（忽略定子漏阻抗压降影响）

（3）转子参数 $R_2 = 0.1\,\Omega$，$X_2 = 0.5\,\Omega$，试求额定运行时转子电流 I_2 是多少？

解：

（1）转差率 $s = \dfrac{1\,000 - 960}{1\,000} = 0.04$，$0 < s < 1$，此时该电机运行在电动机状态。

（2）此时转子每相电动势 $E_{2s} = sE_2 = 0.04 \times 100 = 4$ (V)。

（3）额定运行时转子电流

$$I_2 = \dfrac{E_{2s}}{\sqrt{R_2^2 + X_{2s}^2}} = \dfrac{E_2}{\sqrt{(R_2/s)^2 + X_2^2}} = \dfrac{100}{\sqrt{(0.1/0.04)^2 + 0.5^2}} = 39.2\ (\text{A})$$

23. 三相异步电动机 $P_N = 7.5$ kW，$U_N = 380$ V，$n_N = 962$ r/min，定子△接法，$\cos\varphi_N = 0.827$，$p_{Cu1} = 470$ W，$p_{Fe} = 234$ W，$p_m = 45$ W，$p_a = 80$ W，试求额定负载时的转差率 s_N，转子铜耗 p_{Cu2}，定子电流 I_{1N}，以及负载转矩 T_{2N}，空载转矩 T_0，电磁转矩 T_{em}。

解：由 $n_N = 962$ r/min，可知 $n_1 = 1\,000$ r/min，则

$$s_N = \dfrac{1\,000 - 962}{1\,000} = 0.038$$

从功率流程图可知：$P_m = P_{2N} + p_m + p_a = 7\,500 + 45 + 80 = 7\,625$ (W)，于是：

$$P_{em} = \dfrac{P_m}{1 - s_N} = \dfrac{7\,625}{1 - 0.038} = 7\,926.2\ (\text{W})$$

$$p_{Cu2} = s_N P_{em} = 0.038 \times 7\,926.2 = 301.2\ (\text{W})$$

$$P_1 = P_{em} + p_{Cu1} + p_{Fe} = 7\,926.2 + 234 + 470 = 8\,630.2\ (\text{W})$$

$$I_{1N} = \dfrac{P_1}{\sqrt{3}\,U_N \cos\varphi_N} = \dfrac{8\,630.2}{\sqrt{3} \times 380 \times 0.827} = 15.86\ (\text{A})$$

$$T_{2N} = \dfrac{P_{2N}}{\Omega} = \dfrac{7\,500}{\dfrac{2\pi \times 962}{60}} = 9.55 \times \dfrac{7\,500}{962} = 74.45\ (\text{N·m})$$

$$T_0 = 9.55 \dfrac{p_0}{n_N} = 9.55 \times \dfrac{125}{962} = 1.24\ (\text{N·m})$$

$$T_{em} = T_0 + T_{2N} = 1.24 + 74.5 = 75.7\ (\text{N·m})$$

或

$$T_{em} = 9.55 \dfrac{P_m}{n_N} = 9.55 \times \dfrac{7625}{962} = 75.7\ (\text{N·m})$$

24. 一台三相异步电动机，额定功率 $P_N = 7.5$ kW，额定电压 $U_N = 380$ V，额定转速 $n_N = 971$ r/min，额定功率因数 $\cos\varphi_N = 0.786$，定子△联接。额定负载运行时，定子铜耗 $P_{Cu1} = 386$ W，铁耗 $p_{Fe} = 214.5$ W，机械损耗 $p_m = 100$ W，附加损耗 $p_a = 112.5$ W，求额定负载运行时：① 转子电流频率；② 转子铜耗；③ 电磁功率；④ 定子电流；⑤ 效率。

解：（1）由 $s_N = \dfrac{n_1 - n}{n_1} = \dfrac{1\,000 - 971}{1\,000} = 0.029$，可得：

$$f_2 = s_N f_1 = 0.029 \times 50 = 1.45 \text{ (Hz)}$$

（2）根据 $P_m = (1-s_N)P_{em} = P_N + p_m + p_a$，可得：

$$P_{em} = \frac{P_N + p_m + p_a}{1-s_N} = \frac{7.5 \times 10^3 + 100 + 112.5}{1-0.029} = \frac{7\,712.5}{0.971} = 7\,943 \text{ (W)}$$

则转子铜耗　　$p_{Cu2} = s_N P_{em} = 0.029 \times 7\,943 = 230 \text{ (W)}$

（3）电磁功率　$P_{em} = \dfrac{p_{Cu2}}{s_N} = \dfrac{230}{0.029} = 7\,943 \text{ (W)}$

（4）输入功率　$P_1 = P_{em} + p_{Cu1} + p_{Fe} = 7\,943 + 386 + 214.5 = 8\,543.5 \text{ (W)}$，则

$$I_1 = \frac{P_1}{\sqrt{3}U_N \cos\varphi_N} = \frac{8543.5}{\sqrt{3} \times 380 \times 0.786} = 16.5 \text{ (A)}$$

（5）效率　$\eta = \dfrac{P_N}{P_1} \times 100\% = \dfrac{7.5}{8.543\,5} \times 100\% = 87.8\%$

25. 一台三相四极异步电动机，$P_N = 10$ kW，$U_{1N} = 380$ V，$I_{1N} = 19.8$ A，定子绕组 Y 接法，$R_1 = 0.5\ \Omega$。空载实验数据：线电压 $U_1 = 380$ V 时，$I_0 = 5.4$ A，$p_0 = 425$ W，机械损耗 $p_m = 80$ W；短路实验数据：线电压 $U_k = 120$ V 时，$I_k = 18.1$ A，$p_k = 920$ W。若 $X_1 = X_2'$，试求电机的参数 R_2'，X_1，X_2'，R_m 和 X_m（忽略空载附加损耗）。

解：电机定子绕组 Y 接法，且忽略空载附加损耗，即 $p_a = 0$。由空载实验求得

$$Z_0 = \frac{U_1}{\sqrt{3}I_0} = \frac{380}{\sqrt{3} \times 5.4} = 40.63 \text{ (}\Omega\text{)}$$

$$R_0 = \frac{p_0 - p_m}{3I_0^2} = \frac{425-80}{3 \times 5.4^2} = 3.94 \text{ (}\Omega\text{)}$$

$$X_0 = \sqrt{Z_0^2 - R_0^2} = \sqrt{40.63^2 - 3.94^2} = 40.44 \text{ (}\Omega\text{)}$$

铁耗　　$p_{Fe} = P_0 - 3I_0^2 R_1 - p_m = 425 - 3 \times 5.4^2 \times 0.5 - 80 = 301.26 \text{ (W)}$

由短路实验求得

$$Z_k = \frac{U_k}{\sqrt{3}I_k} = \frac{120}{\sqrt{3} \times 18.1} = 3.83 \text{ (}\Omega\text{)}$$

$$R_k = \frac{p_k}{3I_k^2} = \frac{920}{3 \times 18.1^2} = 0.94 \text{ (}\Omega\text{)}$$

$$X_k = \sqrt{Z_k^2 - R_k^2} = \sqrt{3.83^2 - 0.94^2} = 3.71 \text{ (}\Omega\text{)}$$

所求的各种参数为

转子电阻　　$R_2' = R_k - R_1 = 0.94 - 0.5 = 0.44 \text{ (}\Omega\text{)}$

定转子漏抗 $\quad X_1 = X_2' = \dfrac{X_k}{2} = \dfrac{3.71}{2} = 1.86\ (\Omega)$

励磁电阻 $\quad R_m = R_0 - R_1 = 3.94 - 0.5 = 3.44\ (\Omega)$

或 $\quad R_m = \dfrac{p_{Fe}}{3I_0^2} = \dfrac{301.26}{3 \times 5.4^2} = 3.44\ (\Omega)$

励磁电抗 $\quad X_m = X_0 - X_1 = 40.44 - 1.86 = 38.58\ (\Omega)$

26. 某三相绕线型异步电动机,$U_N = 380$ V,$f_1 = 50$ Hz,$R_1 = 0.5\ \Omega$,$R_2 = 0.2\ \Omega$,$R_m = 10\ \Omega$,定子△联接。当该电机输出功率 $P_2 = 10$ kW 时,测得 $I_{1\varphi} = 12$ A,$I_{2\varphi} = 30$ A,$I_{0\varphi} = 4$ A,$p_0 = 100$ W。求该电机的总损耗 Σp、输入功率 P_1、电磁功率 P_{em}、机械功率 P_m 以及功率因数 $\cos\varphi_1$ 和效率 η。

解:定子铜耗 $\quad p_{Cu1} = 3I_{1\varphi}^2 R_1 = 3 \times 12^2 \times 0.5 = 216\ (W)$

转子铜损耗 $\quad p_{Cu2} = 3I_{2\varphi}^2 R_2 = 3 \times 30^2 \times 0.2 = 540\ (W)$

铁耗 $\quad p_{Fe} = 3I_{0\varphi}^2 R_m = 3 \times 4^2 \times 10 = 480\ (W)$

总损耗 $\quad \sum P = p_{Cu1} + p_{Cu2} + p_{Fe} + p_0 = 216 + 540 + 480 + 100 = 1\ 336\ (W)$

输入功率 $\quad P_1 = P_2 + \sum p = 10 \times 10^3 + 1\ 336 = 11\ 336\ (W)$

电磁功率 $\quad P_{em} = P_1 - p_{Cu1} - p_{Fe} = 11\ 336 - 216 - 480 = 10\ 640\ (W)$

机械功率 $\quad P_m = P_{em} - p_{Cu2} = 10\ 640 - 540 = 10\ 100\ (W)$

功率因数 $\quad \cos\varphi_1 = \dfrac{P_1}{3U_N I_{1\varphi}} = \dfrac{11\ 336}{3 \times 380 \times 12} = 0.83$

效率 $\quad \eta = \dfrac{P_2}{P_1} \times 100\% = \dfrac{10 \times 10^3}{11\ 336} \times 100\% = 88.2\%$

6.4 自测题

一、单项选择题

1. 异步电动机空载时的功率因数与满载时比较,前者比后者( )。
   A. 高　　B. 低　　C. 都等于 1　　D. 都等于 0

2. 三相异步电动机处于发电机工作状态时,其转差率一定为( )。
   A. $s > 1$　　B. $s = 0$　　C. $0 < s < 1$　　D. $s < 0$

3. 三相异步电动机电磁转矩的大小和（　　）成正比。
   A. 电磁功率　　　　　　　　B. 输出功率
   C. 输入功率　　　　　　　　D. 总机械功率
4. 一台三相异步电动机运行在 $s = 0.02$ 时，由定子通过气隙传递给转子的功率中有（　　）。
   A. 2%是电磁功率　　　　　　B. 2%是总机械功率
   C. 2%是机械损耗　　　　　　D. 2%是转子铜耗
5. 异步电动机在起动瞬间的转差率 $s =$ ＿＿＿，空载运行时转差率 s 接近＿＿＿。（　　）
   A. 1，0　　　　B. 0，1　　　　C. 1，1　　　　D. 0，0
6. 异步电动机在＿＿＿运行时转子感应电流的频率最低；异步电动机在＿＿＿运行时转子感应电流频率最高。（　　）
   A. 起动，空载　　B. 空载，堵转　　C. 额定，起动　　D. 堵转，额定
7. 设三相异步电动机在额定状态运行时的定、转子铁耗分别为 p_{Fe1} 和 p_{Fe2}，则（　　）。
   A. $p_{Fe1} < p_{Fe2}$　　B. $p_{Fe1} = p_{Fe2}$　　C. $p_{Fe1} > p_{Fe2}$　　D. $p_{Fe1} \approx p_{Fe2}$
8. 三相异步电动机之所以能转动起来，是由于＿＿＿和＿＿＿作用产生电磁转矩。（　　）
   A. 转子旋转磁场与定子电流　　B. 定子旋转磁场与定子电流
   C. 转子旋转磁场与转子电流　　D. 定子旋转磁场与转子电流
9. 下列对于异步电动机的定、转子之间的空气隙说法，错误的是（　　）。
   A. 空气隙越小，空载电流越小　　B. 空气隙越大，漏磁通越大
   C. 一般来说，空气隙做得尽量小　　D. 空气隙越小，效率越低
10. 绕线式异步电动机的转子三相绕组通常接成＿＿＿，与定子绕组磁极对数＿＿＿。（　　）
    A. 三角形，不同　　　　　　B. 星形，可能相同也可能不同
    C. 三角形，相同　　　　　　D. 星形，相同
11. 异步电动机的功率平衡方程中，总机械功率可表示为（　　）。
    A. $m_2 I_2'^2 R_2'(1-s)/s$　　　　B. $m_1 I_2^2 R_2(1-s)/s$
    C. $m_2 I_2^2 R_2(1-s)/s$　　　　D. sP_{em}
12. 拖动恒转矩负载的三相异步电动机，保持磁通不变，当 $f_1 = 50$ Hz 时，$n = 2\,900$ r/min，若降低频率到 $f_1 = 40$ Hz 时，电动机的转速为（　　）。
    A. 2 900 r/min　　B. 2 500 r/min　　C. 2 300 r/min　　D. 2 400 r/min
13. 三相异步电动机负载增加时，会使（　　）。
    A. 转子转速降低　　　　　　B. 转子电流产生的磁动势对转子的转速减小
    C. 转子电流频率降低　　　　D. 转子电流产生的磁动势对定子的转速增加
14. 当 $s = 0.08$ 时，异步电机处于什么状态？（　　）
    A. 电动机状态　　　　　　　B. 发电机状态
    C. 电磁制动状态　　　　　　D. 不确定
15. 异步电动机空载电流比同容量变压器大的原因是（　　）。

A. 异步电动机的损耗大　　　　B. 异步电动机有漏抗
C. 异步电机有气隙　　　　　　D. 异步电动机是旋转的

16. 三相异步电动机空载时，气隙磁通的大小主要取决于（　　）。
　　A. 电源电压　　　　　　　　B. 气隙大小
　　C. 定、转子铁心材质　　　　D. 定子侧漏阻抗
17. 异步电动机转子堵转时，转子电流的频率为（　　）。
　　A. 与定子频率相等　　　　　B. 等于零
　　C. 大于定子频率　　　　　　D. 小于定子频率
18. 三相异步电动机负载运行时，如转子卡住不动，则电动机输出功率会（　　）。
　　A. 减小　　　B. 增加　　　C. 不变　　　D. 为 0
19. 异步电动机负载增加时，定子电流将（　　）。
　　A. 不变　　　B. 增大　　　C. 减小　　　D. 不确定
20. 三相鼠笼型异步电动机额定状态下转速下降 10%，则该电机转子电流产生的旋转磁动势相对于定子的转速将（　　）。
　　A. 上升 10%　　B. 下降 10%　　C. 下降 20%　　D. 不变

二、判断题

1. 不管异步电机转子是旋转还是静止，定、转子磁动势都是相对静止的。　（　　）
2. 三相异步电机转子堵转时，经由气隙传递到转子侧的电磁功率全部转化为转子铜耗。
　（　　）
3. 通常三相鼠笼型异步电动机定子绕组和转子绕组的相数不相等，而三相绕线型异步电动机的定、转子相数相等。　（　　）
4. 三相异步电机当转子不动时，转子绕组电流的频率与定子电流的频率相同。（　　）
5. 相同容量的异步电机的空载电流比变压器的空载电流小。　（　　）
6. 三相异步电动机运行时转子应该外接电源。　（　　）
7. 当异步电动机定子电压降低时，若保持负载不变，则转子和定子电流会增大。（　　）
8. 异步电动机空载运行时，定子侧功率因数很高。　（　　）
9. 三相异步电机堵转时，轴上输出功率为零，定子边输入功率亦为零。　（　　）
10. 改变三相异步电机接入电源的相序可使其反转。　（　　）
11. 三相异步电动机空载运行时，转子侧不存在漏磁通，功率因数很低。　（　　）
12. 异步电动机从空载到堵转（短路），其主磁通基本不变。　（　　）
13. 在机械和工艺容许的条件下，异步电机的气隙越小越好。　（　　）
14. 三相异步电动机的功率因数 $\cos\varphi_1$ 总是滞后的。　（　　）
15. 异步电动机运行时，总要从电源吸收一个滞后的无功电流。　（　　）

三、填空题

1. 忽略空载损耗，拖动恒转矩负载运行的三相异步电动机，其 $n_1 = 1\,500$ r/min，电磁功率 $P_{em} = 10$ kW。若运行时转速 $n = 1\,455$ r/min，则输出机械功率 $P_m = $ _____ kW；若 $n = 900$ r/min，则 $P_m = $ _____ kW；若 $n = 300$ r/min，则 $P_m = $ _____ kW；转差率 s 越大，电

动机效率越_____。

2. 当 s 在_____范围内，三相异步电机运行于电动机状态，此时电磁转矩性质为_____；在_____范围内运行于发电机状态，此时电磁转矩性质为_____。

3. 三相异步电机根据转子结构不同可分为_____和_____两类。

4. 三相异步电动机电源电压一定，当负载转矩增加时，则转速_____，定子电流_____。

5. 有一台三相异步电动机，额定运行时的转差率 $s = 0.03$，此时输出功率和电磁功率之比为_____。（忽略机械损耗和附加损耗）

6. 一台三相六极异步电动机，电流频率 50 Hz，如果运行在 $s = 0.08$ 时，定子绕组产生的旋转磁动势转速等于_____r/min，转子绕组产生的旋转磁动势相对于定子的转速为_____r/min，旋转磁场切割转子绕组的转速等于_____r/min。

7. 有一台三相异步电动机，电源频率为 50 Hz，$n_N = 1\,400$ r/min，则其转子绕组感应电动势的频率为_____，转子电流产生的旋转磁动势相对于转子转速为_____r/min，相对定子的转速为_____r/min。

8. 三相异步电动机转速为 n 时，定子旋转磁场的转速为 n_1；当 $n < n_1$ 时是_____运行状态；当 $n > n_1$ 是_____运行状态；当 n 与 n_1 反向时是_____运行状态。

9. 一台三相异步电动机，额定频率为 50 Hz，$n_N = 575$ r/min，此机的同步转速是_____r/min，极对数是_____，额定转差率为_____。

10. 在研究分析异步电机等效电路时，用等效静止的转子代替旋转的转子，要求保持_____不变。

11. 异步电动机空载时定子侧功率因数 $\cos\varphi_1$_____，负载增大时 $\cos\varphi_1$ 随之_____，在负载大到一定程度后，$\cos\varphi_1$ 又开始_____。

12. 一台异步电动机铭牌上写明，$U_N = 380$ V/220 V，定子绕组接为 Y/△，如果使用时将定子绕组接为△接到 380 V 的三相电源上，将会_____；如果使用时将定子绕组接为 Y，接到 220 V 的三相电源上，将会_____。

13. 异步电机在负载运行时气隙磁场是由_____和_____共同建立的。

14. 绕线型异步电动机运行时，Y 联接的转子绕组在不外接电阻时，应该_____；当异步电动机转差率为_____时，转子电流是堵转电流；三相绕线型异步电动机转子上的滑环和电刷的功用是_____。

15. 三相异步电动机气隙增大，其他条件不变，则空载电流_____；铁心饱和程度增加，则异步电机的励磁电抗 X_m _____；相同容量的异步电机的空载电流比变压器_____。

16. 三相异步电动机负载运行时，如转子被卡住不动，电动机的电流_____，此时电动机输出的机械功率_____。

四、简答与作图题

1. 异步电动机中的空气隙为什么做得很小？

2. 三相绕线型异步电动机工作示意图如下，定子电流为正相序，转子已提刷短路即转子回路没有串入附加电阻，请在图中分别标出定子旋转磁动势 F_1 和转子转速 n 的旋转方向；并证明定子旋转磁动势 F_1 和转子旋转磁动势 F_2 是相对静止的。

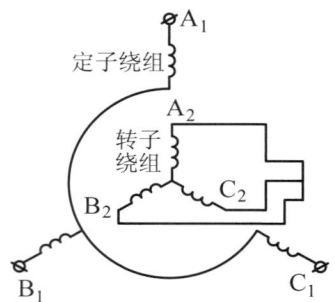

图 6-9　三相绕线型异步电动机工作原理示意图

五、计算题

1. 某三相四极异步电动机,在转差率 $s = 0.03$ 情况下运行,定子方面输入功率 $P_1 = 6.5$ kW,$p_{Cu1} = 350$ W,$p_{Fe} = 170$ W,$p_m = 45$ W,忽略 p_a。求该机运行时的转速 n、电磁功率 P_{em}、电磁转矩 T_{em}、输出机械功率 P_2 及效率 η 为多少?

2. 某台三相四极异步电动机,$U_N = 380$ V,Y 接法,$n_N = 1\,440$ r/min,$\cos\varphi_N = 0.83$,$R_1 = 0.35$ Ω,$R_2' = 0.34$ Ω,$p_m + p_a = 288$ W。设 $I_{1N} = I_{2N}' = 20.5$ A,求此电动机额定运行时的输出功率 P_2、电磁功率 P_{em} 和输出转矩 T_2。

6.5　课后习题

6-1　什么叫转差率?如何根据转差率来判断异步机的运行状态?

6-2　为什么相同容量的异步电机的空载电流要比变压器的大很多?

6-3　三相异步电机的转速变化时,由转子电流所产生的旋转磁动势在空间的转速是否改变?为什么?

6-4　在分析异步电动机时,转子边要进行哪些折算?为什么要进行这些折算?折算的原则是什么?

6-5　异步电机等效电路中的 $(1-s)R_2'/s$ 表示什么含义?能否用等值的电抗或电容代替?为什么?

6-6　什么叫转差功率?转差功率消耗到哪里去了?增大这部分消耗,异步电动机会出现什么现象?

6-7　一台三相绕线型异步电动机,转子开路时,在定子上加额定电压,从转子滑环上测得电压为 100 V,转子绕组 Y 接法,每相电阻 $R_2 = 0.6$ Ω,每相漏抗 $X_2 = 3.2$ Ω,当 $n = 1\,450$ r/min 时,求转子电流的大小和频率、总机械功率。(提示:用频率折算的方法)

6-8　一台三相异步电动机的输入功率为 10.7 kW,定子铜耗为 450 W,铁耗为 200 W,转差率为 $s = 0.029$,试计算电动机的电磁功率、转子铜耗及总机械功率。

6-9 一台三相异步电动机,P_N = 7 500 W,额定电压 U_N = 380 V,定子绕组△接法,频率为 50 Hz。额定负载运行时,定子铜耗 p_{Cu1} = 474 W,铁耗 p_{Fe} = 231 W,机械损耗 p_m = 45 W,附加损耗 p_a = 37.5 W,已知 n_N = 960 r/min,$\cos\varphi_N$ = 0.824,试计算转子电流频率、转子铜耗、定子电流和电机的效率。

6-10 一台三相四极异步电动机,P_N = 17 kW,U_N = 380 V,定子绕组△接法,频率为 50 Hz。额定运行时,定子铜耗 p_{Cu1} = 700 W,转子铜耗 p_{Cu2} = 500 W,铁耗 p_{Fe} = 450 W,机械损耗 p_m = 150 W,附加损耗 p_a = 200 W。试计算这台电机额定运行时的:① 额定转速 n_N;② 输出转矩 T_2;③ 空载转矩 T_0;④ 电磁转矩 T_{em}。

第 7 章 三相异步电动机的电力拖动

本章研究的是以三相异步电动机作为原动机的交流的电力拖动，类比第 3 章的直流电动机的电力拖动学习，也是研究电动机与所拖动的生产机械之间的关系，包括机械特性、起动、调速、制动以及四象限运行等内容。

7.1 学习要求

（1）熟练掌握三相异步电动机的机械特性的三种表达式及特点。
（2）熟练掌握固有机械特性和人为机械特性。
（3）了解三相异步电动机起动要求，掌握三相鼠笼型异步电动机、高起动性能的三相鼠笼型异步电动机、三相绕线型异步电动机的起动方法；异步电动机的各种起动方法的特点。
（4）掌握三相异步电动机变极调速、变频调速、变转差率调速的调速方法以及调速的指标。
（5）掌握能耗制动、反接制动、回馈制动原理及各种制动的特点。
（6）了解三相异步电动机的四象限运行。

7.2 学习指导

三相异步电动机的电力拖动分析要注意类比第 3 章的直流电动机的电力拖动，仍然以运动方程式为基础、以机械特性为有力的工具来分析。其重点是掌握机械特性。难点在于各种调速方法的调速的指标及各种制动的特点。学习本章需掌握的几个基本概念如下：

1．三相异步电动机机械特性的三种表达式

三相异步电动机机械特性即转速 n 和电磁转矩 T_{em} 之间的关系 $n=f(T_{em})$ 通常有三种表达式，其三种表达式描绘的是一样的机械特性，但各表达式的特点与使用场合不同，表 7-1 对比了三种表达式的不同。

第 7 章 三相异步电动机的电力拖动

表 7-1 三相异步电动机机械特性的三种表达式

机械特性类型	特　性	特　点	应用场合
物理表达式	$T_{em} = C_T \Phi_m I_2 \cos\varphi_2$	直观反映异步电动机工作原理中产生拖动的电磁转矩的原因，即转子电流的有功分量与磁场的相互作用产生电磁转矩	用于定性分析一些工程问题（例如：异步电动机起动电流较大而起动转矩不大的原因是因为起动时的主磁通和功率因数较小）
参数表达式	$T_{em} = \dfrac{m_1 p U_1^2 \dfrac{R_2'}{s}}{2\pi f_1 \left[\left(R_1 + \dfrac{R_2'}{s}\right)^2 + (X_1 + X_2')^2\right]}$	电磁转矩与电机各参数之间的关系，用于工程计算不方便	方便地得出了机械特性中的重要特殊点即临界点、起动点与电机各参数的关系：$s_m = \dfrac{R_2'}{\sqrt{R_1^2 + (X_1 + X_2')^2}}$ $T_m = \dfrac{m_1 p U_1^2}{4\pi f_1 [\pm R_1 + \sqrt{R_1^2 + (X_1 + X_2')^2}]}$ $T_{st} = \dfrac{m_1 p U_1^2 R_2'}{2\pi f_1 [(R_1 + R_2')^2 + (X_1 + X_2')^2]}$
实用表达式	$T_{em} = \dfrac{2T_m}{\dfrac{s}{s_m} + \dfrac{s_m}{s}}$	利用临界点 T_m 和 s_m 表达的机械特性	方便工程计算。即利用异步电动机铭牌求出临界点 T_m 和 s_m 的值就可以得出机械特性

2．三相异步电动机的固有机械特性和人为机械特性

表 7-2 说明了三相异步电动机的固有机械特性和人为机械特性。三相异步电动机的固有机械特性上有四个特殊的工作点，其代表了以下四种重要的工作状态：

（1）A 点：起动点又称堵转点，说明了电动机直接起动能力。
（2）B 点：最大转矩点又称临界点，说明了电动机短时过载能力。
（3）C 点：额定运行状态时的工作点，说明了电动机长期运行能力。
（4）D 点：同步转速点又称理想空载点，即 $n \approx n_1$，$s \approx 0$，$T_{em} \approx 0$，转子电流 $I_2 \approx 0$。

表 7-2　三相异步电动机的固有机械特性和人为机械特性

机械特性	特性求取方法	特　性	特　点
固有机械特性	在额定电压和额定频率下，按规定的接线方式接线，定子和转子电路中不外接电阻或电抗时的机械特性	(图：固有机械特性曲线，标注 n_1、s_N、s_m、A、B、C、D、T_N、T_{st}、T_m)	工作段（下降段）为硬特性
人为机械特性	（1）降低定子电压时的人为机械特性 以固有机械特性为基准，同步转速不变，利用参数表达式可知：其起动和最大转矩减小；临界转差不变	(图：不同定子电压 $0.5U_N$、$0.8U_N$、U_N 下的机械特性曲线) $T'_{st}=0.64T_{st}$，$T'_m=0.64T_m$，$T''_{st}=0.25T_{st}$，$T''_m=0.25T_m$	同步转速不变，起动和过载能力下降较多
	（2）转子电路串接对称电阻时的人为机械特性 以固有机械特性为基准，同步转速不变，利用参数表达式可知：其起动转矩增加、最大转矩不变；临界转差增加	(图：转子串接电阻 R_2、$R_2+R_{\Omega 1}$、$R_2+R_{\Omega 2}$ 的机械特性曲线)	同步转速不变，工作段特性变软、起动能力增加而过载能力不变
	（3）定子电路串接对称电阻或电抗时的人为机械特性 以固有机械特性为基准，同步转速不变，利用参数表达式可知：其起动转矩、最大转矩、临界转差都减小	(图：定子串接电阻 R_1+R_Ω、R_1 和串接电抗 X_1+X_Ω、X_1 的机械特性曲线)	同步转速不变，起动和过载能力都下降

额定运行状态时的工作点只出现在固有机械特性上。人为机械特性是在固有机械特性的基础上，改变不同参数而讨论 A 点（起动点）、B 点（临界点）、D 点：（同步转速点）变化情况的特性。

3．三相异步电动机的起动

三相异步电动机起动时主要是应满足起动电流小、起动转矩大的基本要求，从这个基本要求出发，不同的异步电动机采用不同的起动方法。普通的鼠笼型异步电动机的各起动方案中只能从定子绕组入手，所以不能加大起动转矩，只是考虑限制起动电流。而不管是高起动性能的三相鼠笼型异步电动机还是绕线型异步电动机，都是从转子入手改善起动性能，既限制了起动电流又增加了起动转矩。不同的异步电动机各种起动方案特点如表 7-3 所示。

表 7-3　不同的异步电动机各种起动方法特点

电机类型	起动方法		优　点	缺　点	应用场合
鼠笼型异步电动机	直接起动		不需要专用的起动设备，操作简便	起动电流 I_{st} 将达很大，大概为额定电流的 5~7 倍	电机容量小于 7.5 kW
	降低电枢端电压起动	（1）定子串接电抗或电阻的降压起动	起动过程降低了起动电流	起动过程的能量损耗较大、起动转矩降低	任意容量，轻载起动
		（2）星形-三角形（Y-△）降压起动	设备简单	只能用在定子绕组正常运行为△接法、轻载起动使用	定子绕组正常运行为△接法，轻载起动
		（3）自耦变压器降压起动	较大容量电机，较大负载起动可选用	起动设备复杂，投资较大	较大容量电机，较大负载起动
	软起动		无级平滑起动，起动电流对电网冲击小	起动设备复杂，投资大	对起动要求高场合
高起动性能的三相鼠笼型异步电动机	（1）深槽式鼠笼型异步电动机		利用集肤效应提高起动性能（增加起动转矩、减小起动电流）	功率因数减小、过载能力减小、价格贵	中、小容量重载、对起动要求高的场合
	（2）双笼式鼠笼型异步电动机				
绕线型异步电动机	（1）转子串电阻的分级起动		分级起动过程平稳，起动转矩增加，起动电流减小。分级起动设备可用于调速	设备复杂，需分级切除电阻且起动过程的能量损耗较大，平滑性差	大、中容量重载起动
	（2）转子串频敏变阻器起动		设备简单、电阻会随着转速的上升而自动减小。起动过程平稳，起动转矩增加、起动电流减小	设备只用于起动，不能用于调速	大、中容量重载起动

4．三相异步电动机的调速

由三相异步电动机的转速公式 $n = n_1(1-s) = \dfrac{60 f_1}{p}(1-s)$ 可知，三相异步电动机调速方法有三种：（1）改变定子极对数 p 调速；（2）改变电源频率 f_1 调速；（3）改变转差率 s 调速。如表 7-4 所示，针对各种调速方法，从调速的经济及技术指标等方面进行了对比。

表 7-4　三相异步电动机各种调速方法对比

调速方法		特　点	应用场合
变极调速	（1）Y-YY 联接方式	YY 联接时电动机最大转矩 T_m 和起动转矩 T_{st} 均为 Y 联接时的 2 倍，临界转差率 s_m 的大小不变，属于恒转矩调速方式	适合带恒转矩负载
	（2）△-YY 联接方式	YY 联接时电动机最大转矩 T_m 和起动转矩 T_{st} 均为△联接时的 2/3，临界转差率 s_m 不变，属于恒功率调速方式	适合带恒功率负载
变频调速	（1）对于恒转矩负载，保证调速时过载能力不变，同时主磁通不变化。$\dfrac{U_1}{f_1}=\dfrac{U_1'}{f_1'}=$ 常数	优点：调速性能好：调速范围大、调速平滑性好、稳定性好（机械特性硬）、效率高、可以适合所有类型的负载调速 缺点：要有专门的变频电源。对于恒转矩负载基频以上的调速时，由于电压不能增加以及低速段调节时的特点，都有过载能力下降的情况	恒转矩负载
	（2）对于泵与风机类负载，保证调速时过载能力不变，主磁通将发生变化。$\dfrac{U_1}{f_1^2}=\dfrac{U_1'}{f_1'^2}=$ 常数		泵与风机类负载
	（3）对于恒功率负载，保证调速时过载能力不变，主磁通将发生变化。$\dfrac{U_1}{\sqrt{f_1}}=\dfrac{U_1'}{\sqrt{f_1'}}=$ 常数		恒功率负载
变转差率调速	（1）绕线型异步电动机转子串电阻调速	优点是设备简单、实现方便。缺点是调速不平滑，低速运行时转子回路消耗的转差功率大，运行效率低；同时低速时的机械特性较软，当负载转矩波动时将引起较大的转速变化，即运行的稳定性较差。属于恒转矩调速方式	用于调速性能要求不高的恒转矩生产机械，如桥式起重机等
	（2）改变定子端电压调速	定子调压调速的优点是调速装置简单、价格便宜，这种调速方法既不属于恒转矩调速方式，也不属于恒功率调速方式。缺点是低速运行时损耗大、效率低且转速稳定性差	最适用于转矩随转速降低而减小的负载（如通风机负载），也可用于恒转矩负载，最不适用于恒功率负载
	（3）绕线型异步电动机的串级调速	串级调速的优点是机械特性较硬，效率高，可以实现无级调速，缺点是产生附加电动势的装置比较复杂，成本较高，且低速运行时电动机的过载能力较低	适用于调速范围不太大场合，如通风机和提升机等

5．三相异步电动机的制动

三相异步电动机的制动特点：电磁转矩的方向与转速的方向相反，电机吸收轴上的机械能，并转换为电能。根据制动的方法的不同分能耗制动、反接制动、回馈制动三种。三种制动状态的机械特性只是在第二和第四象限上，通过制动可以使电力拖动系统快速停车，也可用于位能负载的稳速下放物体。表 7-5 对比了三相异步电动机三种制动的特点。

表 7-5 三相异步电动机三种制动比较

制动方法	控制方法	特 点	能量关系	应用场合
能耗制动	其特点是在定子两相绕组上加上直流电压或电流，产生制动转矩，使电机停车，机械特性由第一象限转为第二象限	优点：制动减速较平稳、可靠；控制线路较简单；便于实现准确停车 缺点：制动转矩随转速降低成正比地减小，制动效果不如反接制动	不吸取电能，其机械能转换成电能消耗在电阻上	宜用于不要求反转、减速要求较平稳的场合，也可用于控制位能负载下降的速度
反接制动	改变定子电源相序的反接制动：$n_0<0, T_{em}<0, n>0$，机械特性由第一象限转为第二象限，使电机迅速停车	优点：制动过程中，制动转矩较稳定，制动较强烈，制动较快 缺点：制动到转速等于零时，如不及时切断电源，电动机可能会自行反向加速，不便于实现准确停车；制动过程有大量的能量损耗	同时吸收电能和机械能，全部消耗在电枢电阻上	宜用于要求迅速反转、较强制动的场合
反接制动	转子反向（倒拉）反接制动：绕线型电机带位能性负载，当转子串较大电阻时，使机械特性由第一象限转为第四象限，电机反转使重物匀速下降	只用于绕线型异步电动机，高速倒拉反转损耗大		对于倒拉反转反接制动，可用于位能负载，一般可在 $n<n_0$ 的条件下稳速（低速）下降
回馈制动	当电力拖动系统，$\lvert n \rvert > \lvert n_1 \rvert$，且电磁转矩与转速反向时，即出现在第二象限或第四象限	不需改接线路，即可从电动状态自行转移到回馈制动状态；电能可回馈电网，较为经济；当 $E_a<U$ 时，不能实现回馈制动；单用回馈制动，不能使转速制动到零	把机械能转换成电能反馈电网	可用于位能负载，在 $n>n_0$ 条件下稳速（高速）下降；在变极或变频调速时可自行转入回馈制动状态运行

6．三相异步电动机工程计算

实用表达式用于各种计算非常方便。
（1）固有机械特性上不同负载的转速求取：
由实用表达式可解得：

$$s = s_\mathrm{m}\left[\frac{T_\mathrm{m}}{T_\mathrm{em}} - \sqrt{\left(\frac{T_\mathrm{m}}{T_\mathrm{em}}\right)^2 - 1}\right] \quad (7\text{-}1)$$

式（7-1）中的临界转差率 s_m 和最大转矩 T_m 是根据电动机产品目录（铭牌值）求得，代入不同的负载转矩 $T_L \approx T_\mathrm{em}$ 即可求得相应的转速（转差率）。

（2）人为机械特性上不同负载 T_L 的转速求取：

$$s = s'_\mathrm{m}\left[\frac{T'_\mathrm{m}}{T_L} \pm \sqrt{\left(\frac{T'_\mathrm{m}}{T_L}\right)^2 - 1}\right] \quad (7\text{-}2)$$

式（7-2）中的临界转差率 s'_m 和最大转矩 T'_m 是根据人为改变参数（如变频、变电压、串电阻等）后求得，代入不同的负载转矩 $T_L \approx T_\mathrm{em}$ 即可求得相应的转速（转差率）。

（3）计算串联到绕线转子中的电阻 R_Ω 方法：

根据电动机产品目录数据计算 s_m，根据实用表达式计算出 s'_m：

当已知转速 $s = s_x$，负载 $T_\mathrm{em} = T_L = T_x$ 时，求临界转差率 s'_m 与最大转矩 T'_m，代入异步电机的实用表达式得：

$$T_x = \frac{2T'_\mathrm{m}}{\dfrac{s_x}{s'_\mathrm{m}} + \dfrac{s'_\mathrm{m}}{s_x}} \quad (7\text{-}3)$$

解得

$$s'_\mathrm{m} = s_x\left[\frac{T'_\mathrm{m}}{T_x} + \sqrt{\left(\frac{T'_\mathrm{m}}{T_x}\right)^2 - 1}\right] \quad (7\text{-}4)$$

对于串电阻人为机械特性，当 $s = s_x$，$T_L = T_x$ 时，由于 $T'_\mathrm{m} = T_\mathrm{m}$ 不变，其临界转差率 s'_m 为

$$s'_\mathrm{m} = s_x\left[\frac{K_\mathrm{T} T_\mathrm{N}}{T_x} + \sqrt{\left(\frac{K_\mathrm{T} T_\mathrm{N}}{T_x}\right)^2 - 1}\right] \quad (7\text{-}5)$$

由于 $s_\mathrm{m} \propto R_2$，故有

$$\frac{s'_\mathrm{m}}{s_\mathrm{m}} = \frac{R_2 + R_\Omega}{R_2}，则$$

$$R_\Omega = \left(\frac{s'_\mathrm{m}}{s_\mathrm{m}} - 1\right) R_2 \quad (7\text{-}6)$$

如额定负载转矩不变（电磁转矩不变）：

则
$$\frac{R_2}{s_\mathrm{N}} = \frac{R_2 + R_\Omega}{s}$$

即
$$R_\Omega = \left(\frac{s}{s_N} - 1\right) R_2 \tag{7-7}$$

转差率 s（或 n）是异步电动机最基本的参数，在应用实用表达式时须注意不同（电动或制动）状态下转差率 s 的大小与正负符号，同时也需注意其它参数如电磁转矩 T_{em}、临界转差率 s_m、最大转矩 T_m 的大小及正负符号。

7.3 精选例题分析

1. 三相异步电动机带负载运行，若电源电压下降过多，会产生什么严重后果？如果电源电压下降 20%，对最大转矩、起动转矩、转子电流、气隙磁通、转差率有何影响（设负载转矩不变）？

答：最大转矩和起动转矩与电压平方成正比。如果电源电压下降过多，当起动转矩下降到小于负载转矩时，电动机不能起动。当最大转矩下降到小于负载转矩时，原来运行的电动机将停转。

如 $T_{em} = T_2 + T_0$ 负载不变，则 T_{em} 不变，由 $T_{em} = C_T \Phi_m I_2 \cos\varphi_2$，如电压下降过多使 $\Phi_m \downarrow$，为保持 T_{em} 不变，$I_2 \uparrow \to I_1 \uparrow$ 易烧毁电机。

电源电压下降 20%，则最大转矩下降到原来的 64%，起动转矩也下降到原来的 64%。磁通下降到原来的 20%。在负载转矩不变的情况下，$I_2 \cos\varphi_2$ 上升，定、转子电流相应上升，电动机的转速有所降低，转差率 s 增大，临界转差率 s_m 不变。

2. 绕线型三相异步电动机，若（1）转子电阻增加；（2）漏电抗增大；（3）电源电压不变，但频率由 50 Hz 变为 60 Hz；试问这三种情况下最大转矩，起动转矩，起动电流会有什么变化？

答：（1）最大转矩不变，起动转矩上升，起动电流下降。

（2）最大转矩下降，起动转矩下降，起动电流下降。

（3）最大转矩下降，起动转矩下降，起动电流下降。

3. 如图 7-1 所示，已知三相异步电动机的机械特性 1 及分别与恒转矩负载 2，恒功率负载 3，通风类 4、5 这三种负载特性配合时，问：平衡点 A、A′、B、B′、C、C′ 中哪些是静态稳定的？哪些是不稳定？为什么？

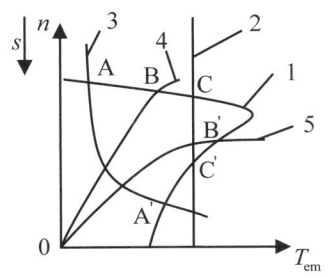

图 7-1 三相异步电动机稳定运行分析

答：平衡点 A、B、B′、C、是稳定的；A′、C′ 两点不稳定。因为根据稳定运行的充分必要条件：A、A′、B、B′、C、C′交点虽满足稳定运行的必要条件，但要同时满足稳定运行充分条件为 $\dfrac{dT_{em}}{dn} < \dfrac{dT_Z}{dn}$。故 A′、C′ 两点不满足稳定运行充分条件。

4. 普通鼠笼型异步电动机在额定电压下起动时，为什么起动电流很大而起动转矩不大？但深槽型或双鼠笼电动机在额定电压下起动时，起动电流较小而起动转矩较大，为什么？

答：普通鼠笼型异步电动机在额定电压下起动时起动电流很大的原因：起动时 $n=0$，$s=1$，旋转磁场以同步速度切割转子，在短路的转子绕组中感应很大的电动势和电流，引起与它平衡的定子电流的负载分量急剧增加，以致定子电流很大；起动时 $s=1$，R_2'/s 很小，电动机的等效阻抗很小，所以起动电流很大。

普通鼠笼型异步电动机起动转矩不大的原因：由于 $T_{em}=C_T \Phi_m I_2 \cos\varphi_2$，当 $s=1$，$f_2=f_1$ 时，使转子功率因数角 $\varphi_2 = \arctan \dfrac{X_2}{R_2}$ 接近 90°，$\cos\varphi_2$ 很小，$I_2\cos\varphi_2$ 并不大；另外，因起动电流很大，定子绕组漏抗压降大，使感应电动势 E_1 减小，与之成正比的 Φ_m 也减小。起动时，Φ_m 减小，$I_2\cos\varphi_2$ 并不大，使得起动转矩并不大。

对深槽型或双鼠笼型异步电动机在起动时转子频率大，即 $f_2=f_1$，有明显的集肤效应，即转子电流在转子导体表面流动，深槽型异步电动机相当于转子导体截面变小，电阻增大，即相当于转子回路串电阻；双鼠笼异步电动机起动时正好电流流过电阻大的上笼（外笼）。使 $I_{st} \downarrow$，$T_{st} \uparrow$。当起动完毕后，$f_2=sf_1$ 很小，没有集肤效应，转子电流流过的导体电阻减小，相当于起动时转子回路所串电阻去掉，减小了转子铜损耗，提高了电机的效率。

5. 定性分析三相绕线型异步电动机转子回路突然串接电阻后降速的电磁过程，（假定拖动的是恒转矩负载）。

答：如图 7-2 所示，转子回路串接电阻前，异步电动机运行于固有机械特性的 A 点，转子回路突然串接电阻瞬间，由于机械惯性，转速不突变，工作点由 A 点突变到 B 点，B 点的电动机电磁转矩小于负载转矩（A 点），于是电动机开始减速，工作点由 B 点向 C 点移动。在此期间，转速下降，电动机电磁转矩增大，到达 C 点时，电磁转矩等于负载转矩，电动机在较低的转速下稳定运行，调速过程结束。

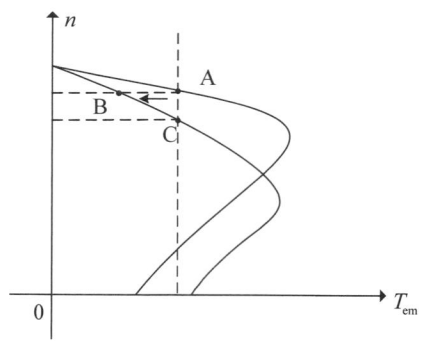

图 7-2 三相绕线型异步电动机调速

6. 三相异步电动机的堵转电流（起动电流）与外加电压、电机所带负载是否有关？关系如何？是否堵转电流越大堵转转矩（起动转矩）也越大？负载转矩的大小会对起动过程产生什么影响？

答：堵转电流与外加电压成正比关系，与负载大小无关。若电机参数不变，则堵转电流越大，堵转转矩也越大。负载转矩的大小会对起动时间的长短产生影响。

7. 两台型号完全相同的鼠笼型感应电动机共轴联接，拖动一个负载。如果起动时将它们的定子绕组串联以后接至电网上，起动完毕后再改为并联。试问这样的起动方法，对起动电流和起动转矩有何影响？

答：定子绕组串联，每台电动机的端电压为1/2。由于起动电流与电压成正比，起动转矩与电压平方成正比，使得总的起动电流为原来的1/2，总的起动转矩为原来的1/4。

8. 绕线型异步电动机在转子回路串电阻起动时，为什么既能降低起动电流，又能增大起动转矩？所串电阻是否越大越好？

答 从等效电路可以看出，增加转子电阻使总的阻抗增加了，所以起动电流减小。转子电阻增加，使得$\cos\varphi_2$提高；起动电流减小使得定子漏抗电压降低，电动势E_1增加，使气隙磁通增加。起动转矩与气隙磁通、起动电流、$\cos\varphi_2$成正比，虽然起动电流减小了，但气隙磁通和$\cos\varphi_2$增加，使起动转矩增大了。

如果所串电阻太大，使起动电流太小，起动转矩也将减小。

9. 为什么恒转矩变频调速时，要求电源电压应随频率而成正比变化？若电源电压固定不变，而频率升高，会产生什么结果？

答：恒转矩变频调速时，应保证电源电压与频率之比等于常数，这样就可以使主磁通为常数，使最大转矩基本不变。如果电源电压固定（在基频以上的范围内），电源频率升高时，主磁通将减小，使最大转矩减小，有可能带不动负载。

10. 一台4极中型异步电动机，$P_N = 200 \text{ kW}$，$U_N = 380 \text{ V}$，定子△联接，定子额定电流$I_N = 385 \text{ A}$，频率 50 Hz，$R_1 = 0.034\ 5\ \Omega$，$X_m = 5.9\ \Omega$。正常运行时 $X_1 = 0.202\ \Omega$，$R_2' = 0.022\ \Omega$，$X_2' = 0.195\ \Omega$；起动时，由于磁路饱和与集肤效应的影响，$X_1 = 0.137\ 5\ \Omega$，$R_2' = 0.071\ 5\ \Omega$，$X_2' = 0.11\ \Omega$。

求：最大转矩倍数（即过载能力）和起动转矩倍数。

解：由 $T_\mathrm{m} = \dfrac{m_1 p U_1^2}{4\pi f_1 \left[R_1 + \sqrt{R_1^2 + (X_1 + X_2')^2} \right]}$

$= \dfrac{60}{2\pi \times 1\ 500} \times \dfrac{3 \times 380^2}{2 \times (0.034\ 5 + \sqrt{0.034\ 5^2 + (0.202 + 0.195)^2})} = 3\ 186\ (\mathrm{N \cdot m})$

$T_\mathrm{N} = \dfrac{P_\mathrm{N}}{\Omega} = \dfrac{200 \times 10^3 \times 60}{2\pi \times 1479} = 1\ 291.97\ (\mathrm{N \cdot m})$

∴ $K_\mathrm{T} = \dfrac{T_\mathrm{m}}{T_\mathrm{N}} = \dfrac{3\ 186}{1\ 292} = 2.466$

由 $T_\mathrm{st} = \dfrac{m_1 p U_1^2 R_2'}{2\pi f_1 \left[(R_1 + R_2')^2 + (X_1 + X_2')^2 \right]}$

$$= \frac{3 \times 2 \times 380^2 \times 0.0715}{2\pi \times 50 \times \left[(0.0345 + 0.0715)^2 + (0.1375 + 0.11)^2\right]} = 2\,721.5 \text{ (N·m)}$$

$$\therefore \quad K_{st} = \frac{T_{st}}{T_N} = \frac{2\,721.5}{1\,292} = 2.11$$

11. 一台三相 8 极异步电动机的数据为：$P_N = 200 \text{ kW}$，$U_N = 380 \text{ V}$，$f = 50 \text{ Hz}$，$n_N = 722 \text{ r/min}$，过载能力 $K_T = 2.13$。试求：

（1）产生最大电磁转矩时的转差率。

（2）$s = 0.02$ 时的电磁转矩。

解：（1）$s_N = \dfrac{n_1 - n_N}{n_1} = \dfrac{750 - 722}{750} = 0.03733$

$$s_m = s_N(K_T + \sqrt{K_T^2 - 1})$$

$$\therefore s_m = 0.03733 \times (2.13 + \sqrt{2.13^2 - 1}) = 0.1497$$

（2）$T_N = \dfrac{P_N}{\Omega} = \dfrac{200 \times 10^3 \times 60}{2\pi \times 722} = 2\,646.6 \text{ (N·m)}$

$T_m = K_T T_N = 2.13 \times 2\,646.6 = 5\,637.2 \text{ (N·m)}$

$$\frac{T_{em}}{T_m} = \frac{2}{\dfrac{s_m}{s} + \dfrac{s}{s_m}}$$

$$\frac{T_{em}}{5\,637.2} = \frac{2}{\dfrac{0.1497}{0.02} + \dfrac{0.02}{0.1497}} = \frac{2}{7.485 + 0.1336} = 0.2625$$

$T_{em} = 5\,637.2 \times 0.2625 = 1\,480 \text{ (N·m)}$

12. 一台△联接的鼠笼型异步电动机，$P_N = 30 \text{ kW}$，$I_N = 60 \text{ A}$，$n_N = 1\,450 \text{ r/min}$，起动转矩倍数 $K_{st} = 1.1$，起动电流倍数为 $K_I = 5$，供电变压器要求起动电流不大于 110 A，起动负载为 70 N·m，问该电机能否用 Y-△ 起动？

解：直接起动电流：$I_{st} = K_I I_N = 5 \times 60 = 300 \text{ (A)}$

Y-△ 降压起动电流：$I_{stY} = \dfrac{1}{3} I_{st} = \dfrac{300}{3} = 100 \text{ (A)} < 110 \text{ (A)}$

可见 Y-△ 降压起动电流可以满足起动要求。

一般要求 $T_{st} > 1.1 T_2$ $T_2 = 70 \text{ N·m}$

即起动转矩要满足：$T_{st} > 77 \text{ N·m}$

额定转矩：$T_N = \dfrac{P_N}{\Omega} = 9\,550 \times \dfrac{30}{1450} = 197.6 \text{ (N·m)}$

Y-△ 降压起动转矩：$T_{stY} = \dfrac{k_{st} T_N}{3} = \dfrac{1.1 \times 197.6}{3} = 72.5 \text{ (N·m)} < 77 \text{ (N·m)}$

∴不能带动负载 Y-△ 起动，故不能采用 Y-△ 起动。

第 7 章 三相异步电动机的电力拖动

13. 一台 4 极绕线型异步电动机，50 Hz，转子每相电阻 $R_2 = 0.02\ \Omega$，额定负载时 $n_N = 1\ 480$ r/min，若负载转矩不变，要求把转速降到 1 100 r/min，问应在转子每相串入多大的电阻？

解： $n_1 = \dfrac{60f}{p} = \dfrac{60 \times 50}{2} = 1\ 500$ r/min

$s_N = \dfrac{n_1 - n_N}{n_1} = \dfrac{1\ 500 - 1\ 480}{1\ 500} = 0.013\ 33$

$s = \dfrac{n_1 - n}{n_1} = \dfrac{1\ 500 - 1\ 100}{1\ 500} = 0.266\ 7$

∵ 负载转矩不变　∴ 电磁转矩不变

则：$\dfrac{R_2}{s_N} = \dfrac{R_2 + R_\Omega}{s}$

$R_\Omega = \left(\dfrac{s}{s_N} - 1\right) R_2 = \left(\dfrac{0.266\ 7}{0.013\ 33} - 1\right) \times 0.02 = 0.38\ (\Omega)$

14. 异步电动机降压调速，保持负载不变时，$n_N = 730$ r/min，$K_T = 2$，求最大调速范围是多大？

解： $s_N = \dfrac{750 - 730}{750} = 0.026\ 7$

$s_m = s_N(K_T + \sqrt{K_T^2 - 1})$
$= 0.0267(2 + \sqrt{2^2 - 1}) = 0.099\ 65$

$n = (1 - s_m)n_1 = (1 - 0.099\ 65) \times 75 = 675.3\ (r/min)$

最大调速范围：$730 \sim 675.3$ r/min

或： $D = \dfrac{730}{675.3} = 1.08$

15. 异步电动机降压调速，保持负载不变时，$n_N = 930$ r/min，$K_T = 2$，当转速为 $n = 780$ r/min，过载倍数降低了多少？

解： $s_m = s_N(K_T + \sqrt{K_T^2 - 1})$

$s_N = \dfrac{1\ 000 - 930}{1\ 000} = 0.07$

$s_m = 0.07(2 + \sqrt{2^2 - 1}) = 0.261$

$s = \dfrac{1\ 000 - 780}{1\ 000} = 0.22$

$\dfrac{T_{em}}{T_m} = \dfrac{2}{\dfrac{s}{s_m} + \dfrac{s_m}{s}}$

$T_m = K_T T_N = 2T_N$

$T_m' = \dfrac{T_{em}}{2}\left(\dfrac{s}{s_m} + \dfrac{s_m}{s}\right) = \dfrac{T_{em}}{2}\left(\dfrac{0.22}{0.261} + \dfrac{0.261}{0.22}\right) = 1.014\ 7\ T_N$

$$\frac{T'_\mathrm{m}}{T_\mathrm{m}} = \frac{1.014\,7}{2} \times 100\% = 50.74\%$$

∴ 过载倍数降低了 49.74%

16. 一台绕线型异步电动机，过载倍数 $K_\mathrm{T} = 2$，额定转速 $n = 960\,\mathrm{r/min}$，$R_2 = 0.2\,\Omega$，求串入多大的电阻能使起动时获得最大转矩。

解：由 $s_\mathrm{m} \approx \dfrac{R'_2}{X_1 + X'_2}$

如果电抗不变

$$\therefore \frac{s'_\mathrm{m}}{s_\mathrm{m}} = \frac{R_2 + R}{R_2}$$

起动时获得最大转矩即 $s'_\mathrm{m} = 1$

$$R = \left(\frac{s'_\mathrm{m}}{s_\mathrm{m}} - 1\right) R_2$$

$$s_\mathrm{N} = \frac{1\,000 - 960}{1\,000} = 0.04$$

$$s_\mathrm{m} = 0.04(2 + \sqrt{2^2 - 1}) = 0.149\,3$$

起动时获得最大转矩串入大的电阻：$R = \left(\dfrac{s'_\mathrm{m}}{s_\mathrm{m}} - 1\right) R_2 = \left(\dfrac{1}{0.149\,3} - 1\right) \times 0.2 = 1.14\,(\Omega)$

17. 某三相绕线型异步电动机：$n = 720\,\mathrm{r/min}$，$K_\mathrm{T} = 2$，分别求下述情况下的转速：

（1）$T_\mathrm{L} = 0.5 T_\mathrm{N}$。

（2）$U_1 = 0.75 U_\mathrm{N}$，$T_\mathrm{L} = T_\mathrm{N}$。

（3）$f_1 = 0.5 f_{1\mathrm{N}}$，$T_\mathrm{L} = T_\mathrm{N}$。

（4）R_2 提高到 $1.4 R_2$，$T_\mathrm{L} = T_\mathrm{N}$。

解：（1）$T_\mathrm{L} = 0.5 T_\mathrm{N}$

$$s_\mathrm{N} = \frac{750 - 720}{750} = 0.04$$

$$s_\mathrm{m} = s_\mathrm{N}(K_\mathrm{T} + \sqrt{K_\mathrm{T}^2 - 1})$$

$$= 0.04((2 + \sqrt{2^2 - 1})) = 0.149\,3$$

由式（7-1）得 $s = s_\mathrm{m}\left(\dfrac{T_\mathrm{m}}{T_\mathrm{L}} - \sqrt{\left(\dfrac{T_\mathrm{m}}{T_\mathrm{L}}\right)^2 - 1}\right)$

$$= 0.149\,3\left(\frac{2T_\mathrm{N}}{0.5 T_\mathrm{N}} - \sqrt{\left(\frac{2T_\mathrm{N}}{0.5 T_\mathrm{N}}\right)^2 - 1}\right)$$

$$= 0.018\,96$$

$$\therefore n = (1 - s) n_1$$

$$= 735.8 \text{ r/min}$$

（2）$U_1 = 0.75U_N$

$$s_m = s_N(K_T + \sqrt{K_T^2 - 1}) = 0.149\ 3 \text{ 不变}$$

人为 $T_m' = 0.75^2 \times 2T_N = 1.125T_N$

$$T_L = T_N$$

由式（7-2） $s = s_m\left(\dfrac{T_m'}{T_L} - \sqrt{\left(\dfrac{T_m'}{T_L}\right)^2 - 1}\right)$

$$= 0.149\ 3\left(\dfrac{1.125T_N}{T_N} - \sqrt{(1.125)^2 - 1}\right) = 0.16$$

$$n = (1-s)n_1 = (1-0.16) \times 750 = 630 \text{ (r/min)}$$

（3）$f_1 = 0.5f_{1N}$

降频后的临界转差率：$s_m' = \dfrac{0.149\ 3}{0.5} = 0.298\ 6$

降频降压后最大转矩不变，负载 $T_L = T_N$

∴ 由式（7-2） $s = s_m'\left(\dfrac{T_m}{T_L} - \sqrt{\left(\dfrac{T_m}{T_L}\right)^2 - 1}\right) = 0.298\ 6 \times \left(2 - \sqrt{(2)^2 - 1}\right) = 0.08$

$$n = (1-s)n_1' = (1-0.08) \times 0.5 \times 750 = 345 \text{ (r/min)}$$

（4）因为临界转差率与转子电阻成正比，而最大转矩不变。

∴ $s_m' = 1.4 \times 0.149\ 3 = 0.209$

由式（7-2） $s = s_m'\left(\dfrac{T_m}{T_L} - \sqrt{\left(\dfrac{T_m}{T_L}\right)^2 - 1}\right) = 0.209 \times \left(2 - \sqrt{(2)^2 - 1}\right) = 0.056$

$$n = (1-s)n_1 = (1-0.056) \times 750 = 708 \text{ (r/min)}$$

18. 某绕线型异步电动机的铭牌参数如下：P_N=75 kW, U_{1N}=380 V, I_{1N}=144 A, E_{2N}=399 V, I_{2N}=116 A, n_N=1 460 r/min, K_T=2.8（见图 7-3）。

（1）当负载转矩 $T_L = 0.8T_N$，要求转速 $n_B = 500$ r/min 时，转子每相应串入多大的电阻？

（2）从电动状态 $n_A = n_N$ 时换接到反接制动状态，如果要求开始的制动转矩等于 $1.5T_N$，则转子每相应串接多大电阻？

（3）如果该电动机带位能负载，负载转矩 $T_L = 0.8T_N$，要求稳定的下放转速 $n_D = -300$ r/min，求转子每相的串接电阻值。

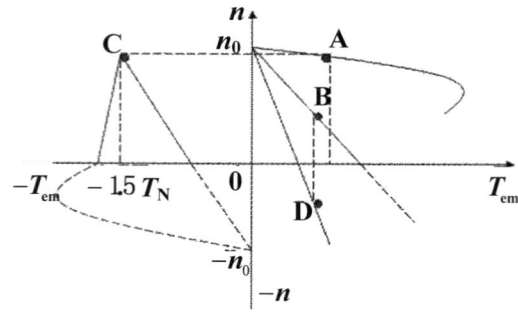

图 7-3 精选例题 18 分析图

解：$s_N = \dfrac{n_1 - n_N}{n_1} = \dfrac{1\,500 - 1\,460}{1\,500} = 0.026\,7$

$R_2 = \dfrac{s_N E_{2N}}{\sqrt{3} I_{2N}} = \dfrac{0.026\,7 \times 399}{\sqrt{3} \times 116} = 0.053\ (\Omega)$

如图 7-3 所示，对于固有机械特性，则有

$$s_m = s_N(K_T + \sqrt{K_T^2 - 1}) = 0.026\,7 \times (2.8 + \sqrt{2.8^2 - 1}) = 0.144\,5$$

（1）对于转子串电阻的人为机械特性，因最大转矩不变而临界转差变化，根据人为机械特性的实用表达式：$T_x = \dfrac{2K_T T_N}{\dfrac{s_x}{s'_m} + \dfrac{s'_m}{s_x}}$

把 $s = s_x$ 时，$T_{em} = T_x$ 代入，解得临界转差率为

$$s'_m = s_x \left[\dfrac{K_T T_N}{T_x} \pm \sqrt{\left(\dfrac{K_T T_N}{T_x}\right)^2 - 1} \right]$$

如图 7-3 所示，工作点 B 点：

$$s_x = s_B = \dfrac{n_1 - n_B}{n_1} = \dfrac{1\,500 - 500}{1\,500} = 0.067, T_x = 0.8 T_N$$

$$s'_m = 0.066\,7 \times \left[\dfrac{2.8 T_N}{0.8 T_N} \pm \sqrt{\left(\dfrac{2.8 T_N}{0.8 T_N}\right)^2 - 1} \right] = 4.57\text{或}0.097(\text{舍去})$$

$\because s_m \propto R'_2$

$\dfrac{s'_m}{s_m} = \dfrac{R'_2 + R'_{fB}}{R'_2} = \dfrac{R_2 + R_{fB}}{R_2} \Rightarrow R_{fB} = \left(\dfrac{s'_m}{s_m} - 1\right) R_2 = \left(\dfrac{4.56}{0.144\,5} - 1\right) \times 0.053 = 1.62\ (\Omega)$

（2）如图 7-3 所示，从电动状态（A 点）$n_A = n_N$ 时换接到反接制动状态（C 点）：

$$s_C = \frac{-n_1 - n_N}{-n_1} = \frac{1\,500 + 1\,460}{1\,500} = 1.973$$

$T_C = -1.5T_N$,将 $T'_m = -K_T T_N$ 代入

$$s'_m = s_C \left[\frac{T'_m}{T_C} \pm \sqrt{\left(\frac{T'_m}{T_C}\right)^2 - 1} \right]$$

$$s'_m = 1.973 \left[\frac{-2.8T_N}{-1.5T_N} \pm \sqrt{\left(\frac{-2.8T_N}{-1.5T_N}\right)^2 - 1} \right] = 6.8 \text{或} 0.57$$

取 $s'_m = 6.8$ $R_{fC} = \left(\frac{6.8}{0.144\,5} - 1\right) \times 0.053 = 2.44\ \Omega$

取 $s'_m = 0.57$ $R_{fC} = \left(\frac{0.57}{0.144\,5} - 1\right) \times 0.053 = 0.16\ \Omega$

(3) 如图 7-3 所示：

$$s_D = \frac{n_1 - n_D}{n_1} = \frac{1\,500 - (-300)}{1\,500} = 1.2$$

$T_x = T_D = 0.8T_N$,将 $T_m = K_T T_N$ 代入 $s'_m = s_x \left[\frac{K_T T_N}{T_x} \pm \sqrt{\left(\frac{K_T T_N}{T_x}\right)^2 - 1} \right]$

$$s'_m = 1.2 \times \left[\frac{2.8T_N}{0.8T_N} \pm \sqrt{\left(\frac{2.8T_N}{0.8T_N}\right)^2 - 1} \right] = 8.225 \text{ 或 } 0.175 \text{ (舍去)}$$

取 $s'_m = 8.225$

$$R_{fD} = \left(\frac{8.225}{0.144\,5} - 1\right) \times 0.053 = 2.96\ (\Omega)$$

7.4 自测题

一、单项选择题

1. 与固有机械特性相比，人为机械特性上的最大电磁转矩减小，临界转差率没变，则该人为机械特性是异步电动机的（   ）。
    A. 转子串接电阻的人为机械特性   B. 降低电压的人为机械特性
    C. 定子串接电阻的人为机械特性   D. 变极对数的人为机械特性

2. 异步电动机固有的 s_m 也可以通过（   ）。

A. 短路实验求得 B. 空载实验求得
C. 负载实验求得 D. 上述都可以求得

3. 三相异步电动机固有机械特性中（　　）。
   A. 起动转矩小于最大转矩且随负载变化而变化
   B. 起动转矩总是等于 1.1 倍的额定转矩
   C. 起动转矩小于最大转矩，不随负载变化
   D. 起动转矩总是等于最大转矩

4. 三相异步电动机当 $n<n_N$ 时，电机运行于（　　）。
   A. 过载 B. 欠载 C. 满载 D. 上述都有可能

5. 异步电动机的最大转矩（　　）；临界转差率（　　）。
   A. 与短路电抗无关 B. 与电源电压无关
   C. 与电源频率无关 D. 与转子电阻无关

6. 对三相异步电动机的最大转矩值影响较大的因素是（　　）。
   A. 励磁电抗 B. 漏电抗 C. 转子电阻 D. 励磁电阻

7. 设计在 $f_1=50\ \text{Hz}$ 电源上运行的三相异步电动机，现改为在电压相同频率为 60 Hz 的电网上，其电动机的（　　）。
   A. T_{st} 减小，T_m 减小，I_{st} 增大 B. T_{st} 减小，T_m 增大，I_{st} 减小
   C. T_{st} 减小，T_m 减小，I_{st} 减小 D. T_{st} 增大，T_m 增大，I_{st} 增大

8. 适当增加三相绕线型异步电动机转子电阻 R_2 时，电动机的（　　）。
   A. I_{st} 减少，T_{st} 增加，T_m 不变，s_m 增加
   B. I_{st} 增加，T_{st} 增加，T_m 不变，s_m 增加
   C. I_{st} 减少，T_{st} 增加，T_m 增大，s_m 增加
   D. I_{st} 增加，T_{st} 减少，T_m 不变，s_m 增加

9. 异步电动机起动转矩能力差的原因是（　　）。
   A. 起动电流小 B. 起动负载大 C. 起动功率因数小 D. 起动功率因数大

10. 鼠笼型异步电动机起动时应限制电流，主要是考虑（　　）。
    A. 电动机的温升 B. 配电电源电压降
    C. 配电导线的面积 D. 保护电器的动作

11. 小电网上接入 Y 接法的鼠笼型异步电动机可以（　　）。
    A. 满载起动 B. 采用 Y-△ 降压起动
    C. 直接合闸起动 D. 定子串电阻，轻载起动

12. 异步电动机定子串电阻和转子串电阻起动效果（　　）。
    A. 相同，都可以带重载
    B. 不相同，前者轻载起动，后者重载起动
    C. 不相同，前者重载起动，后者轻载起动
    D. 相同，起动电流都增加

13. 绕线型异步电动机转子串入频敏变阻器后（　　）。
    A. 起动转矩小，但能限制起动电流
    B. 起动转矩大，也能限制起动电流

C. 需要逐级切换电阻

D. 起动转矩大，但不能限制起动电流

14. 一台三相异步电动机拖动额定恒转矩负载运行时若电源电压下降10%稳定后，此时电机的电磁转矩（   ）。

    A. $T_{em} = T_N$ B. $T_{em} = 0.81 T_N$

    C. $T_{em} = 0.9 T_N$ D. $T_{em} > T_N$

15. 与普通三相异步电动机相比，深槽型、双鼠笼型三相异步电动机正常工作时，性能差一些，主要是（   ）。

    A. 由于 R_2 增大，增大了损耗   B. 由于 X_2 减小，使无功电流增大

    C. 由于 X_2 的增加，使 $\cos\varphi_2$ 下降   D. 由于 R_2 减少，使输出功率减少

16. 一台绕线型三相异步电动机，在恒定负载下，以转差率 s 运行，当转子边串入电阻 $R = 2R_2'$ 时，测得转差率将为（   ）（R 已折算到定子边）。

    A. 等于原先的转差率 s B. 三倍于原先的转差率 s

    C. 两倍于原先的转差率 s D. 无法确定

17. 三相绕线型异步电动机拖动恒转矩负载运行时，采用转子回路串入电阻调速，运行时在不同转速上时，其转子回路电流的大小（   ）。

    A. 与转差率反比   B. 与转差率无关

    C. 与转差率正比   D. 与转差率成某种函数关系

18. 一台两极绕线型异步电动机，如果要把转速调上去，可以采用的调速方法是（   ）。

    A. 变极调速   B. 变频调速

    C. 在转子回路中串电阻调速   D. 在定子回路中串电阻调速

19. 下列哪一种异步电动机调速，低速时不容易造成堵转（   ）。

    A. 转子串电阻调速   B. 改变电压调速

    C. 变频调速   D. 上述都正确

20. 下列哪一种异步电动机调速不节能（   ）。

    A. 变频调速   B. 变转子电阻调速

    C. 串级调速   D. 变极调速

21. 三相绕线型异步电动机带位能性负载下降，当下放速度为 100 r/min 时突然停电，转子速度变为（   ）。

    A. 零   B. 维持下放速度 100 r/min

    C. 下放速度远大于 100 r/min   D. 下放速度稍大于 100 r/min

22. 三相异步电动机变频调速（   ）。

    A. 节能、无级调速、调速范围小

    B. 节能、有级调速、调速范围大

    C. 低速稳定性好、无级调速、调速范围大

    D. 低速稳定性差、无级调速、调速范围大

23. 异步电动机能耗制动，带反抗性恒转矩负载（   ）。

    A. 制动停车准确，制动迅速   B. 制动停车不准确，制动慢

    C. 制动停车准确，低速制动力小   D. 制动停车不准确，制动迅速

24. 三相异步电动机变频调速，不随调定子电压，当频率逐渐调高时（　　）。
    A. 最大转矩不变　　　　　　　　B. 最大转矩变小
    C. 最大转矩变大　　　　　　　　D. 最大转矩变化不确定
25. 三相异步电动机改变定子电压调速时，当保持额定负载不变时（　　）。
    A. 过载倍数保持不变　　　　　　B. 低速时过载倍数变大
    C. 低速时过载倍数变小　　　　　D. 过载倍数变化不确定
26. 三相异步电动机改变电压调速适用于（　　）。
    A. 恒转矩负载　　　　　　　　　B. 通风机水泵类负载
    C. 恒功率负载　　　　　　　　　D. 上述负载都适用
27. 起重机起吊重物时，为了把货物悬停于空中（　　）。
    A. 加大绕线型异步电动机转子串入的电阻
    B. 加大绕线型异步电动机定子串入的电阻
    C. 减小绕线型异步电动机转子串入的电阻
    D. 减小绕线型异步电动机定子串入的电阻
28. 三相异步电动机，$n_N = 2\,500$ r/min，带额定恒转矩位能性负载，当采用定子改变相序的反接制动，其稳定的下放速度为（　　）。
    A. $n = -2\,500$ r/min　　　　　B. $n = -3\,000$ r/min
    C. $n > -3\,000$ r/min　　　　　D. 不确定
29. 三相异步电动机，$n_N = 1\,450$ r/min，$f_N = 50$ Hz，带恒转矩额定负载变频调速，当频率调节为 $f_1 = 25$ Hz 时，速度为（　　）。
    A. $n = 750$ r/min　　　　　　　B. $n = 730$ r/min
    C. $n = 700$ r/min　　　　　　　D. 零
30. 三相绕线型异步电动机拖动起重机的主钩，提升重物时电动机运行于正向电动状态，若在转子回路串接三相对称电阻下放重物时，电机运行状态是（　　）。
    A. 能耗制动运行　　　　　　　　B. 转速反向的反接制动运行
    C. 反向回馈制动运行。　　　　　D. 电源相序改变的反接制动运行

二、判断题

1. 电气制动时电磁转矩的方向与转速的方向相反。（　　）
2. 异步电动机的负载转矩在任何时候都绝不可能大于额定转矩。（　　）
3. 异步电动机运行中，当恒转矩负载干扰使负载超过异步电动机的最大转矩时会发生堵转。（　　）
4. 制动工作状态工作在第二和第四象限、反抗性负载特性也工作在第二象限和第四象限。（　　）
5. 鼠笼型异步电动机可以通过人为改变机械特性，使起动转矩变为最大转矩。（　　）
6. 三相异步电动机带恒转矩额定负载时，若电源电压下降，转子电流将增大。（　　）
7. 三相异步电动机的起动电流和起动转矩都与电机所加的电源电压成正比。（　　）
8. 异步电动机固有的起动转矩小，起动电流大。（　　）
9. 鼠笼型异步电动机降压起动，起动电流和起动转矩会减小。（　　）
10. 三相绕线型异步电动机转子回路中串电阻可增大起动转矩，所串电阻越大，起动转

矩就越大。   （   ）
11. 绕线型异步电动机转子串电阻可以增大起动转矩，鼠笼型异步电动机定子串电阻也可以增大起动转矩。   （   ）
12. 绕线型异步电动机在转子中加入频敏变阻器起动，起动过程中电阻会自动逐渐变小。
                                                        （   ）
13. 采用 Y-△ 起动时，起动电流减小，起动转矩增大。   （   ）
14. 异步电动机 △-YY 变极调速适用于带恒功率负载。   （   ）
15. 异步电动机定子降压调速适合带风机水泵一类的负载。   （   ）
16. 电源电压与频率不变，异步电动机满载起动电流大于空载起动电流。 （   ）
17. 大型异步电动机不允许直接起动，其原因是电机温升过高。   （   ）
18. 在调速时，允许的最大静差率数值越大，则调速范围大。   （   ）
19. 三相异步电动机变极调速常用于三相鼠笼型电动机。   （   ）
20. 采用定子改变相序的反接制动用于恒转矩反抗性负载时能准确制动停机。（   ）
21. 能耗制动低速制动转矩小，电动机带反抗性负载，可以准确停机。 （   ）
22. 当带恒功率负载时，变频调速能同时满足保持磁通不变和保持过载倍数不变的条件。
                                                        （   ）
23. 恒转矩负载，绕线型异步电动机转子串电阻调速，过载倍数保持不变。（   ）
24. 异步电动机带位能性负载，采用定子改变相序的反接制动，下放速度很快。（ ）
25. 电动机低速运行时负载转矩变化引起的转速变化越大，低速运行稳定性越好。（ ）
26. 绕线型异步电动机转子回路串电阻调速在空载或轻载时的调速范围很大。 （   ）

三、填空题

1. 三相异步电动机，如使起动转矩到达最大，此时 $s_m =$ _____，转子总电阻值约为_____。
2. 三相异步电动机在反接制动时的转差率为_____，机械功率为输_____功率。
3. 三相异步电动机起动时，转差率 $s =$ _____，此时转子电流 I_2 的值_____，$\cos\varphi_2$ _____，主磁通比正常运行时要 _____，因此起动转矩 _____。
4. 增加绕线型异步电动机起动转矩方法有 _____，_____。
5. 绕线型异步电动机，若转子电阻增加，其他不变，则最大转矩_____；如果频率为 $f = 60$ Hz 的三相异步电动机，用在频率为 50 Hz 的电源上（电压不变），电动机的最大转矩为原来的 _____，起动转矩变为原来的 _____。
6. 减小异步电动机的电源电压，其临界转差率会_____；最大转矩会_____。
7. 若三相异步电动机的漏抗增大，则其起动转矩_____，其最大转矩_____。
8. 深槽型和双鼠笼型异步电动机是利用_____原理来改善电动机的起动性能的，但其正常运行时功率因数较_____。
9. 异步电动机在起动时，气隙合成磁通会变_____。
10. 绕线型异步电动机转子串入适当的电阻，会使起动电流_____，起动转矩_____。
11. 绕线型异步电动机转子串多级电阻起动，每切除一段电阻的瞬间，电磁转矩变

_____，每切除一段电阻的瞬间，转速_____。

12. 绕线型异步电动机用在起重机中，下放重物时要求转速较慢，则应采取的制动方案为_____。

13. 绕线型三相异步电动机带位能负载，如采用改变定子电源相序的反接制动，其稳定转速较_____，如采用转速反向的反接制动，可获较_____的稳定速度。

14. 异步电动机变频调速时要保持过载倍数不变，则降低频率调速时必须电压变_____；带恒转矩负载时，主磁通会_____。

15. 变极调速只用于转子为_____结构的三相异步电动机，为使调速时转向不变，在变极时必须改变电源的_____。

16. 三相绕线型式异步电动机，带位能性负载，采用转子串电阻制动，当获得反向下放速度时的运动方程为_____，电磁功率为_____（填输入或输出）。

四、简答题

1. 绕线型三相异步电动机在转子回路串适当的电阻可以提高起动转矩。请问在三相鼠笼型异步电动机定子中串电阻能得到同样的效果吗？为什么？

2. 一台鼠笼型异步电动机，原来转子是插铜条的，后因损坏改为铸铝的。如输出同样转矩，电动机运行性能有什么变化？

3. 如图 7-4 所示为三相异步电动机及负载的机械特性。如带反抗性负载，在 A 点时改变电源相序后，最后稳定工作点是？如带位能性负载，在 A 点时改变电源相序后，最后稳定工作点是？请问 A、B、C、D、E 点分别是什么工作状态？为避免危险的高速下放，请问 E 点下拉重物时，是否应串电阻？

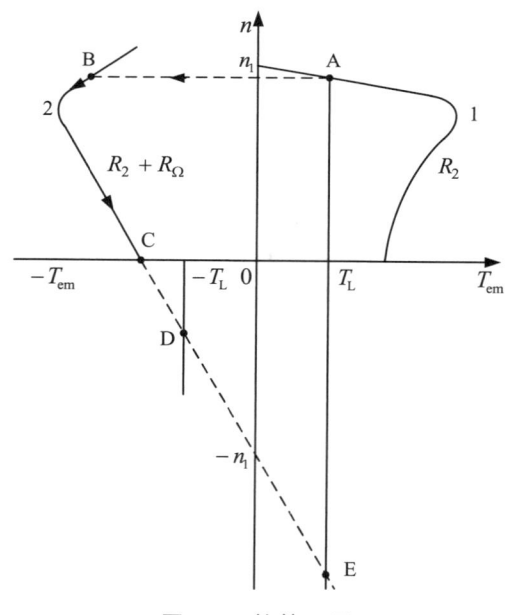

图 7-4 简答 3 图

五、计算题

1. 一台三相 4 极异步电动机额定功率为 28 kW，$U_N = 380$ V，$\eta_N = 90\%$，$\cos\varphi = 0.88$，

定子为△联接。在额定电压下直接起动时，起动电流为额定电流的 6 倍，试求用 Y-△ 起动时，起动电流是多少？

2. 异步电动机转子串电阻调速，8 极，$K_T = 2.4$，恒转矩负载保持不变，$n_N = 720$ r/min，$R_2 = 0.02$，求：当转子串入 $R = 0.08$ Ω 时的转速。

3. 一台三相绕线型异步电动机，$P_N = 7.5$ kW，$n_N = 1\,430$ r/min，$R_2 = 0.06$ Ω。今将此电机用在起重装置上，加在电机轴上的静转矩 $T_L = 4$ kg·m，要求电机以 500 r/min 的转速将重物降落。问此时在转子回路中每相应串入多大电阻（注：机械特性按直线计算；忽略机械损耗和附加损耗）？

4. 带恒转矩额定负载的异步电动机，定子降压调速，过载倍数 $K_T = 1.8$，电压能降低 20% 吗？电压最多能降低多少？

5. 三相绕线型异步电动机转子串电阻调速，8 极，$n_N = 720$ r/min，$K_T = 2.4$，恒转矩负载保持不变，求：（1）低速静差率不大于 0.5 时的调速范围；（2）转子最低速时串入的电阻？（3）假如欲使电动机起动转矩为最大转矩，转子应串入多大电阻？

7.5 课后习题

7-1 三相异步电动机的机械特性有哪三种表达式？各适用于什么场合？什么是固有机械特性和人为机械特性？

7-2 三相异步电动机的定子电压、转子电阻及定、转子漏电抗对最大转矩、临界转差率和起动转矩有什么影响？

7-3 三相鼠笼型异步电动机有哪几种起动方法？各有什么特点？

7-4 说明深槽型和双鼠笼型异步电动机可以改善起动特性的原因。

7-5 为什么绕线型异步电动机采用转子回路串频敏变阻器起动比转子回路串电阻起动效果更好？

7-6 为使三相异步电动机快速停车，可采用哪几种制动方法？如何改变制动的强弱？试用机械特性说明其制动过程。

7-7 当三相异步电动机拖动位能性负载时，为了限制负载下降时的速度，可采用哪几种制动方法？如何改变制动运行时的速度？各制动运行时的能量关系如何？

7-8 变频调速的一般控制规律是什么？为什么？

7-9 绕线型异步电动机转子串接电阻调速时，为什么低速时的机械特性变软？为什么轻载时的调速范围不大？

7-10 何谓串级调速？其原理是什么？绕线型异步电动机串级调速机械特性有什么特点？

7-11 一台三相鼠笼型异步电动机的数据如下：$P_N = 40$ kW，$U_N = 380$ V，$n_N = 2\,930$ r/min，$\eta_N = 0.9$，$\cos\varphi_N = 0.85$，$K_I = 5.5$，$K_{st} = 1.2$，定子绕组为△联接。供电变压器允许起动电流为 150 A，能否在下列情况下用 Y-△ 降压起动？（1）负载转矩为 $0.25T_N$；（2）负载转矩为 $0.5T_N$。

7-12 一台绕线型异步电动机的数据为 $P_N = 5$ kW，$n_N = 960$ r/min，$E_{2N} = 164$ V，$I_{2N} = $

20.6 A，$K_T = 2.3$，该电动机拖动起重机的提升机构工作。下放重物时，电动机的负载转矩 $T_L = 0.75T_N$，电动机的转速 $n = -300$ r/min，求转子每相应串入的电阻值。（注：$R_2 = \dfrac{s_N E_{2N}}{\sqrt{3} I_{2N}}$）

7-13　一台三相鼠笼型异步电动机的数据为 $P_N = 11$ kW，$U_N = 380$ V，$f_N = 50$ Hz，$n_N = 1\,460$ r/min，$K_T = 2$，若采用变频调速，负载转矩为 $0.8T_N$，要使 $n = 1\,000$ r/min，则 f_1，U_1 应分别调为多少？

7-14　一台三相鼠笼型异步电动机的数据为 $P_N = 15$ kW，$U_N = 380$ V，$n_N = 2\,930$ r/min，$f_N = 50$ Hz，$K_T = 2.2$，△联接，若采用变频调速，拖动一恒转矩负载运行，负载转矩为 $T_L = 40$ N·m。求：（1）$f_1 = f_N$，$U_1 = U_N$ 时的转速；（2）$f_N = 40$ Hz，$U_1 = 0.8U_N$ 时的转速。

第8章 同步电机

与异步电机一样,同步电机也是一种常用的交流旋转电机。"同步"的含义是:稳态运行时其转子转速等于同步转速。从用途来看,同步电机可用作发电机、电动机或调相机(补偿机)。现代发电厂中的交流发电机几乎全是同步发电机,因此,掌握同步发电机的基础理论知识对今后相关课程的学习具有重要意义。本章的主要内容有同步电机的用途、分类和基本结构、同步发电机的基本电磁关系和等效电路、同步发电机的运行特性和同步发电机的并联运行。

8.1 学习要求

(1)了解同步电机的用途、分类、励磁方式及基本结构。
(2)掌握同步电机的工作原理、额定值的定义及相互关系。
(3)理解同步发电机空载与负载的概念及区别,掌握同步发电机空载运行的电磁关系及负载时的电枢反应。
(4)掌握磁路不饱和时隐极式同步发电机的电磁过程、一相电压方程式、电动势相量图及等效电路。
(5)理解凸极式同步发电机磁路不饱和的双反应理论,掌握采用双反应理论分析凸极式同步发电机时的电磁过程、一相电压方程式、电动势相量图及等效电路。
(6)了解同步发电机的空载特性、短路特性及零功率因数的负载特性;掌握同步发电机的外特性和调整特性。
(7)了解同步发电机的并联合闸的条件和方法,掌握无限大电网的概念。
(8)了解同步发电机并联运行后的空载运行及负载运行时的功率和转矩关系。
(9)掌握并网后同步发电机有功功率和无功功率的调节方法,掌握有功功率调节时同步发电机的功角特性、无功功率的变化,掌握无功功率调节时的V形曲线。

8.2 学习指导

1. 同步电机的用途、分类、励磁方式及基本结构

1)同步电机的用途
同步电机按照用途分为发电机、电动机和调相机(补偿机)。

同步电机主要用作发电机，现代社会中使用的交流电能，几乎全由同步发电机产生。

同步电动机主要用于驱动生产机械，同步电动机的突出优点是可以通过调节励磁来改善电网的功率因数。

同步调相机（也称同步补偿机）相当于并联在电网上空载运行的电动机，可通过调节无功功率来改善电网的功率因数，以提高电网的运行经济性及电压的稳定性。

2）同步电机的分类

同步电机的分类方法很多，主要分类方法如下：

① 按用途分：发电机、电动机和调相机（补偿机）。
② 按转子结构特点分：凸极式和隐极式电机。
③ 按冷却方式分：空气冷却、氢气冷却、水冷却、蒸汽冷却和混合冷却（如定子、转子用水冷却，铁心用空气冷却，称为水-水-空冷）电机。
④ 按通风方式分：开启式、防护式和封闭式电机。
⑤ 按转子励磁方式分：电励磁式和永磁式电机。
⑥ 按发电机的原动机类型分：汽轮发电机、水轮发电机、风力发电机和柴油发电机等。

3）同步电机的励磁方式

电励磁方式主要有直流发电机励磁方式、静止整流器励磁方式和旋转整流器励磁方式三种。

4）同步电机的基本结构

同步电机由定子和转子两个基本部分构成，转子部分由转子铁心、励磁绕组（永磁式电机为永久磁极，不需要励磁绕组）、集电环（或滑环）和转轴等构成；定子部分由定子铁心、定子电枢绕组和机座等构成。

2. 同步电机的工作原理

当励磁绕组中通以直流电流后，转子中建立了恒定磁场。

（1）同步发电机：当原动机拖动转子旋转时，其磁场切割定子绕组而产生交流电动势。

（2）同步电动机：定子三相对称绕组接三相对称交流电源，电机内部产生一个旋转速度为同步转速的圆形旋转磁场，该旋转磁场带动转子沿定子磁场的方向以相同的转速旋转。

3. 同步电机的主要额定参数

同步电机的主要额定运行数据如下：

1）额定容量 S_N 或额定功率 P_N

同步电机的额定容量 S_N 是指出线端的额定视在功率，单位为 kV·A；额定功率 P_N 是指发电机输出的额定有功功率，或指电动机轴上输出的额定机械功率，单位为 kW 或者 MW；对于补偿机则使用额定视在功率（或者无功功率）来表示。

2）额定电压 U_N

额定运行时定子三相绕组的线电压，单位符号为 V 或者 kV。

3）额定电流 I_N

额定运行时,流过定子绕组的线电流,单位符号为 A。

4）额定功率因数 $\cos\varphi_N$

额定运行时电机定子侧的功率因数。

5）额定频率 f_N

额定运行时的频率,单位符号为 Hz,我国标准工频规定符号为 50 Hz。

6）额定转速 n_N

同步电机额定运行时的转速,即与额定频率相对应的同步转速,单位为 r/min。

7）额定效率 η_N

指额定运行时的电机效率,即输出功率与输入功率的比值。

8）额定励磁电压 U_{fN} 和额定励磁电流 I_{fN}

同步电机额定参数的重要关系式：

对于三相同步发电机有

$$P_N = S_N\cos\varphi_N = \sqrt{3}U_N I_N \cos\varphi_N \tag{8-1}$$

对于三相同步电动机有

$$P_N = S_N\cos\varphi_N\eta_N = \sqrt{3}U_N I_N \cos\varphi_N \eta_N \tag{8-2}$$

4. 同步发电机空载运行的电磁关系

1）空载运行概念

同步发电机被原动机拖动到同步转速,励磁绕组中通以直流电流,定子绕组开路时的运行称为空载运行。

2）基波励磁磁动势

当励磁绕组中通入直流励磁电流时,产生励磁磁动势,随转子一起转动,从定子上看,它是一个机械旋转磁动势。励磁磁动势非正弦,其最主要的量是基波励磁磁动势。

3）定子一相绕组感应电动势

在原动机的作用下,旋转的气隙磁通密度切割定子绕组,会在定子绕组中产生感应电动势。由于三相绕组对称,故只研究一相绕组感应电动势即可。在时-空矢量图中,定子一相绕组感应电动势 $\dot{E}_0$ 滞后于基波励磁磁动势 $\dot{F}_{f1}$ 及气隙磁通密度 $\dot{B}_0$ 90°电角度。

5. 同步发电机负载时的电枢反应

1）电枢反应的概念

发电机带上负载后,负载电流产生的电枢磁动势对励磁磁动势的影响。

2）负载时的磁动势

负载时电机内部存在两个圆形旋转磁动势：转子励磁绕组产生的基波励磁磁动势 F_{f1}（机械旋转磁动势）和定子三相对称绕组产生的基波电枢磁动势（电气旋转磁动势）,两者在空间上相对静止。

3）不同 ψ 角的电枢反应分析

采用相量图进行分析，需熟悉直轴和交轴的定义：把转子磁极轴线称为直轴（d轴）；把与直轴相差 90° 空间电角度的轴线称为交轴（q轴）。分四种情况进行讨论：

① $\psi = 0°$ 时，因 $\dot{F}_a$ 位于交轴上，所以此时电枢反应的性质是只有交轴电枢反应，其作用是使得合成磁动势 $\dot{F}_\delta$ 与空载励磁磁动势 $\dot{F}_{f1}$ 偏移了一个 θ' 角，幅值也比空载励磁磁动势大。

② $\psi = 90°$ 时，$\dot{F}_a$ 与直轴重合，只有直轴电枢反应，且 $\dot{F}_a$ 与 $\dot{F}_{f1}$ 反向，因此电枢反应作用是直轴去磁，使 F_δ 比 F_{f1} 小。

③ $\psi = -90°$ 时，$\dot{F}_a$ 与直轴重合，只有直轴电枢反应，且 $\dot{F}_a$ 与 $\dot{F}_{f1}$ 同向，因此电枢反应作用是直轴助磁（或增磁），使 F_δ 比 F_{f1} 大。

④ $0° < \psi < 90°$ 时，既有直轴电枢反应，也有交轴电枢反应，其中 $\dot{F}_{ad}$ 与 $\dot{F}_{f1}$ 反向，故为直轴去磁，$\dot{F}_{aq}$ 使得 $\dot{F}_\delta$ 与 $\dot{F}_{f1}$ 偏移了一个 θ' 角。

6．隐极式同步发电机的一相电压方程式、电动势相量图及等效电路

1）磁路不饱和时隐极式同步发电机的电磁过程

磁路不饱和时隐极式同步发电机的电磁过程如图 8-1 所示。

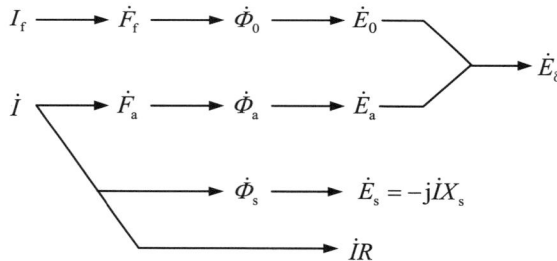

图 8-1　磁路不饱和时隐极式同步发电机的电磁过程

2）磁路不饱和时隐极式同步发电机的一相电压方程

$$\dot{E}_\delta = \dot{E}_0 + \dot{E}_a = \dot{U} + \dot{I}(R + jX_s) \tag{8-3}$$

引入电枢反应电抗参数 X_a 来表达 $\dot{E}_a$ 和 $\dot{I}$ 的关系，即：

$$\dot{E}_a = -j\dot{I}X_a \tag{8-4}$$

式中 X_a 称为一相绕组的电枢反应电抗。

将式 8-4 代入式 8-3 可得隐极式同步发电机的一相电压方程

$$\dot{E}_0 = \dot{U} + \dot{I}(R + jX_s + jX_a) = \dot{U} + \dot{I}(R + jX_c) = \dot{U} + \dot{I}Z_c \tag{8-5}$$

式中，$X_c = X_a + X_s$ 称为隐极式同步发电机每相绕组的同步电抗；$Z_c = R + jX_c$ 称为隐极式同步发电机每相绕组的同步阻抗。

3）磁路不饱和时隐极式同步发电机的电动势相量图和等效电路

根据式（8-5）可以得到隐极式同步发电机的电动势相量图和等效电路，如图 8-2 所示。

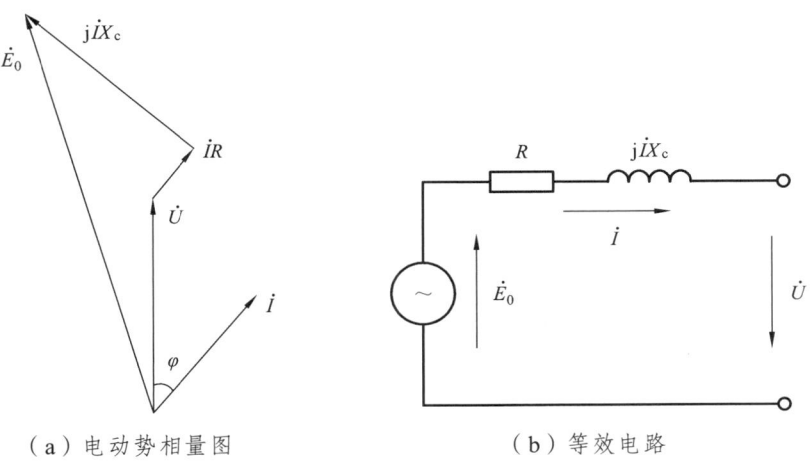

（a）电动势相量图　　　　　　　　（b）等效电路

图 8-2　隐极式同步发电机的电动势相量图和等效电路

7．凸极式同步发电机的一相电压方程式、电动势相量图及等效电路

1）凸极式同步发电机磁路不饱和的双反应理论

为便于分析凸极式同步发电机气隙不均匀的问题，前人提出了双反应理论，其理论基础是磁路不饱和采用的叠加原理。即将电枢磁动势 $\dot{F}_a$ 分解为两个磁动势：一个作用在直轴上，即直轴分量 $\dot{F}_{ad}$，称为直轴电枢反应磁动势；一个作用在交轴上，即交轴分量 $\dot{F}_{aq}$，称为交轴电枢反应磁动势。

2）磁路不饱和时凸极式同步发电机的电磁过程

采用双反应理论分析时，凸极式同步发电机的电磁过程如图 8-3 所示。

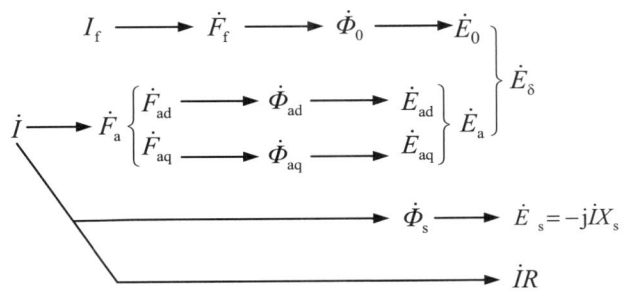

图 8-3　采用双反应理论分析凸极式同步发电机时的电磁过程

3）凸极式同步发电机的一相电压方程

引入直轴电枢反应电抗 X_{ad} 和交轴电枢反应电抗 X_{aq} 可将电枢反应电动势 $\dot{E}_{ad}$、$\dot{E}_{aq}$ 与 $\dot{I}_d$、$\dot{I}_q$ 的关系写成：$\dot{E}_{ad}=-j\dot{I}_dX_{ad}$，$\dot{E}_{aq}=-j\dot{I}_qX_{aq}$。

根据图 8-3 凸极同步发电机的电磁关系可得一相电压方程式为

$$\left.\begin{aligned}\dot{E}_\delta &= \dot{E}_0 + \dot{E}_{ad} + \dot{E}_{aq} = \dot{E}_0 - j\dot{I}_d X_{ad} - j\dot{I}_q X_{aq} \\ &= \dot{U} + \dot{I}(R + jX_s) = \dot{U} + \dot{I}R + j\dot{I}_d X_s + j\dot{I}_q X_s \\ \dot{E}_0 &= \dot{U} + \dot{I}R + j\dot{I}_d(X_{ad} + X_s) + j\dot{I}_q(X_{aq} + X_s) \\ &= \dot{U} + \dot{I}R + j\dot{I}_d X_d + j\dot{I}_q X_q\end{aligned}\right\} \quad (8\text{-}6)$$

式中，X_d 称为每相电枢绕组的直轴同步电抗；X_q 称为每相电枢绕组的交轴同步电抗。其中 $X_d = X_{ad} + X_s$，$X_q = X_{aq} + X_s$，且有 $X_{ad} > X_{aq}$，$X_d > X_q$。

4）凸极式同步发电机的电动势相量图

根据式（8-6）可以得到凸极式同步发电机的电动势相量图，如图 8-4 所示。

由图 8-4 电动势相量图可求解 ψ 角：

$$\psi = \arctan \frac{IX_q + U\sin\varphi}{IR + U\cos\varphi} \quad (8\text{-}7)$$

若为隐极式同步发电机，则有：

$$\psi = \arctan \frac{IX_c + U\sin\varphi}{IR + U\cos\varphi} \quad (8\text{-}8)$$

5）凸极式同步发电机的等效电路：

为简化凸极式同步发电机的等效电路，令

$$\dot{E}_q = \dot{U} + \dot{I}R + j\dot{I}X_q = \dot{U} + \dot{I}R + j\dot{I}_d X_q + j\dot{I}_q X_q \quad (8\text{-}9)$$

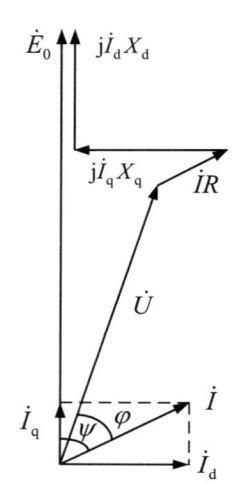

图 8-4　凸极式同步发电机的电动势相量图

$\dot{E}_q$ 与 $\dot{E}_0$ 同相位，对比 $\dot{E}_0 = \dot{U} + \dot{I}R + j\dot{I}_d X_d + j\dot{I}_q X_q$ 可知，E_q 比 E_0 要小一些，即

$$\dot{E}_0 - \dot{E}_q = j\dot{I}_d(X_d - X_q) \text{ 或 } E_0 - E_q = I_d(X_d - X_q) \quad (8\text{-}10)$$

因此，可近似地以 $\dot{E}_q$ 替代 $\dot{E}_0$，则由式（8-9）可得凸极式同步发电机的近似等效电路如图 8-5 所示。

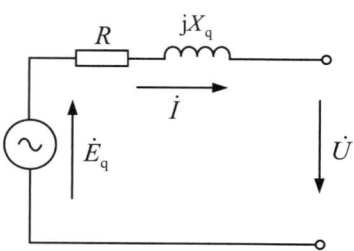

图 8-5　凸极式同步发电机的等效电路

8．同步发电机的运行特性

1）空载特性

① 定义：当 $I = 0$ 即发电机空载时，空载电动势（即端电压）E_0 与励磁电流 I_f 之间的关系 $E_0 = f(I_f)$。

② 测取方法：可通过空载实验测得。
③ 分析：空载特性曲线与磁化曲线类似，根据空载特性，不仅可以检查励磁系统的工作情况，电枢绕组联接是否正确，还可以了解电机磁路的饱和程度。

2）短路特性
① 定义：当 $U=0$ 即发电机短路时，短路电流 I_k 与励磁电流 I_f 之间的关系 $I_k = f(I_f)$。
② 测取方法：可通过短路实验测得，可求得同步发电机的同步电抗。

对于隐极式同步发电机，同步电抗的不饱和值为

$$X_c = \frac{E_0}{I_k} \tag{8-11}$$

对于凸极式同步发电机，直轴同步电抗的不饱和值为

$$X_d = \frac{E_0}{I_k} \tag{8-12}$$

③ 分析：F_δ 与短路电流 I_k 成正比，且 F_a 与 I_k 成正比，由 $F_\delta = F_{f1} - F_a$，则可得出 F_{f1} 与 I_k 成正比，而 F_{f1} 与励磁电流 I_f 成正比，因此 I_k 与 I_f 成正比，即为线性关系。
④ 短路比：

$$K_c = \frac{E_0}{E_k} = \frac{E_0}{E_k}\frac{U_N}{E_k} = k_\mu \frac{U_N}{I_N X_d} = k_\mu \frac{1}{\underline{X_d}} \tag{8-13}$$

式中，$\underline{X_d} = \frac{I_N X_d}{U_N}$ 为 X_d 的标幺值。由式（8-13）可知，短路比与电机的饱和程度 k_μ 成正比，与直轴同步电抗的标幺值 $\underline{X_d}$ 成反比。

同步发电机短路比的大小直接关系到电机的运行性能和成本。短路比大，发电机的稳定性较好，但电机造价高；反之短路比小则发电机的稳定性较差，但降低了电机造价。

3）零功率因数负载特性
① 定义：当 I 为常数，$\cos\varphi = 0$ 时，端电压 U 与励磁电流 I_f 之间的关系 $U = f(I_f)$。
② 测取方法：同步发电机带上纯电感负载，保持负载电流 I 为常数，测取发电机的端电压和励磁电流。零功率因数特性曲线可求得电枢绕组的漏电抗。

4）外特性
① 定义：当 I_f 和 $\cos\varphi$ 为常数时，端电压 U 与负载电流 I 之间的关系 $U = f(I)$。
② 分析：与变压器相同，同步发电机的负载电流变化时，端电压 U 会发生变化，具体如何变化与负载性质有关，不同负载性质的外特性如图 8-6 所示。

由图 8-6 可看出，带纯电阻负载和感性负载时，端电压随着负载电流增加而下降。带容性负载时，端电压随着负载电流增加而上升。

通常用电压调整特性来表征外特性变化。电压调整

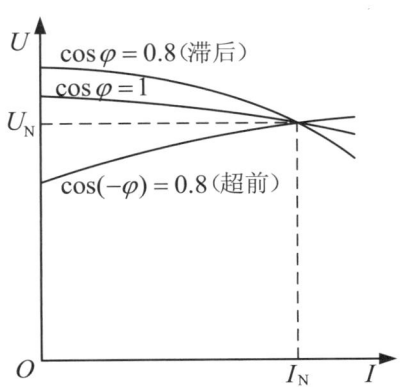

图 8-6 隐极式同步发电机带不同性质负载时的电动势相量图

率用 ΔU 表示，$\Delta U = \dfrac{E_0 - U_N}{U_N} \times 100\%$，它是表征同步发电机运行性能的重要数据之一。

5）调整特性

① 定义：当 U 和 $\cos\varphi$ 为常数时，励磁电流 I_f 与负载电流 I 之间的关系 $I_f = f(I)$。

② 分析：由外特性可知，端电压随负载电流的变化而变化，为维持端电压不变，负载电流变化时需调节励磁电流。发电机带不同负载性质的调整特性如图8-7所示。

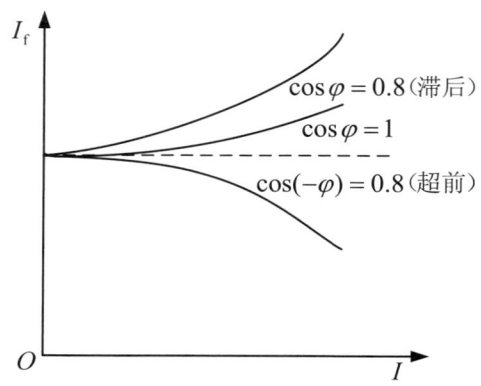

图 8-7　同步发电机带不同性质负载时的调整特性

9．同步发电机并联合闸的条件和方法

1）并联合闸的条件

并联的理想情况是：发电机端电压与电网电压的瞬时值完全相同，即并联合闸过程没有电流冲击。因此，并联前必须检查发电机和电网是否满足以下条件：

① 发电机的频率与电网频率相等。
② 发电机的电压幅值与电网电压的幅值相同，且电压波形也相同。
③ 发电机的电压相序与电网电压相序相同。
④ 发电机的电压相位与电网电压的相位相同。

2）并联合闸的方法

① 准确同步法：暗灯法和旋转灯光法。
② 自同步法。

3）无限大电网

无限大电网是指其容量相对于并联的同步发电机容量来说要大得多，如果对并联在电网上的同步发电机进行有功功率和无功功率调节时，对电网的电压和频率不会造成影响，即端电压和频率均可认为是恒定的。

10．同步发电机并网后的空载运行和负载运行分析

1）空载运行

单机运行分析时，空载运行是指同步发电机不带负载，即电枢电流 $i = 0$；而并网后的空载运行是指有功功率或有功电流为零的情况，即 $\cos\varphi = 0$（或理想空载 $i = 0$）的情况为并联

运行的空载运行。

并网空载运行时改变发电机的励磁电流只能使电枢绕组产生滞后或超前的纯无功电流，有功功率始终为零。

2）负载运行

并网后调节原动机的拖动转矩可改变同步发电机输出的有功功率，若在空载运行时调节原动机的拖动转矩可使发电机的运行状态由空载变为负载。

负载运行时的转矩平衡方程为

$$T_1 = T_{em} + T_0 \tag{8-14}$$

功率关系为

$$P_1 = P_{em} + p_0 = P_2 + p_{cu} + p_0 \tag{8-15}$$

功率流图如图 8-8 所示。

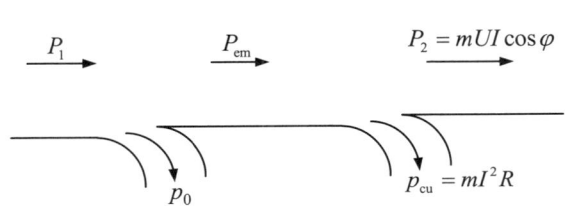

图 8-8 同步发电机的功率流程图

11．并网后同步发电机的有功功率调节

并网后同步发电机的有功功率可通过调节原动机转速实现。

1）功角特性

① 隐极式同步发电机。

为便于分析，忽略电枢绕组电阻，利用一相电压方程和相量图可得

$$P_{em} = P_2 = m\frac{UE_0}{X_c}\sin\theta \tag{8-16}$$

式中，θ 为同步发电机的功率角（简称功角），即 $\dot{E}_0$ 与 $\dot{U}$ 之间的夹角。P_{em} 与 θ 之间的关系即为功角特性，可见，电磁功率 P_{em} 与 $\sin\theta$ 成正比。

隐极式同步发电机的功角特性如图 8-9 所示。

由式（8-16）可得同步电机工作状态的判定方法：$\theta > 0°$，$\dot{E}_0$ 超前于 $\dot{U}$，即 P_{em} 为正，电机向电网输出电功率，为发电机状态；$\theta < 0°$，$\dot{E}_0$ 滞后于 $\dot{U}$，即 P_{em} 为负，电机向电网吸收电功率，为电动机状态；$\theta = 0°$，仅吸收或发出无功功率，即 $\dot{E}_0$ 与 $\dot{U}$ 同相位，为调相机状态。

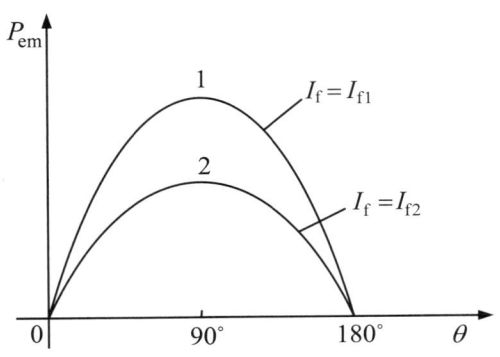

图 8-9 隐极式同步发电机的功角特性

② 凸极式同步发电机。

凸极式同步发电机的功角特性表达式为

$$P_{em} = m\frac{E_0 U}{X_d}\sin\theta + mU^2\frac{X_d - X_q}{2X_d X_q}\sin 2\theta \qquad (8\text{-}17)$$

式（8-17）中第一项与空载电动势 E_0 成正比，称为励磁电磁功率；式（8-17）中的第二项仅对于凸极式发电机存在，它与励磁电流无关，但与端电压 U 有关，该项称为凸极电磁功率。

凸极同步发电机的功角特性如图 8-10 所示。

2）无功功率的变化

调节有功功率时无功功率会发生变化，由于有功功率的变化由 θ 角变化引起，为分析方便，画出不同 θ 角时同步发电机的相量图，如图 8-11 所示。

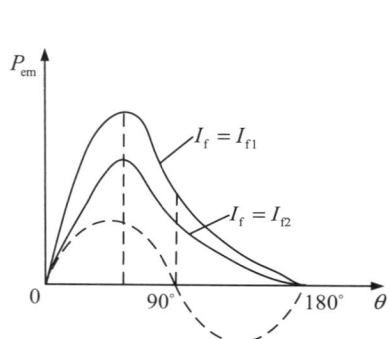

图 8-10 凸极式同步发电机的功角特性

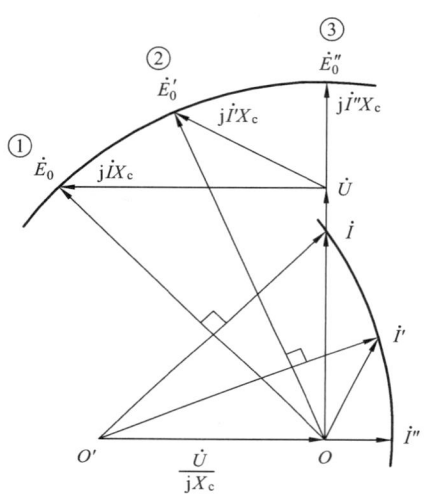

图 8-11 同步发电机的圆图

① θ 角较大，根据功角特性可知此时输出有功功率较大，电流 $\dot{I}$ 与电压 $\dot{U}$ 同相，输出无功功率为零。

② 在第一种情况基础上减小原动机的拖动转矩，使 θ 角减小，根据功角特性可知此时输出有功功率减小，电流 $\dot{I}$ 滞后电压 $\dot{U}$，有一定的无功功率输出，即无功功率增加。

③ 进一步减小原动机的拖动转矩，使 $\theta = 0°$，根据功角特性可知此时输出有功功率为零，即输出有功功率减小，电流 $\dot{I}$ 滞后电压 $\dot{U}$ 90°，只输出无功功率，输出无功功率增加至最大。

3）静态稳定

静态稳定可用功角特性进行分析，将功角特性表达式除以除以机械角速度，即可得到电磁转矩公式。

① 隐极式同步发电机。

$$T_{em} = \frac{P_{em}}{\Omega} = \frac{m}{\Omega}\frac{UE_0}{X_c}\sin\theta \qquad (8\text{-}18)$$

② 凸极式同步发电机。

$$T_{em} = \frac{P_{em}}{\Omega} = \frac{m}{\Omega}\left(\frac{E_0 U}{X_d}\sin\theta + U^2\frac{X_d - X_q}{2X_d X_q}\sin 2\theta\right) \tag{8-19}$$

式（8-18）和（8-19）称为同步发电机的转矩功角特性，根据两式可以画出同步发电机的转矩功角特性曲线如图 8-12 所示。

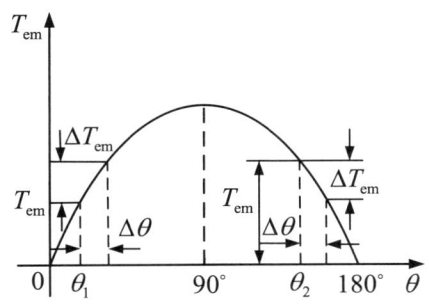
（a）隐极式同步发电机

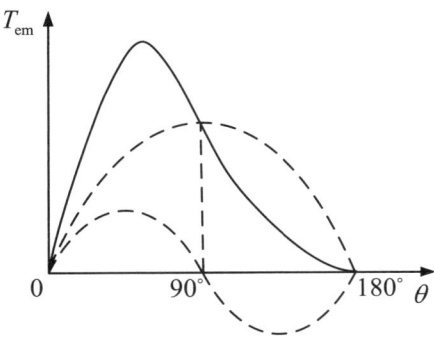
（b）凸极式同步发电机

图 8-12 同步发电机的转矩功角特性

对于隐极式同步发电机，当 $0° < \theta < 90°$ 时，$\frac{dT_{em}}{d\theta} > 0$，发电机运行稳定；当 $\theta > 90°$ 时，$\frac{dT_{em}}{d\theta} < 0$，发电机运行不稳定。

凸极式同步发电机的情况类似，不同之处是 $\frac{dT_{em}}{d\theta} = 0$ 的点不在 $\theta = 90°$ 处，而是在比 $90°$ 小的功率角处。

③ 过载能力 K_T。

过载能力是指最大电磁转矩 T_m（或最大电磁功率 P_{emmax}）与额定转矩 T_N（或额定电磁功率 P_{emN}）之比，即

$$K_T = \frac{T_m}{T_N} = \frac{P_{emmax}}{P_{emN}} = \frac{1}{\sin\theta_N} \tag{8-20}$$

一般 $K_T = 1.5 \sim 2$。对于隐极式同步发电机，通常将额定运行点设计在 $\theta_N = 30° \sim 40°$，而凸极式同步发电机的额定运行点一般设计在 $\theta_N = 20° \sim 30°$。

12. 并网后同步发电机的无功功率调节和 V 形曲线

1）无功功率的调节

并网后同步发电机的无功功率可通过调节发电机的励磁电流实现，调节时需保持有功功率不变。因此，若忽略定子绕组电阻，则有

$$\left.\begin{array}{l}P_2 = mUI\cos\varphi = 常数 \\ P_{em} = P_2 = m\dfrac{E_0 U}{X_c}\sin\theta = 常数\end{array}\right\} \tag{8-21}$$

由于 m、U、X_c 为常数，故有

$$\left.\begin{array}{l}I\cos\varphi = 常数 \\ E_0\sin\theta = 常数\end{array}\right\} \tag{8-22}$$

根据式（8-22）和隐极式电压方程 $\dot{E}_0 = \dot{U} + j\dot{I}X_c$ 画出三种不同负载情况的电动势相量图如图 8-13 所示。

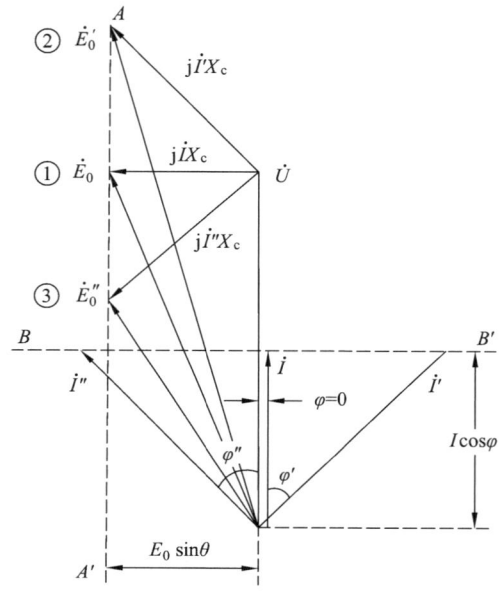

图 8-13 不同负载下的电动势相量图

① 电枢电流 $\dot{I}$ 与电压 $\dot{U}$ 同相位，即 $\cos\varphi = 1$，发电机向电网发出（或吸收）的无功功率为零，电枢电流最小，通常称该情况为正常励磁状态。

② 电枢电流 $\dot{I}(\dot{I}')$ 滞后电压 $\dot{U}$，即 $\varphi(\varphi') > 0°$，发电机向电网发出滞后性的无功功率（或吸收超前性的无功功率），空载电动势较正常励磁时大，故称该情况为过励磁状态，此时产生去磁的电枢反应。

③ 电枢电流 $\dot{I}(\dot{I}'')$ 超前电压 $\dot{U}$，即 $\varphi(\varphi'') < 0°$，发电机向电网发出超前性的无功功率（或吸收滞后性的无功功率），空载电动势较正常励磁时小，故称该情况为过欠励磁状态，此时产生助磁的电枢反应。

2）V 形曲线

将空载和不同负载下（电磁功率 P_{em} 不同）的电枢电流和励磁电流的关系画成曲线如图 8-14 所示，这些曲线常被称为同步发电机的 V 形曲线。

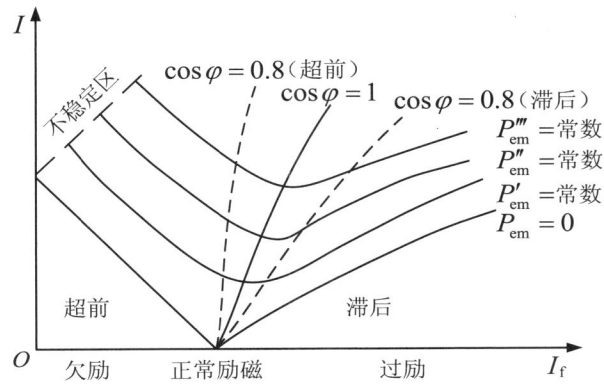

图 8-14 同步发电机的 V 形曲线

分析这些曲线可以得到以下结论：

① 有功功率越大，V 形曲线越高。在图 8-14 中，$P_{em}''' > P_{em}'' > P_{em}' > P_{em}$。

② 每条 V 形曲线有一个最低点，该点对应的是 $\cos\varphi = 1$，发电机向电网发出纯有功功率的情况，即正常励磁状态，说明在保证有功功率不变时正常励磁状态的电枢电流最小。将这些点连起来，称为 $\cos\varphi = 1$ 线，它微微向右倾斜，说明同步发电机输出纯有功功率时，输出功率增大，必须相应地增加一些励磁电流。

③ $\cos\varphi = 1$ 线的左边属于欠励状态、超前功率因数区域；右边属于过励状态、滞后功率因数区域。

④ 在最左边，由于励磁电流过小，运行的功率角 θ 达到 90°，进入不稳定区。

8.3 精选例题分析

1. 与无限大电网并联运行的同步发电机，如何调节有功功率？调节有功功率对无功功率是否产生影响？如何调节无功功率？调节无功功率对有功功率是否产生影响？为什么？

答：（1）与无限大电网并联运行的同步发电机，通过调节原动机的输入功率（增大或减小输入力矩）来调节有功功率。（2）调节有功功率时，功率角 随之变化，无功功率也会随之变化。（3）通过调节发电机励磁电流来调节无功功率。（4）调节无功功率对有功功率不产生影响，因为在输入功率不调节时，输出功率不会变化，这是能量守恒的体现。

2. 同步发电机与电网并联运行的条件是什么？当四个并联条件中的某一个不符合时，会产生什么后果？应采取什么措施使之满足并联条件？

解：（1）同步发电机与电网并联运行的条件是：相序相同、频率相同、电压幅值相同、电压初相角相同。（2）当四个条件中的某一个条件不符合时，并网时会产生很大的电流冲击；相序不同时，应将发电机接至并网开关的任意两根线对调；频率不同时，应调整发电机的转速；电压幅值不同时，应调节发电机的励磁；电压初相角不同时，应通过调节发电机的瞬时转速使转子的相对位置有所变化。

3. 电枢反应电抗对应什么磁通？它的物理意义是什么？同步电抗对应什么磁通？它的物理意义是什么？

解：（1）电枢反应电抗对应电枢反应磁通，这个磁通是由电枢磁动势产生的主磁通，它穿过气隙经转子铁心构成闭合回路，它反映了电枢反应磁通的大小。（2）同步电抗对应电枢磁动势产生的总磁通（即电枢反应磁通和定子漏磁通之和），它是表征电枢反应磁场和电枢漏磁场对电枢电路作用的一个综合参数。同步电抗的大小直接影响同步发电机的电压变化率和运行稳定性，也影响同步发电机短路电流的大小。

4. 同步发电机并联于无限大电网运行，试比较下列三种情况（短路比大小，在过励状态下或在欠励状态下运行，在轻载状态下运行或在重载状态下运行）下的静态稳定性，并说明理由。

解：（1）短路比大小：短路比大，则同步电抗小，P_{em} 一定时，θ 角较小，稳定性好。（2）过励与欠励：过励时 E_0 大，θ 角小，稳定性好。（3）轻载与满载：轻载时 P_{em} 小，励磁相同时，θ 角小，稳定性好。

本题考查并网运行后同步发电机的静态稳定性，利用功角特性表达式进行分析，θ 角越小，稳定性越好。

5. 一台水轮发电机，额定转速 $n_N = 500\ \text{r/min}$，额定频率 $f_N = 50\ \text{Hz}$，试确定其极对数 p。

解：$p = \dfrac{60 f_N}{n_N} = \dfrac{60 \times 50}{500} = 6$

本题考查同步速的计算公式 $n_1 = 60\dfrac{f_1}{p}$。

6. 一台三相 Y 联接的汽轮发电机的空载实验和短路实验都在同步速度下进行，$U_N = 6\ 000\ \text{V}$，$P_N = 10\ \text{kW}$，$\cos\varphi = 0.8$，已知空载实验的数据：$I_f = 1$，$E_0 = 0.5$，已知短路实验的数据：$I_f = 1$，$I_k = 1$，忽略定子电阻，设磁路线性，求：X_c。

解：$X_c^* = \dfrac{E_0^*}{I_k^*} = \dfrac{0.5}{1} = 0.5$

$$I_N = \dfrac{P_N}{\sqrt{3} U_N \cos\varphi} = \dfrac{10 \times 10^3}{\sqrt{3} \times 6 \times 10^3 \times 0.8} = 120\ \text{A}$$

$$Z_N = \dfrac{\dfrac{U_N}{\sqrt{3}}}{I_N} = \dfrac{\dfrac{6000}{\sqrt{3}}}{120} = 28.87$$

$$X_c = X_c^* Z_N = 0.5 \times 28.87 = 14.4\ \Omega$$

本题综合考查同步发电机的空载特性和短路特性，同步发电机的额定参数的重要关系式及标幺值概念。

7. 一台凸极式同步发电机额定容量 $S_N = 62\ 500\ \text{kV·A}$，定子绕组星形联接，额定频率为 50 Hz，额定功率因数为 $\cos\varphi_N = 0.8$(滞后)。直轴同步电抗 $X_d = 0.8$，交轴同步电抗 $X_q = 0.6$，不计电枢电阻。求额定负载下发电机的电压调整率。

解：
$$\psi = \arctan\frac{IX_q + U\sin\varphi}{IR + U\cos\varphi} = \arctan\frac{1\times 0.6 + 1\times 0.6}{0 + 1\times 0.8} = 56.61°$$

$$\varphi = 36.8°,\ \theta = \psi - \varphi = 56.31° - 36.8° = 19.44°$$

$$I_d = I\sin\psi = 1\times\sin 56.31° = 0.832$$

$$E_0 = I_d X_d + U\cos\theta = 0.832\times 0.8 + 1\times\cos 19.44° = 1.609$$

则电压调整率为

$$\Delta U = \frac{E_0 - U_N}{U_N}\times 100\% = \frac{1.609 - 1}{1}\times 100\% = 60.9\%$$

本题考查凸极式同步发电机的相量图及外特性，应学会采用相量图分析和计算。

8. 一台三相 Y 联接的隐极式同步发电机，每相漏电抗为 2 Ω，每相电阻为 0.1 Ω，当负载为 500 kV·A，$\cos\varphi = 0.8$（滞后）时，发电机端电压为 2300 V，求气隙磁场在一相绕组中产生的电动势。

解：所求感应电动势即为 E_δ，依题意可知 $X_s = 2\ \Omega$，$R = 0.1\ \Omega$，则：

$$U = \frac{U_L}{\sqrt{3}} = \frac{2\,300}{\sqrt{3}} = 1\,327.9\ (\text{V})$$

$$I = \frac{S}{\sqrt{3}U_L} = \frac{500\times 10^3}{\sqrt{3}\times 2\,300} = 125.5\ (\text{A})$$

$$\varphi = \arccos 0.8 = 36.87°$$

设 $\dot{U} = U\angle 0° = 1\,327.9\angle 0°\ (\text{V})$，则

$$\dot{I} = I\angle -\varphi = 125.5\angle -36.87°\ (\text{A})$$

所以

$$\begin{aligned}\dot{E}_\delta &= \dot{U} + \dot{I}R + j\dot{I}X_s \\ &= 1327.8 + 0.1\times 125.5\angle -36.87° + j2\times 125.5\angle -36.87° \\ &= 1501\angle 7.4°\ (\text{V})\end{aligned}$$

即

$$E_\delta = 1\,501\ \text{V}$$

本题考查隐极式同步发电机负载时定子绕组的一相电压方程式。注意气隙磁场产生的感应电动势 $\dot{E}_\delta$ 与励磁磁动势产生的感应电动势 $\dot{E}_0$ 之间的区别。

9. 并联在电网运行的同步发电机，当保持励磁电流 I_f 不变时，调节发电机输出的有功功率，输出的无功功率变不变？此时 $\dot{E}_0$ 及 $\dot{I}$ 变化的规律是什么？

解：保持励磁电流 I_f 不变时，电动势 E_0 不变；调节有功功率时，功率角 θ 会改变，因此 $\dot{E}_0$ 的轨迹是一个圆弧（以 O 点为圆心）。$\dot{U}$ 不变，根据电动势平衡方程 $jIX_c = \dot{E}_0 - \dot{U}$ 可知，jIX_c

的轨迹也是一个圆弧,由方程 $\dot{I}=\dfrac{\dot{E}_0-\dot{U}}{\mathrm{j}X_\mathrm{c}}=-\mathrm{j}\dfrac{\dot{E}_0}{X_\mathrm{c}}+\mathrm{j}\dfrac{\dot{U}}{X_\mathrm{c}}$ 可知 $\dot{I}$ 的轨迹也是一个圆弧(以 O' 点为圆心)。相应的电动势相量图(以隐极式发电机为例)如图 8-15 所示。

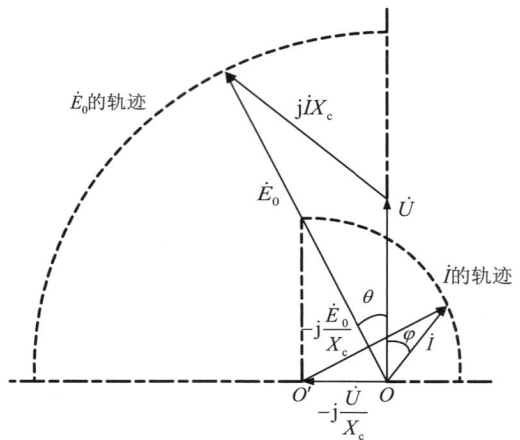

图 8-15　电动势相量

由相量图可看出,随着有功功率的变化,功率角 θ 会改变,φ 角也随之变化,I 变化,$I\cos\varphi$ 变化,$I\sin\varphi$ 也变化,故无功功率也随之改变。

本题考查并网后调节同步发电机的有功功率时无功功率的变化及同步发电机的圆图。

10. 隐极式同步发电机保持转子励磁电流与转速额定,定子电流 $I=I_\mathrm{N}$,试根据电枢概念,画出:带电阻负载;带电感负载;带电容负载时的外特性。比较:空载端电压 U_1、带电阻负载端电压 U_2、带电感负载端电压 U_3、带电容负载时端电压 U_4 的大小。

解:带不同负载时的外特性如图 8-16 所示。由图可知,$U_4>U_1>U_2>U_3$。

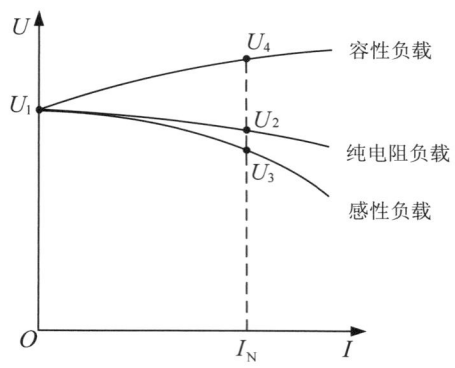

图 8-16　带不同负载时的外特性

本题考查同步发电机带不同负载时的外特性,同步发电机的外特性与变压器类似。

11. 一台同步发电机带对称负载,内功率因数角 $\Psi=90°$,试通过相量图来分析这时该发电机电枢反应的性质和作用。

解:相量图如图 8-17 所示。由图可知:电枢反应的性质为只有直轴电枢反应;电枢反应的作用为直轴电枢反应去磁。

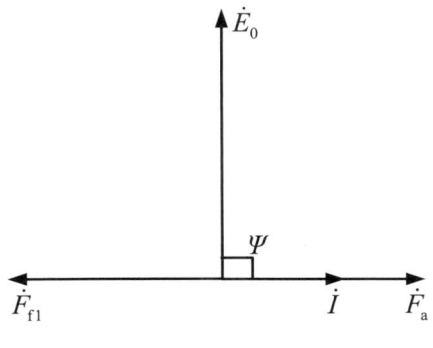

图 8-17

本题考查同步发电机的内功率因数角 ψ 对电枢反应性质和作用的影响。

12. 一台汽轮发电机数据为额定功率 $P_N = 25\,000$ kW，额定电压 $U_N = 10.5$ kV，额定功率因数 $\cos\varphi_N = 0.8$（滞后），三相绕组 Y 联接，忽略定子绕组电阻。此发电机并联于无限大电网，当运行在 $U=1$，$I=1$，$X_c=2.13$，$\cos\varphi_N$ 时，求电机的相电流 I、功率角 θ、空载相电动势 E_0、电磁功率 P_{em} 及过载能力 K_T 为多大？

解：每相电压

$$U = \frac{U_N}{\sqrt{3}} = \frac{10.5 \times 10^3}{\sqrt{3}} = 6\,062.2 \text{ (V)}$$

每相电流

$$I = \frac{P_N}{\sqrt{3}U_N \cos\varphi_N} = \frac{25\,000}{\sqrt{3} \times 10.5 \times 0.8} = 1\,718.4 \text{ (A)}$$

功率因数角

$$\varphi_N = \arccos 0.8 = 36.87°$$

由电动势相量图可得

$$\tan(\theta + \varphi_N) = \frac{IX_c + U\sin\varphi_N}{U\cos\varphi_N} = \frac{1 \times 2.13 + 1 \times 0.6}{1 \times 0.8} = 3.412\,5$$

$$\psi = \theta + \varphi_N = 73.67°$$

$$\theta = 73.67° - 36.87° = 36.8°$$

空载相电动势

$$E_0 = \frac{U\cos\varphi_N}{\cos\psi} = \frac{6\,062.2 \times 0.8}{\cos 73.67°} = 17\,249 \text{ (V)}$$

电磁功率为

$$P_{em} = P_N = 25\,000 \text{ kW}$$

过载能力

$$K_\mathrm{T} = \frac{1}{\sin\theta} = \frac{1}{\sin 36.8°} = 1.67$$

本题考查隐极式同步发电机的一相电压方程式、电动势相量图及过载能力。

8.4 自测题

一、单项选择题

1. 同步电机要实现机电能量转换，必须（   ）。
   A. 有直轴电枢磁动势
   B. 有交轴电枢磁动势
   C. 既有直轴电枢磁动势，又有交轴电枢磁动势
   D. 无磁动势

2. 同步发电机的额定功率指（   ）。
   A. 转轴上输入的机械功率
   B. 转轴上输出的机械功率
   C. 电枢端口输入的电功率
   D. 电枢端口输出的电功率

3. 同步发电机稳态运行时，若所带负载为感性 $\cos\varphi = 0.8$，则其电枢反应的性质为（   ）。
   A. 交轴电枢反应
   B. 直轴去磁电枢反应
   C. 直轴去磁与交轴电枢反应
   D. 直轴增磁与交轴电枢反应

4. 同步发电机稳定短路电流不很大的原因是（   ）。
   A. 漏阻抗较大
   B. 短路电流产生去磁作用较强
   C. 电枢反应产生增磁作用
   D. 同步电抗较大

5. 对称负载运行时，凸极式同步发电机阻抗大小顺序排列为（   ）。
   A. $X_\mathrm{s} > X_\mathrm{ad} > X_\mathrm{d} > X_\mathrm{aq} > X_\mathrm{q}$
   B. $X_\mathrm{ad} > X_\mathrm{d} > X_\mathrm{aq} > X_\mathrm{q} > X_\mathrm{s}$
   C. $X_\mathrm{q} > X_\mathrm{aq} > X_\mathrm{d} > X_\mathrm{ad} > X_\mathrm{s}$
   D. $X_\mathrm{d} > X_\mathrm{ad} > X_\mathrm{q} > X_\mathrm{aq} > X_\mathrm{s}$

6. 并联于大电网上的同步发电机，当运行于 $\cos\varphi = 1.0$ 的情况下，若逐渐减小励磁电流，则电枢电流是（   ）。
   A. 逐渐增大
   B. 逐渐减小
   C. 先增大后减小
   D. 先减小后增大

7. 同步发电机电枢反应性质取决于（　　）。
   A. 负载性质
   B. 发电机本身参数
   C. 负载性质和发电机本身参数
   D. 负载大小
8. 同步发电机短路特性是一条直线的原因是（　　）。
   A. 励磁电流较小磁路不饱和
   B. 电枢反应去磁作用使磁路不饱和
   C. 短路时电机相当于一个电阻为常数的电路运行，所以 I_k 和 I_f 成正比
   D. 短路时短路电流大使磁路饱和程度提高
9. 三相同步发电机的 $\cos\varphi_N = 0.8$，所谓正常励磁状态是指励磁电流（　　）。
   A. 额定励磁电流
   B. 输出感性无功功率所需的励磁电流
   C. 输出容性无功功率所需的励磁电流
   D. 仅有有功功率输出时的励磁电流
10. 同步发电机在无限大电网上运行，在下列哪种情况下静态稳定性能较好（　　）。
    A. 短路比大
    B. 欠励运行
    C. 过励运行
    D. 同步电抗大
11. 隐极式同步发电机静态稳定运行的极限对应的功率角为（　　）。
    A. 0°
    B. 90°
    C. 180°
    D. 75°
12. 同步电机运行于电动状态，其（　　）。
    A. $E_0 > U$
    B. $E_0 < U$
    C. $\dot{E}_0$ 超前 $\dot{U}$
    D. $\dot{E}_0$ 滞后 $\dot{U}$
13. 同步发电机带感性负载单机运行，端电压要比相同励磁电流下的空载电压低，这是因为（　　）。
    A. 饱和的影响
    B. 有电枢反应去磁作用和漏阻抗的存在
    C. 功角增大了
    D. 有电阻压降
14. 一台与无限大电网并联运行的同步发电机，其功率因数 $\cos\varphi$ 是由（　　）决定。
    A. 系统中的负载性质
    B. 电机的参数
    C. 调节发电机的励磁或有功功率
    D. 输出电流的大小
15. 一台并联于无限大电网的同步发电机运行于过励状态，若保持有功功率输出不变而逐渐减少励磁电流，直到接近临界稳定运行点，在调节过程中电枢电流（　　）。
    A. 一直增大
    B. 一直减小
    C. 先增大后减小
    D. 先减小后增大

二、判断题

1. 为使同步发电机具有较大的过载能力以提高静态稳定性，希望其短路比较大。（　　）

2. 三相同步电动机运行在过励状态时，从电网吸收感性电流。（ ）
3. 负载运行的凸极式同步发电机，励磁绕组突然断线，则电磁功率为零。（ ）
4. 同步发电机的功率因数总是滞后。（ ）
5. 并联于无限大电网上的同步发电机，要想增加发电机的输出功率，必须增加原动机的输入功率，因此原动机输入功率越大越好。（ ）
6. 改变同步发电机的励磁电流，只能调节无功功率。（ ）
7. 同步发电机静态稳定性与短路比成正比，因此短路比越大越好。（ ）
8. 同步发电机电枢反应的性质取决于负载的性质。（ ）
9. 同步发电机的短路特性曲线与其空载特性曲线相似。（ ）
10. 同步发电机的稳态短路电流很大。（ ）
11. 利用空载特性和短路特性可以测定同步发电机的直轴同步电抗和交轴同步电抗。（ ）
12. 凸极式同步电机中直轴电枢反应电抗大于交轴电枢反应电抗。（ ）
13. 与直流电机相同，在同步电机中，$E_0 > U$ 还是 $E_0 < U$ 是判断电机作为发电机还是电动机运行的依据之一。（ ）
14. 在同步发电机中，当励磁电动势 $\dot{E}_0$ 与 $\dot{I}$ 电枢电流同相时，其电枢反应的性质为直轴电枢反应。（ ）
15. 三相同步发电机在与电网并联运行时，必须满足一些条件，但首先必须绝对满足的条件是相序相等。（ ）

三、填空题

1. 汽轮发电机转速较高，其转子为_____结构，若极对数 $p = 1$，$f = 50$ Hz，则其转速为_____r/min。
2. 在同步电机中，只有存在_____电枢反应才能实现机电能量转换。
3. 同步发电机在过励时从电网吸收_____，产生_____电枢反应；同步发电机在欠励时从电网吸收_____，产生_____电枢反应。
4. 凸极式同步电机转子励磁匝数增加使 X_q 和 X_d 将_____。
5. 我国生产的 72 500 kW 的水轮发电机，其转速为 125 r/min，则极对数 p = _____。
6. 三相同步发电机带有纯电感负载时，如不计电枢电阻的作用，则电枢反应作用是_____。
7. 调节同步发电机励磁电流就能改变发电机输出的_____。
8. 同步发电机用暗灯法并联合闸，当频率不等时所出现的现象_____。
9. 同步发电机内功率因数角 $\psi = 90°$ 时的电枢反应为_____。
10. 同步发电机用暗灯法并联合闸，当电压不等时所出现的现象_____。
11. 同步发电机处于"欠励磁"状态时发出无功功率的性质为_____。
12. 并联于无限大电网的运行的同步发电机，要改变有功功率输出，只需调节_____。
13. 同步发电机气隙增大，其同步电抗将_____。
14. 同步发电机内功率因数角 $\psi = 0°$ 时的电枢反应为_____。

15. 凸极式同步发电机与电网并联，如将发电机励磁电流减为零，此时发电机电磁转矩为_____。

16. 一台并网运行的同步发电机，按发电机惯例，已知原运行点的功率因数是超前的，则电机运行在_____励状态，此时电机从电网吸收_____性质的无功功率；若不调节原动机输出而将励磁电流单方向调大，则电机可变化到_____励状态，此时电机向电网发出_____性质的无功功率。

17. 同步发电机按转子结构分，有_____、_____；按原动机类型分，主要有_____、_____。

18. 同步发电机理想并网的条件是（1）_____，（2）_____，（3）_____，（4）_____。

19. 同步发电机并电网运行，要调节其发出的有功功率，则必须调节_____；当只调节原动机有功功率输出时，发电机发出的无功功率将_____；若仅调节并网发电机输出的无功功率输出时，可只调节_____，而此时发电机发出的有功功率将_____。

20. 同步发电机并网运行，短路比数值越_____，静态稳定性越高；相同的励磁电流下，发电机轻载比满载运行静态稳定性_____。

四、简答题

1. 同步发电机电枢绕组为什么一般不接成△，而变压器却希望有一侧接成△接线呢？
2. 同步发电机电枢反应性质由什么决定？
3. 凸极式同步电机中，为什么直轴电枢反应电抗 X_{ad} 大于交轴电枢反应电抗 X_{aq}？
4. 同步发电机并联合闸有哪些条件？若四个条件中有某一个不符合时，应采取什么措施使之满足并联条件。
5. 用电枢反应理论解释同步发电机的外特性。
6. 什么是无限大电网，它对并联于其上的发电机有什么约束？

五、计算题

1. 有一台 $P_N = 25\,000$ kW，$U_N = 10.5$ kV，Y 联接，$\cos\varphi = 0.8$（滞后）的汽轮发电机，$X_c = 2.13$，电枢电阻略去不计。试求额定负载下励磁电动势 E_0 及 $\dot{E}_0$ 与 $\dot{I}$ 的夹角 ψ。

2. 有一台 $P_N = 725\,000$ kW，$U_N = 10.5$ kV，Y 联接，$\cos\varphi_N = 0.8$（滞后）的水轮发电机，$R_a = 0$，$X_d = 1$，$X_q = 0.554$，试求在额定负载下励磁电动势 E_0 及 $\dot{E}_0$ 与 $\dot{I}$ 的夹角 ψ。

3. 有一台凸极式同步发电机，其直轴和交轴同步电抗标幺值分别等于 $X_d = 1.0$，$X_q = 0.6$，电枢电阻可以忽略不计。试计算发电机的额定电压，额定容量，$\cos\varphi = 0.8$（滞后）时发电机励磁电动势 E_0。

8.5 课后习题

8-1 同步电机的频率、极对数和同步转速之间有什么关系？一台 $f = 50$ Hz、$n =$

3000 r/min 的发电机的极数是多少，从转子结构特点看它属于哪种类型？

8-2 什么是同步电机的电枢反应？电枢反应的性质由什么决定？

8-3 已知三相同步发电机的内功率因数角 $\Psi=45°$，请利用时-空矢量图判定电枢反应的性质和作用。

8-4 一台正在运行的隐极式同步发电机，实验测得其功率因数为 $\cos\varphi=0.8$（滞后），试画出此时该发电机的相量图（忽略电枢电阻），并分析电枢反应的性质及作用。

8-5 一台三相 Y 联接的隐极式同步发电机，每相漏电抗为 2 Ω，每相电阻为 0.1 Ω。当负载为 500 kV·A，$\cos\varphi=0.8$（滞后）时，发电机端电压为 2 300 V，求气隙磁场在一相绕组中产的的电动势。

8-6 有一台三相 1 500 kW 水轮发电机，额定电压为 6 300 V，Y 联接，额定功率因数 $\cos\varphi_N=0.8$（滞后），已知它的参数 $X_d=21.2$ Ω，$X_q=13.7$ Ω，电枢电阻可略去不计，试绘相量图并计算发电机在额定运行状态时的空载电动势 E_0。

8-7 有一 $P_N=25\,000$ kW，$U_N=10.5$ kV，Y 联接，$\cos\varphi_N=0.8$（滞后）的汽轮发电机，$X_c=2.13$，电枢电阻略去不计，试求额定负载下发电机的空载电动势 E_0 及 与 的夹角 Ψ。

8-8 同步发电机发生三相稳态短路时，它的短路电流为何不大？

8-9 比较一台凸极式同步发电机下列参数的大小：X_d，X_q，X_{ad}，X_{aq}，X_s，X_p。稳态短路电流主要取决于上述哪个参数？

8-10 一台凸极式同步发电机额定容量 $S_N=62\,500$ kV·A，定子绕组 Y 联接，额定频率为 50Hz，额定功率因数为 $\cos\varphi_N=0.8$（滞后），直轴同步电抗 $X_d=0.8$，交轴同步电抗 $X_q=0.6$，忽略定子绕组电阻。试求：额定负载下发电机的电压调整率。

8-11 同步发电机与电网并联运行的条件是什么？当四个并联条件中的某一个不符合时，会产生什么后果？应采取什么措施使之满足并联运行条件？

8-12 什么是无限大电网？它对并联于其上的同步发电机有什么约束？

8-13 并联于无穷大电网的隐极式同步发电机，当调节有功功率输出时欲保持无功功率输出不变，问此时 θ 角及励磁电流 I_f 是否改变，此时 $\dot E_0$ 和 $\dot I$ 各按什么轨迹变化？

8-14 与电网并联运行的同步发电机过励运行时发出什么性质的无功功率？欠励运行时发出什么性质的无功功率？

8-15 并联于电网运行的同步发电机，当保持励磁电流 I_f 不变时，条件发电机输出的有功功率，输出的无功功率变不变？此时 $\dot E_0$ 和 $\dot I$ 各按什么轨迹变化？

8-16 一台与电网并联运行的隐极式同步发电机，仅输出有功功率，请用相量图分析此时电机的电枢反应性质和作用。

8-17 一台汽轮发电机并联于无限大电网，额定负载时功角 $\theta=20°$。现因故障，电网电压下降为 $60\% U_N$，问：为使 θ 角不超过 $25°$，应加大励磁使 E_0 上升为原来的多少倍？

8-18 一台汽轮发电机数据如下：$S_N=31\,250$ kV·A，$U_N=10\,500$ V（Y 联接），$\cos\varphi_N=0.8$（滞后），定子每相同步电抗 $X_c=7.0$ Ω（不饱和值），此发电机并联于无限大电网运行，求发电机额定负载时的功角 θ_N、电磁功率 P_{em}、过载能力 K_T 为多大？

8-19 一台汽轮发电机并联于无限大电网，额定数据如下：$S_N=7\,500$ kV·A，$U_N=3\,150$ V

（Y 联接），额定功率因数 $\cos\varphi_N = 0.8$（滞后），定子每相同步电抗 $X_c = 1.5\ \Omega$（不饱和值），忽略定子绕组电阻。求：（1）当发电机带额定负载时，发电机输出的有功功率 P_2、功角 θ 及过载能力 K_T；（2）若保持励磁电流不变，当发电机输出的有功功率减小一半时，发电机的功角 θ 及功率因数角 φ。

8-20 一台汽轮发电机额定数据如下：$P_N = 25\,000\ \text{kW}$，$U_N = 10.5\ \text{kV}$（Y 联接），额定功率因数 $\cos\varphi_N = 0.8$（滞后），忽略定子绕组电阻。此发电机并联于无限大电网，当运行在 $\underline{U} = 1$、$\underline{I} = 1$、$\underline{X_c} = 2.13$、$\cos\varphi_N$ 时，求发电机的相电流 I、功角 θ、空载电动势 E_0、电磁功率 P_{em} 及过载能力 K_T。

第9章 电机与拖动实验

实验基本要求与注意事项

电机与拖动实验是学习电机理论的重要实践环节。其目的在于通过实验来验证和研究电机理论，增强感性认识，以促进理论知识的吸收和消化，培养学生科学的分析能力，使学生掌握电机实验的操作方法和基本技能。培养学生严肃认真和实事求是的科学作风，锻炼科学实验的能力，为后续的专业课程学习和今后的工作打下基础。

一、实验准备

实验前应复习配套教材中有关的章节，认真研读本实验教程，了解实验目的、项目、方法及步骤，明确实验过程中应注意的问题，并按照实验项目准备记录抄表等。实验前应写好预习报告，经指导教师检查确认作好了实验前的准备，方可开始做实验。

认真做好实验前的准备工作，对于培养学生独立工作能力，提高实验质量和保护实验设备都是很重要的。

二、实验过程

1．建立小组，合理分工

每次实验都以小组为单位进行，每组由2~3人组成。实验进行中的接线、负载调节、保持电压或电流、记录数据等工作应有明确的分工，以保证实验操作协调，数据记录准确可靠。

2．选择设备组件和仪表

实验前先熟悉该次实验所用的设备组件，注意仪表设备的正确选择和使用。记录电机、变压器铭牌和选择仪表量程并校准各仪表零位。

3．按图接线

根据实验线路图及所需要的组件、仪表、按图接线。线路力求简单明了，接线原则是先串联主回路，再接并联支路。为查找线路方便，每路可用相同颜色的导线或插头。

4．测取数据

预习时对电机、变压器的实验方法及所测数据的大小做到心中有数。正式实验时，根据实验步骤逐次测取数据并做好记录。

三、实验报告

学生在实验室做完实验后，应及时完成实验报告。实验报告应写明：

（1）实验名称、实验目的、实验线路，实验使用的仪器仪表的型号、规格及精度，被测试设备的型号、规格、铭牌数据。

（2）实验记录的数据、表格、曲线及实验数据处理，实验结果的分析及结论，实验过程的认识说明及解答思考题等，并分析理论与实际产生误差的原因。

① 实验报告应写在规定格式的实验报告纸上，保持整洁。

② 每次实验每人须独立完成一份报告，并按时送交指导教师批阅。

四、注意事项

电机与拖动实验项目均涉及强电，在做实验时注意力要高度集中、严格遵守安全用电规程，养成良好的用电习惯。

（1）必须严格遵守实验室的规章制度和仪器的操作规程，听从老师的指导。

（2）实验线路接好后必须经过老师检查，合格后方可接通电源进行实验。

（3）在实验操作中应注意安全，如发生事故应立即切断电源，并及时报告老师，听从老师指导，不得私自处理，学生应协同老师共同进行事故处理，排除事故后，需经老师检查并同意，才能继续进行实验。

（4）认真进行实验步骤，记录实验数据。实验完毕，经指导老师检查、准许后，才能拆除线路，清理好实验工作场所，整理好实验仪器、仪表及设备后方能离开实验室。

实验一　认识实验

1．实验目的

（1）学习电机实验的基本要求与安全操作注意事项。

（2）认识在直流电机实验中所用的电机、仪表、变阻器等部件及使用方法。

（3）熟悉他励电动机（即并励电动机按他励方式）的接线、起动、改变电机运转方向与调速的方法。

2．预习要点

（1）如何正确选择使用仪器仪表，特别是电压表、电流表的量程。

（2）直流电动机起动时，励磁电源和电枢电源应如何调节？为什么？若励磁回路断开造成失磁时，会产生什么严重后果？

（3）直流电动机调速及改变转向的方法。

3．实验项目

（1）了解电机系统教学实验台中的直流稳压电源、涡流测功机、变阻器、多量程直流电压表、电流表、毫安表及直流电动机的使用方法。

（2）用伏安法测直流电动机和直流发电机的电枢绕组的冷态电阻。

（3）直流他励电动机的起动，调速及改变转向。

4．实验设备

（1）直流电动机电枢电源（NMEL-18/1）。

（2）直流电动机励磁电源（NMEL-18/2）。

（3）可调电阻箱（NMEL-03/4）。

（4）电机导轨及测功机、转速转矩测量（NMEL-13）。

（5）直流电压、电流表。

（6）直流并励电动机 M03。

5．实验说明及操作步骤

（1）由实验指导人员讲解电机实验的基本要求，实验台各面板的布置及使用方法，注意事项。

（2）在控制屏上按次序悬挂 NMEL-13、NMEL-03/4 组件，并检查 NMEL-13 和涡流测功机的联接。

（3）用伏安法测电枢的直流电阻，接线原理图见图 9-1。

R：可调电阻箱（NMEL-03/4）中的单相可调电阻 R_1。

V：直流电压表。

A：直流安培表。

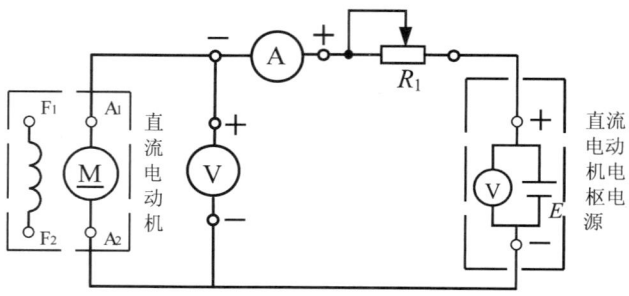

图 9-1　测电枢绕组直流电阻接线图

① 经检查接线无误后,直流电动机电枢电源调至最小,R_1 调至最大,直流电压表量程选为 300 V 挡,直流电流表量程选为 2 A 挡。

② 依次按下主控制屏绿色"闭合"按钮开关,使直流电动机电枢电源的船形开关处于"ON",建立直流电源,并调节直流电源至 110 V 输出。

调节 R_1 使电枢电流达到 0.2 A(如果电流太大,可能由于剩磁的作用使电机旋转,测量无法进行,如果此时电流太小,可能由于接触电阻产生较大的误差),改变电压表量程为 20 V,迅速测取电机电枢两端电压 U_M 和电流 I_a。将电机转子分别旋转 1/3 和 2/3 周,同样测取 U_M,I_a,填入表 9-1。

③ 增大 R(逆时针旋转)使电流分别达到 0.15 A 和 0.1 A,用上述方法测取六组数据,填入表 9-1。

取三次测量的平均值作为实际冷态电阻值 $R_a = \dfrac{R_{a1}+R_{a2}+R_{a3}}{3}$。

表 9-1　　　　　　　　　　　　　　　　　　　　室温_____℃

序号	U_M/V	I_a/A	R/Ω		R_a 平均/Ω	R_{aref}/Ω
1			R_{a11}	R_{a1}		
			R_{a12}			
			R_{a13}			
2			R_{a21}	R_{a2}		
			R_{a22}			
			R_{a23}			
3			R_{a31}	R_{a3}		
			R_{a32}			
			R_{a33}			

表中:$R_{a1} = (R_{a11}+R_{a12}+R_{a13})/3$;
　　　$R_{a2} = (R_{a21}+R_{a22}+R_{a23})/3$;
　　　$R_{a3} = (R_{a31}+R_{a32}+R_{a33})/3$。

④ 计算基准工作温度时的电枢电阻。

由实验测得电枢绕组电阻值,此值为实际冷态电阻值,冷态温度为室温。按下式换算到基准工作温度时的电枢绕组电阻值:

$$R_{aref} = R_a \dfrac{235+\theta_{ref}}{235+\theta_a}$$

式中　R_{aref}——换算到基准工作温度时电枢绕组电阻,Ω;

　　　R_a——电枢绕组的实际冷态电阻,Ω;

　　　θ_{ref}——基准工作温度,对于 E 级绝缘为 75 ℃;

　　　θ_a——实际冷态时电枢绕组的温度,℃。

(4)直流电动机的起动。

实验开始时,将 NMEL-13"转速控制"和"转矩控制"选择开关拨向"转矩控制","转速/转矩设定"旋钮逆时针旋到底。

① 按图 9-2 接线,检查电机导轨和 NMEL-13 的联接线是否接好,电动机励磁回路接线是否牢靠。

② 将直流电动机电枢电源调至最小,直流电动机励磁电源调至最大。

③ 合上控制屏的漏电保护器,按次序按下绿色"闭合"按钮开关,分别使直流电动机励磁电源船形开关和直流电动机电枢电源船形开关处于"ON"位置,此时,电动机电枢电源的绿色工作发光二极管亮,指示直流电压已建立,调节旋钮,使电动机电枢电源输出 220 V 电压。

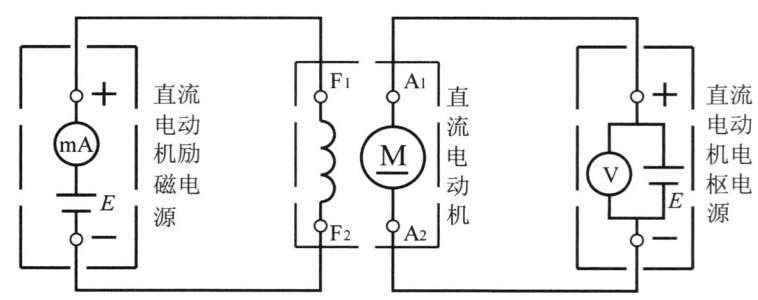

图 9-2 直流他励电动机接线图

(5)调节他励电动机的转速。

① 分别改变电动机电枢电源和励磁电流,观察转速变化情况。

② 调节"转速/转矩设定"旋钮,改变转矩,注意转矩不要超过 1.1 N·m,以上两种情况可分别观察转速变化情况。

(6)改变电动机的转向。

将直流电动机电枢电源调至最小,"转速/转矩设定"旋钮逆时针调到底,先断开电动机电枢电源,再断开励磁电源,使电动机停机,将电枢或励磁回路的两端接线对调后,再按前述起动电机,观察电动机的转向及转速表的读数。

6.注意事项

(1)直流他励电动机起动时,须将励磁电源调到最大。先接通励磁电源,使励磁电流最大,同时必须将电枢电源调至最小,然后方可接通电源,使电动机正常起动,起动后,将电枢电源调至 220 V,使电机正常工作。

(2)直流他励电机停机时,必须先切断电枢电源,然后断开励磁电源。同时,必须将电枢电源调回最小值,励磁电源调到最大值,给下次起动作好准备。

(3)测量前注意仪表的量程及极性,接法。

7.实验报告

(1)画出直流并励电动机电枢串电阻起动的接线图。说明电动机起动时,电动机电枢电源和电动机励磁电源应如何调节,为什么。
(2)减小电枢电源,电机的转速如何变化?减小励磁电源,转速又如何变化?
(3)用什么方法可以改变直流电动机的转向?
(4)为什么要求直流并励电动机磁场回路的接线要牢靠?
(5)接线后合闸,电机不能起动应考虑可能的原因是什么?起动时"飞车"可能的原因是什么?

实验二 直流电动机

1．实验目的

(1)掌握用实验方法测取直流他励电动机的工作特性和机械特性。
(2)掌握直流电动机的调速方法。

2．预习要点

(1)什么是直流电动机的工作特性和机械特性?
(2)直流电动机调速原理是什么?

3．实验项目

(1)工作特性和机械特性。
保持 $U = U_N$ 和 $I_f = I_{fN}$ 不变,测取 n,T_2,$n = f(I_a)$ 及 $n = f(T_2)$。
(2)调速特性。
① 改变电枢电压调速。
保持 $U = U_N$,$I_f = I_{fN}$ = 常数,T_2 = 常数,测取 $n = f(U_a)$。
② 改变励磁电流调速。
保持 $U = U_N$,T_2 = 常数,$R_1 = 0$,测取 $n = f(I_f)$。
③ 观察能耗制动过程。

4．实验设备

(1)直流电动机电枢电源(NMEL-18/1)。
(2)直流电动机励磁电源(NMEL-18/2)。
(3)可调电阻箱(NMEL-03/4)。
(4)电机导轨及测功机、转速转矩测量(NMEL-13)。

（5）开关（NMEL-05）。
（6）直流电压、电流表。
（7）直流并励电动机 M03。

5．实验方法

1）他励电动机的工作特性和机械特性

实验线路如图 9-3 所示。

V、A：直流电压表（量程为 300 V 挡）、直流电流表（量程为 2 A 挡）。

（1）将直流电动机励磁电源调至最大，直流电动机电枢电源调至最小。检查涡流测功机与 NMEL-13 是否相连，将 NMEL-13 "转速控制"和"转矩控制"选择开关拨向"转矩控制"，"转速/转矩设定"旋钮逆时针旋到底，使船形开关处于"ON"，按实验一方法起动直流电机，使电机旋转，并调整电机的旋转方向，使电机正转。

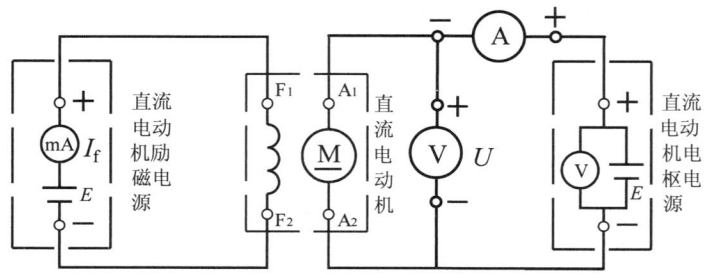

图 9-3　直流电动机接线图

（2）直流电机正常起动后，调节直流电动机电枢电源的输出至 220 V，再分别调节直流电动机励磁电源和"转速/转矩设定"旋钮，使电动机达到额定值：$U = U_N = 220$ V，$I = I_N$，$n = n_N = 1\ 600$ r/min，此时直流电机的励磁电流 $I_f = I_{fN}$（额定励磁电流）。

（3）保持 $U = U_N$，$I_f = I_{fN}$ 不变的条件下，逐次减小电动机的负载，即逆时针调节"转速/转矩设定"旋钮，测取电动机电枢电流 I、转速 n 和转矩 T_2，共取数据 7~8 组填入表 9-2 中。

表 9-2　　　　$U = U_N = 220$ V　　$I_f = I_{fN} = $ 　　mA

实验数据	I/A							
	n/(r/min)							
	T_2/(N·m)							
计算数据	P_2/W							
	P_1/W							
	η/%							
	Δn/%							

2）调速特性

（1）改变电枢端电压的调速。

实验线路如图 9-3 所示。

① 按上述方法起动直流电机后，同时调节"转速/转矩设定"旋钮，直流电动机电枢电压和直流电动机励磁电流，使电动机的 $U = U_N$，$I = 0.5I_N$，$I_f = I_{fN}$，记录此时的 $T_2 = $ ____ N·m。

② 保持 T_2 不变，$I_f = I_{fN}$ 不变，逐次降低电枢两端的电压 U，每次测取电压 U，转速 n 和电枢电流 I，共取 7~8 组数据填入表 9-3 中。

表 9-3　　　　$I_f = I_{fN} = $ ____ mA，$T_2 = $ ____ N·m

U/V								
n/(r/min)								
I/A								

（2）改变励磁电流的调速。

① 直流电动机起动后，将直流电动机励磁电流调至最大，调节直流电动机电枢电源为 220 V，调节"转速/转矩设定"旋钮，使电动机的 $U = U_N$，$I_a = 0.5I_N$，记录此时的 $T_2 = $ ____ N·m

② 保持 T_2 和 $U = U_N$ 不变，逐次减小直流电动机励磁电流，直至 $n = 1.3n_N$，每次测取电动机的 n、I_f 和 I_a，共取 7~8 组数据填写入表 9-4 中。

表 9-4　　　　$U = U_N = 220$ V，$T_2 = $ ____ N·m

n/(r/min)								
I_f/A								
I/A								

（3）能耗制动。

按图 9-4 接线。

R：采用 NMEL-03/4 中电阻 R_1。

S_1：双刀双掷开关（NMEL-05）

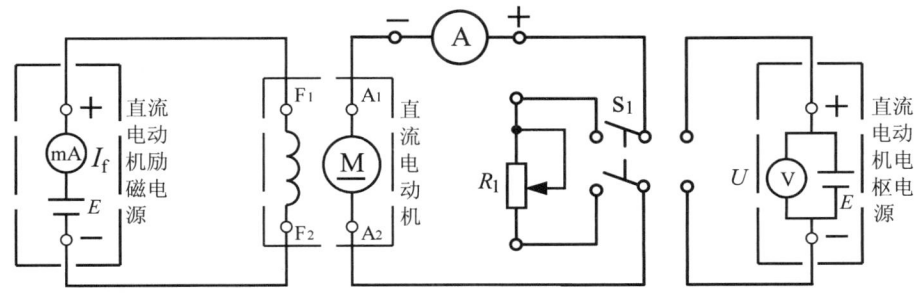

图 9-4　直流电动机能耗制动接线图

① 将开关 S_1 合向电枢电源端，电枢电源调至最小，磁场电源调至最大，起动直流电机。

② 运行正常后，将开关 S_1 合向中间位置，使电枢开路，电机处于自由停机，记录停机时间。

③ 重复起动电动机，待运转正常后，把 S_1 合向电阻 R_1 端，选择不同 R_1 阻值，观察对停机时间的影响，记录停机时间。

6．实验报告

（1）由表 9-2 计算出 P_2 和 η，并绘出 n，T_2，$\eta = f(I_a)$ 及 $n = f(T_2)$ 的特性曲线。

电动机输出功率 $P_2 = 0.105nT_2$

式中输出转矩 T_2 的单位符号为 N·m，转速 n 的单位符号为 r/min。

电动机输入功率 $P_1 = UI$

电动机效率 $\eta = \dfrac{P_2}{P_1} \times 100\%$

由工作特性求出转速变化率：

$$\Delta n = \dfrac{n_0 - n_N}{n_N} \times 100\%$$

（2）绘出他励电动机调速特性曲线 $n = f(U)$ 和 $n = f(I_f)$。分析在恒转矩负载时两种调速的电枢电流变化规律以及两种调速方法的优缺点。

（3）在减小励磁电源调速时能否加满载？为什么？

（4）能耗制动时间与制动电阻 R_1 的电阻值有什么关系？为什么？该制动方法有什么缺点？

（5）电动机起动电流取决于什么？负载稳定运行时的电枢电流取决于什么？

实验三　直流发电机

1．实验目的

（1）掌握用实验方法测定直流发电机的运行特性，并根据所测得的运行特性评定该电机的有关性能。

（2）通过实验观察并励发电机的自励过程和自励条件。

2．预习要点

（1）什么是发电机的运行特性？对于不同的特性曲线，在实验中哪些物理量应保持不变，而哪些物理量应测取？

（2）做空载实验时，励磁电流为什么必须单方向调节？
（3）并励发电机的自励条件有哪些？当发电机不能自励时应如何处理？
（4）如何确定复励发电机是积复励还是差复励？

3．实验项目

1）他励发电机
（1）空载特性：保持 $n = n_N$，使 $I = 0$，测取 $U_0 = f(I_f)$。
（2）外特性：保持 $n = n_N$，使 $I_f = I_{fN}$，测取 $U = f(I)$。
（3）调节特性：保持 $n = n_N$，使 $U = U_N$，测取 $I_f = f(I)$。
2）并励发电机
（1）观察自励过程。
（2）测外特性：保持 $n = n_N$，使 R_f = 常数，测取 $U = f(I)$。
3）复励发电机
积复励发电机外特性：保持 $n = n_N$，使 R_f = 常数，测取 $U = f(I)$。

4．实验设备

（1）直流电动机电枢电源（NMEL-18/1）。
（2）直流电动机励磁电源（NMEL-18/2）。
（3）同步发电机励磁电源/直流发电机励磁电源（NMEL-18/3）。
（4）可调电阻箱（NMEL-03/4）。
（5）电机导轨及测功机、转速转矩测量（NMEL-13）。
（6）开关板（NMEL-05）。
（7）直流电压、毫安、安培表。
（8）直流发电机 M01。
（9）直流并励电动机 M03。

5．实验说明及操作步骤

1）他励发电机
按图 9-5 接线。
S_1：双刀双掷开关（NMEL-05）。
R_1：发电机负载电阻（NMEL-03/4 中 R_1）。
V、A：分别为直流电压表（量程为 300 V 挡），直流安倍表（量程为 2 A 挡）。
（1）空载特性。
① 打开发电机负载开关 S_1，将 NMEL-18/3 中钮子开关拨向直流发电机励磁，直流发电机励磁电流调至最小，接通直流发电机励磁电源，注意选择各仪表的量程。

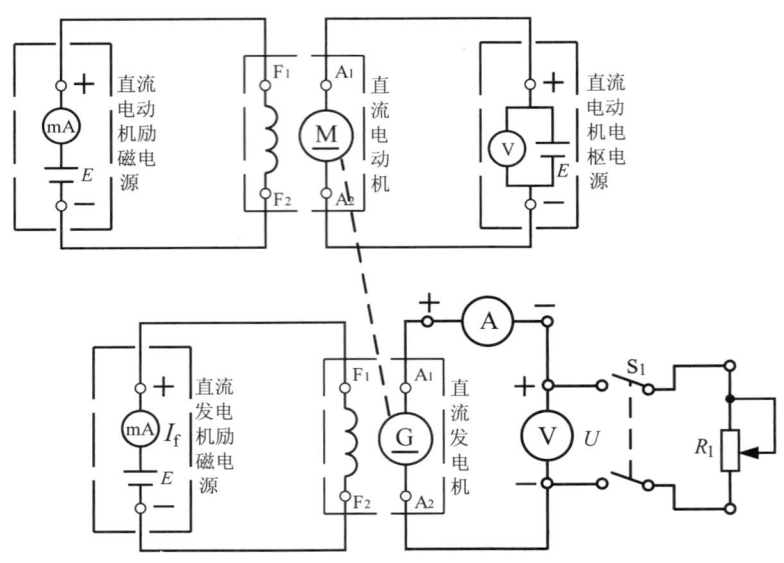

图 9-5　直流他励发电机接线图

② 调节直流电动机电枢电源至最小，直流电动机励磁电流最大，接通直流电动机励磁电源，接通直流电动机电枢电源，使电机旋转。

③ 从数字转速表上观察电机旋转方向，若电机反转，可先停机，将直流电动机电枢或励磁两端接线对调，重新起动，则电机转向应符合正向旋转的要求。

④ 调节电动机电枢电源至220 V，再调节电动机励磁电流，使电动机（发电机）转速达到1 600 r/min（额定值），并在以后整个实验过程中始终保持此额定转速不变。

⑤ 调节发电机励磁电流，使发电机空载电压达 $U_0 = 1.2U_N$（240 V）为止。

⑥ 在保持电机额定转速（1 600 r/min）条件下，从 $U_0 = 1.2U_N$ 开始，单方向调节直流发电机励磁电流，使发电机励磁电流逐次减小，直至 $I_f = 0$。

每次测取发电机的空载电压 U_0 和励磁电流 I_f，只取 7～8 组数据，填入表9-5中，其中 $U_0 = U_N$ 和 $I_f = 0$ 两点必测，并在 $U_0 = U_N$ 附近测点应较密。

表 9-5　　　　　　　　　　　　　　　　　　　　　　　　　$n = n_N = 1\,600$ r/min

U_0/V									
I_f/mA									

（2）外特性。

① 在空载实验后，把发电机负载电阻 R_1 调到最大值，合上负载开关 S_1。

② 同时调节电动机励磁电流，发电机励磁电流和负载电阻 R，使发电机的 $n = n_N$，$U = U_N$（200 V），$I = I_N$（0.5 A），该点为发电机的额定运行点，其励磁电流称为额定励磁电流 I_{fN} = _____ mA。

③ 在保持 $n = n_N$ 和 $I_{f2} = I_{fN}$ 不变的条件下，逐渐增加负载电阻，即减少发电机负载电流，在额定负载到空载运行点范围内，每次测取发电机的电压 U 和电流 I，直到空载（断开开关

S_1），共取 6～7 组数据，填入表 9-6 中。其中额定和空载两点必测。

表 9-6　　　　　　　　　　　　$n = n_N = 1\,600$ r/min，$I_f = I_{fN}$

U/V								
I/A								

（3）调整特性。

① 断开发电机负载开关 S_1，调节发电机励磁电流，使发电机空载电压达额定值（$U_N = 200$ V）。

② 在保持发电机 $n = n_N$ 条件下，合上负载开关 S_1，调节负载电阻 R_1，逐次增加发电机输出电流 I，同时相应调节发电机励磁电流 I_f，使发电机端电压保持额定值 $U = U_N$，从发电机的空载至额定负载范围内每次测取发电机的输出电流 I 和励磁电流 I_f，共取 5～6 组数据填入表 9-7 中。

表 9-7　　　　　　　　　　　　$n = n_N = 1\,600$ r/min，$U = U_N = 200$ V

I/A								
I_f/A								

2）并励直流发电机

（1）观察自励过程。

① 断开主控制屏电源开关，即按下红色按钮。

按图 9-6 接线。

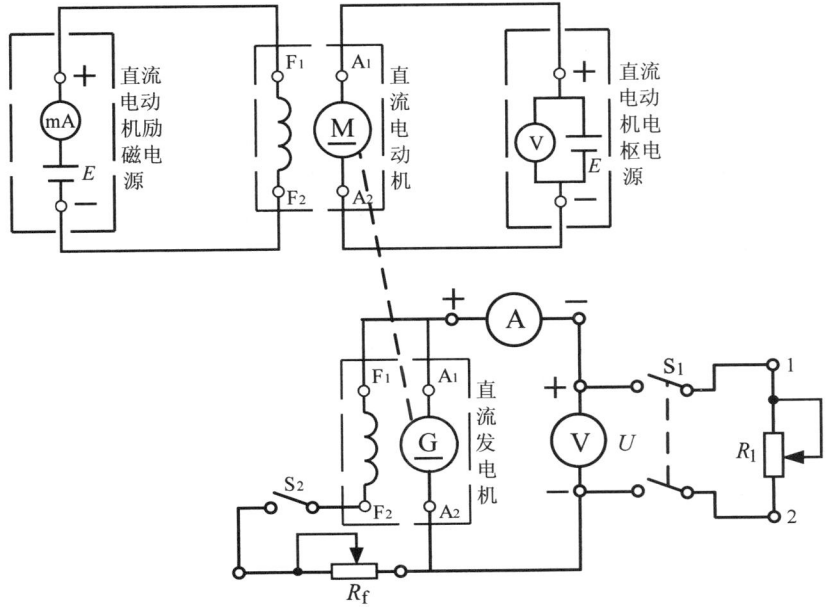

图 9-6　并励直流发电机接线图

S_1，S_2：开关（NMEL-05）。

V，A：直流电压表（量程为 300 V 挡）、直流电流表（量程为 2 A 挡）。

R_f：NMEL-03/4 中 R_2 和 R_3 的电阻单相串联（可取其中 A 相，将 A_2 和 A_3 短接，A_1 和 A_4 引出），然后将 R_3 电阻的 A 相与 B 相并联一起，并调至最大。在实验过程中，当 R_2 顺时针旋转到底以后，将 A_1 和 A_2 短接）。

R_1：发电机负载电阻（NMEL-03/4 中 R_1）。

② 断开 S_1，S_2，按前述方法（他励发电机空载特性实验 b）起动电动机，调节电动机转速，使发电机的转速 $n = n_N$，用直流电压表测量发电机是否有剩磁电压，若无剩磁电压，可将并励绕组改接他励进行充磁。

③ 合上开关 S_2，逐渐减少 R_f，观察电动机电枢两端电压，若电压逐渐上升，说明满足自励条件，如果不能自励建压，将励磁回路的两个端头对调联接即可。

（2）外特性。

① 在并励发电机电压建立后，调节负载电阻 R_1 到最大，合上负载开关 S_1，调节电动机的励磁电流，发电机的磁场调节电阻 R_f 和负载电阻 R_1，使发电机 $n = n_N$，$U = U_N$，$I = I_N$。

② 保证此时 R_f 的值和 $n = n_N$ 不变的条件下，逐步减小负载，直至 $I = 0$，从额定到负载运行范围内，每次测取发电机的电压 U 和电流 I，共取 6~7 组数据，填入表 9-8 中，其中额定和空载两点必测。

表 9-8　　　　　　　$n = n_N = 1\ 600$ r/min　　　$R_f =$ 常值

U/V								
I/A								

3）复励发电机

（1）积复励和差复励的判别

① 接线如图 9-7 所示。

S_1，S_2，S_3：开关（NMEL-05）。

V，A：直流电压表（量程为 300 V 挡）、直流电流表（量程为 2 A 挡）。

R_f：NMEL-03/4 中 R_2 和 R_3 的电阻单相串联（可取其中 A 相，将 A_2 和 A_3 短接，A_1 和 A_4 引出），并调至最大。在实验过程中，当 R_2 顺时针旋转到底以后，将 A_1 和 A_2 短接。

R_1：发电机负载电阻（NMEL-03/4 中 R_1）。

按图接线，先合上开关 S_2，S_3，将串励绕组短接，使发电机处于并励状态运行，按上述并励发电机外特性实验方法，调节发电机输出电流 $I = 0.5I_N$，$n = n_N$，$U = U_N$。

② 打开短路开关 S_2，在保持发电机 n，R_f 和 R_1 不变的条件下，观察发电机端电压的变化，若此电压升高即为积复励，若电压降低为差复励，如要把差复励改为积复励，对调串励绕组接线即可。

（2）积复励发电机的外特性。

实验方法与测取并励发电机的外特性相同。先合上开关 S_1，将发电机调到额定运行点，$n = n_N$，$U = U_N$，$I = I_N$，在保持此时的 R_f 和 $n = n_N$ 不变的条件下，逐次减小发电机负载电流，直至 $I = 0$。从额定负载到空载范围内，每次测取发电机的电压 U 和电流 I，共取 6~7 组数据，记录于表 9-9 中，其中额定和空载两点必测。

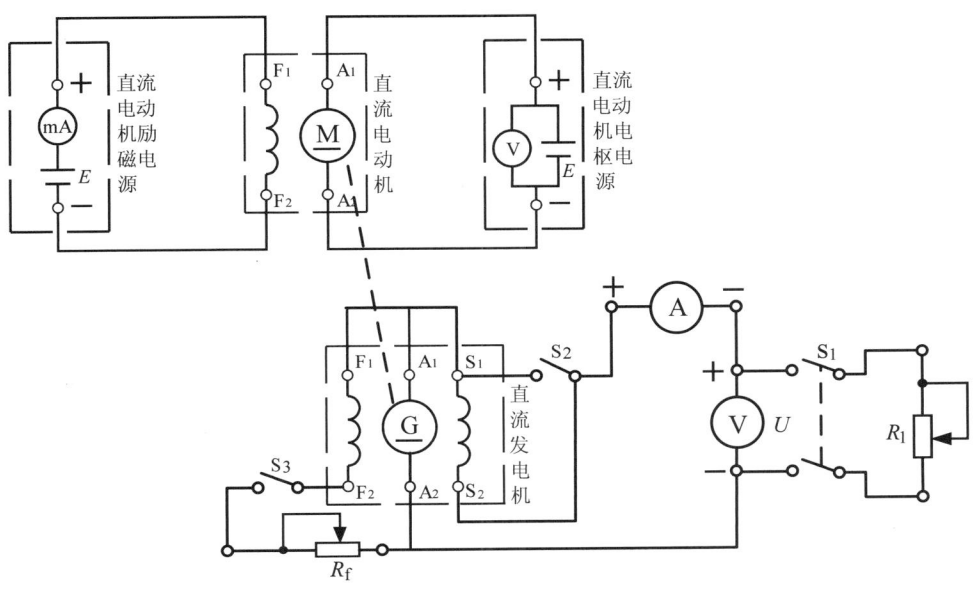

图 9-7 直流复励发电机接线图

表 9-9　　　　　　　　$n = n_N =$　　r/min　　$R_f =$ 常数

U/V							
I/A							

6. 注意事项

起动直流电动机时，先把电枢电源调至最小，励磁电源调至最大，起动完毕后，再调节电枢电源。

7. 实验报告

（1）根据空载实验数据，作出空载特性曲线，由空载特性曲线计算出被试电机的饱和系数和剩磁电压的百分数。

（2）在同一张坐标上绘出他励、并励和复励发电机的三条外特性曲线。分别算出三种励磁方式的电压变化率：

$$\Delta U = \frac{U_0 - U_N}{U_N} \times 100\%$$

并分析差异的原因是什么。

（3）绘出他励发电机调整特性曲线，分析在发电机转速不变的条件下，负载增加时，要保持端电压不变，必须增加励磁电流的原因。

（4）并励发电机不建压的原因有哪些？能够建压但电压低了，可能的原因是什么？说明并励发电机如何改变电压极性？

实验四　单相变压器

1．实验目的

（1）通过空载和短路实验测定变压器的变比和参数。
（2）通过负载实验测取变压器的运行特性。

2．预习要点

（1）变压器的空载和短路实验有什么特点？实验中电源电压一般加在哪一方较合适？
（2）在空载和短路实验中，各种仪表应怎样联接才能使测量误差最小？
（3）如何用实验方法测定变压器的铁耗及铜耗？

3．实验项目

（1）空载实验　测取空载特性 $U_0 = f(I_0)$，$P_0 = f(U_0)$。
（2）短路实验　测取短路特性 $U_k = f(I_k)$，$P_k = f(I)$。
（3）负载实验　保持 $U_1 = U_{1N}$，$\cos\varphi_2 = 1$ 的条件下，测取 $U_2 = f(I_2)$。

4．实验设备

（1）交流电压表、电流表、功率、功率因数表。
（2）可调电阻箱（NMEL-03/4）。
（3）开关（NMEL-05）。
（4）单相变压器。

5．实验方法

1）空载实验
实验线路如图 9-8 所示。

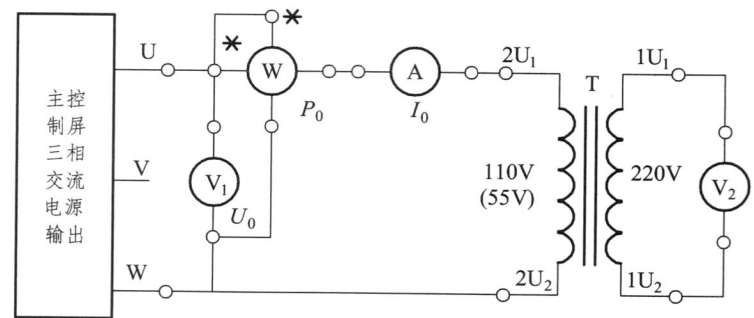

图 9-8　空载实验接线图

实验时，变压器低压线圈 $2U_1$，$2U_2$ 接电源，高压线圈 $1U_1$，$1U_2$ 开路。

A，V_1，V_2 分别为交流电流表、交流电压表。其中用一只电压表，交替观察变压器的原、副边电压读数。

W 为功率表，需注意电压线圈和电流线圈的同名端，避免接错线。

① 未上主电源前，将调压器旋钮逆时针方向旋转到底。并合理选择各仪表量程。

② 合上交流电源总开关，即按下绿色"闭合"开关，顺时针调节调压器旋钮，使变压器空载电压 $U_0 = 1.2U_N$。

③ 然后，逐次降低电源电压，在 $1.2 \sim 0.5U_N$ 的范围内；测取变压器的 U_0，I_0，P_0，共取 6~7 组数据，记录于表 9-10 中。其中 $U = U_N$ 的点必须测，并在该点附近测的点应密些。为了计算变压器的变化，在 U_N 以下测取原方电压的同时测取副方电压，填入表 9-10 中。

④ 测量数据以后，断开三相电源，以便为下次实验作好准备。

表 9-10

序 号	实 验 数 据				计算数据
	U_0/V	I_0/A	P_0/W	$U_{1U1 \circ 1U2}$	
1					
2					
3					
4					
5					
6					
7					

2) 短路实验

实验线路如图 9-9 所示。（每次改接线路时，都要关断电源）

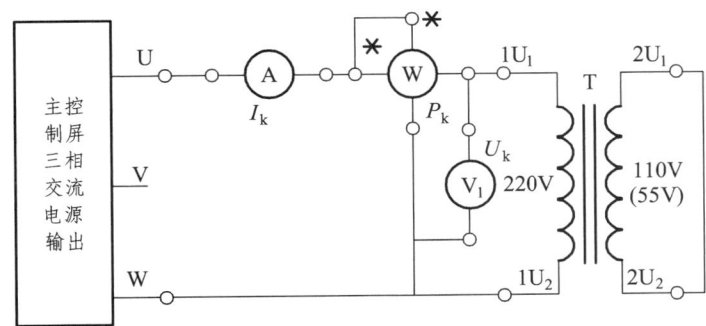

图 9-9 短路实验接线图

实验时，变压器 T 的高压线圈接电源，低压线圈直接短路。

A，V，W 分别为交流电流表、电压表、功率表，选择方法同空载实验。

（1）未上主电源前，将调压器调节旋钮逆时针调到底。

（2）合上交流电源绿色"闭合"开关，接通交流电源，逐次增加输入电压，直到短路电流等于 $1.1I_N$ 为止。在 $0.5 \sim 1.1I_N$ 范围内测取变压器的 U_k、I_k、P_k，共取 6～7 组数据记录于表 9-11 中，其中 $I_k = I_N$ 的点必测。并记录实验时周围环境温度（°C）。

表 9-11　　　　　　　　　　　　　　　　　　　　室温 $\theta =$ _____ °C

序 号	实 验 数 据			计 算 数 据
	U_k/V	I_k/A	P_k/W	$\cos\varphi_k$
1				
2				
3				
4				
5				
6				

3）负载实验

实验线路如图 9-10 所示。

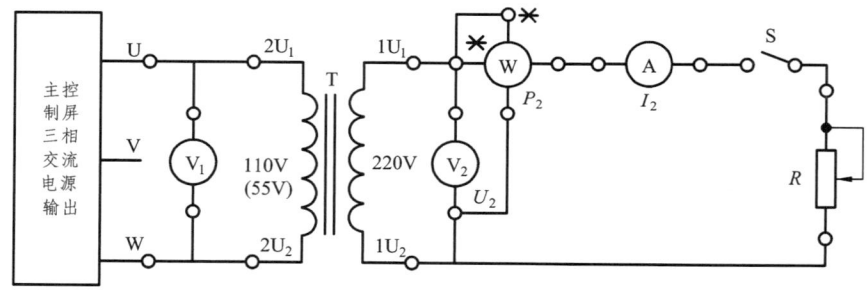

图 9-10　负载实验接线图

变压器 T 低压线圈接电源，高压线圈经过开关 S 接到负载电阻 R 上。R 选用 NMEL-03/4 的 R_1 电阻。开关 S 采用 NMEL-05 的双刀双掷开关，电压表、电流表、功率表（含功率因数表）的选择同空载实验。

（1）未上主电源前，将调压器调节旋钮逆时针调到底，S 断开，负载电阻值调节到最大。

（2）合上交流电源，逐渐升高电源电压，使变压器输入电压 $U_1 = U_N$。

（3）在保持 $U_1 = U_N$ 的条件下，合下开关 S，逐渐增加负载电流，即减小负载电阻 R 的值，从空载到额定负载范围内，测取变压器的输出电压 U_2 和电流 I_2。

（4）测取数据时，$I_2 = 0$ 和 $I_2 = I_{2N}$ 必测，共取数据 6～7 组，记录于表 9-12 中。

表 9-12　　　　　　　　　　　　　　　　$\cos\varphi_2 = 1$　$U_1 = U_N$

序 号	1	2	3	4	5	6	7
U_2/V							
I_2/A							

6．注意事项

（1）在变压器实验中，应注意电压表、电流表、功率表的合理布置。
（2）短路实验操作要快，否则线圈发热会引起电阻变化。

7．实验报告

1）计算变比

由空载实验测取变压器的原、副方电压的三组数据，分别计算出变比，然后取其平均值作为变压器的变比 k。

$$k = U_{1U1 \cdot 1U2}/U_{2U1 \cdot 2U2}$$

2）绘出空载特性曲线和计算励磁参数

（1）绘出空载特性曲线

$$U_0 = f(I_0), \quad p_0 = f(U_0), \quad \cos\varphi_0 = f(U_0)$$

式中：$\cos\varphi_0 = \dfrac{p_0}{U_0 I_0}$

（2）计算励磁参数。

从空载特性曲线上查出对应于 $U_0 = U_N$ 时的 I_0 和 P_0 值，并由下式算出励磁参数。

$$R_m = \dfrac{p_0}{I_0^2}$$

$$Z_m = \dfrac{U_0}{I_0}$$

$$X_m = \sqrt{Z_m^2 - R_m^2}$$

3）绘出短路特性曲线和计算短路参数

（1）绘出短路特性曲线 $U_k = f(I_k)$，$P_k = f(I_k)$、$\cos\varphi_k = f(I_k)$。
（2）计算短路参数。

从短路特性曲线上查出对应于短路电流 $I_k = I_N$ 时的 U_k 和 P_k 值，由下式算出实验环境温度为 θ（°C）短路参数。

从短路特性曲线上查出对应于短路电流 $I_k = I_N$ 时的 U_k 和 P_k 值，由下式算出实验环境温度为 θ（°C）短路参数。折算到低压方 $Z_k = \dfrac{Z_k'}{k^2}$，$R_k = \dfrac{R_k'}{k^2}$，$X_k = \dfrac{X_k'}{k^2}$。

由于短路电阻 R_k 随温度而变化，因此，算出的短路电阻应按国家标准换算到基准工作温度 75 °C 时的电阻值。

$$R_{k75°C} = R_{k\theta} \dfrac{234.5 + 75}{234.5 + \theta}$$

$$Z_{k75°C} = \sqrt{R_{k75°C} + X_k^2}$$

式中：234.5 为铜导线的常数，若用铝导线常数应改为 228。

阻抗电压

$$U_k = \frac{I_N Z_{k75°C}}{U_N} \times 100\%$$

$$U_{kr} = \frac{I_N R_{k75°C}}{U_N} \times 100\%$$

$$U_k = \frac{I_N X_k}{U_N} \times 100\%$$

$I_k = I_N$ 时的短路损耗 $p_{kN} = I_N^2 R_{k75°C}$

4）画等效电路

利用空载和短路实验测定的参数，画出被试变压器折算到低压方的"T"形等效电路。

5）变压器的电压变化率 ΔU

（1）绘出 $\cos\varphi_2 = 1$ 和外特性曲线 $U_2 = f(I_2)$，由特性曲线计算出 $I_2 = I_{2N}$ 时的电压变化率ΔU。

$$\Delta U = \frac{U_{20} - U_2}{U_{20}} \times 100\%$$

（2）分析电压变化率 ΔU 与什么因素有关？

6）思考题

（1）如何用实验求取变压器的短路电压？

（2）在做空载实验时，如果电源电压高于额定电压或低于额定电压，分析求取的参数会如何变化？

（3）如果空载实验在高压侧做和短路实验在低压侧做，请分析结果会如何？

实验五　三相变压器的联接组

1．实验目的

（1）掌握用实验方法测定三相变压器的极性。
（2）掌握用实验方法判别变压器的联接组。

2．预习要点

（1）联接组的定义。为什么要研究联接组?国家规定的标准联接组有哪几种？
（2）如何把 Y/y0 联接组改成 Y/y6 联接组以及把 Y/d11 改为 Yd5 联接组？

3．实验项目

（1）测定极性。
（2）联接并判定以下联接组。
① Y/y0。
② Y/y6。
③ Y/d11。
④ Y/d5。

4．实验设备

（1）交流电压表、电流表、功率、功率因数表。
（2）可调电阻箱（NMEL-03/4）。
（3）旋转指示灯及开关（NMEL-05）。
（4）三相变压器。

5．实验方法

1）测定极性
（1）测定相间极性。
① 按照图 9-11 接线，$1U_1$、$1U_2$ 间施加约 50%的额定电压，测出电压 $U_{1V1\cdot1V2}$、$U_{1W1\cdot1W2}$、$U_{1U1\cdot1W1}$，若 $U_{1U1\cdot1W1} = |U_{1V1\cdot1V2} - U_{1W1\cdot1W2}|$，则首末端标记正确；若 $U_{1U1\cdot1W1} = |U_{1V1\cdot1V2}+U_{1W1\cdot1W2}|$，则首末端标记不对，须将 V，W 两相任一相绕组的首末端标记对调。
② 用同样方法，将 V，W 两相任一相施加电压，另外两相末端相连，定出每相首、末端正确的标记。

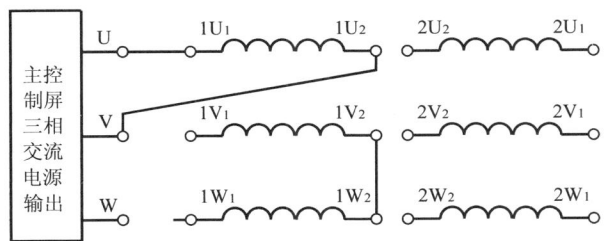

图 9-11 测定相间极性接线图

（2）测定原、副方极性。
① 暂时标出三相低压绕组的标记 $2U_1$，$2V_1$，$2W_1$，$2U_2$，$2V_2$，$2W_2$，然后按照图 9-12 所示接线。原、副方中点用导线相连。
② 高压三相绕组施加约 50% 的额定电压，测出电压 $U_{1U1\cdot1U2}$，$U_{1V1\cdot1V2}$，$U_{1W1\cdot1W2}$，$U_{2U1\cdot2U2}$，$U_{2V1\cdot2V2}$，$U_{2W1\cdot2W2}$，$U_{1U1\cdot2U1}$，$U_{1V1\cdot2V1}$，$U_{2W1\cdot2W1}$，若 $U_{1U1\cdot2U1} = U_{1U1\cdot1U2} - U_{2U1\cdot2U2}$，则 U 相高、

低压绕组同柱，并且首端 $1U_1$ 与 $2U_1$ 点为同极性；$U_{1U1·2U1} = U_{1U1·1U2} + U_{2U1·2U2}$，则 $1U_1$ 与 $2U_1$ 端点为异极性。

③ 用同样的方法判别出 $1V_1$，$1W_1$ 两相原、副方的极性。高低压三相绕组的极性确定后，根据要求联接出不同的联接组。

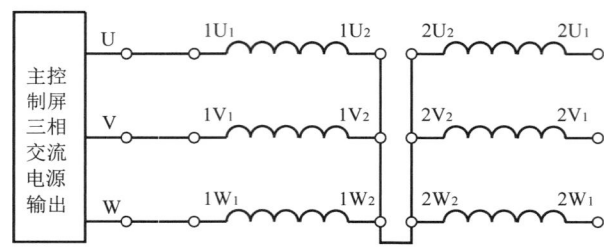

图 9-12 测定原、副方极性接线图

2）检验联接组

（1）Y/y0。

按照图 9-13 接线。$1U_1$、$2U_1$ 两端点用导线联接，在高压方施加三相对称的额定电压，测出 $U_{1U1·1V1}$、$U_{2U1·2V1}$、$U_{1V1·2V1}$、$U_{1W1·2W1}$ 及 $U_{1V1·2W1}$，将数字记录于表 9-13 中。

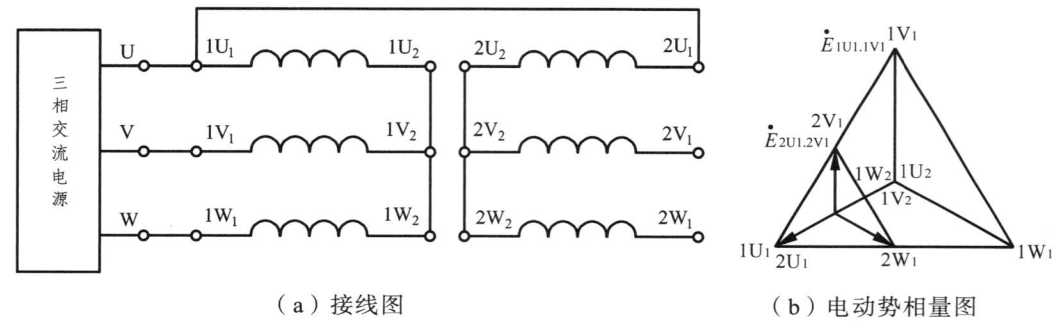

（a）接线图　　　　　　　（b）电动势相量图

图 9-13 Y/y0 联接组

表 9-13

实　验　数　据						计　算　数　据		
$U_{1U1·1V1}$ /V	$U_{2U1·2V1}$ /V	$U_{1V1·2V1}$ /V	$U_{1W1·2W1}$ /V	$U_{1V1·2W1}$ /V	K_L	$U_{1V1·2V1}$ /V	$U_{1W1·2W1}$ /V	$U_{1V1·2W1}$ /V

根据 Y/y0 联接组的电动势相量图可知：

$$U_{1V1·2V1} = U_{1W1·2W1} = (K_L - 1)U_{2U1·2V1}$$

$$U_{1V1·2W1} = U_{2U1·2V1}\sqrt{(K_L^2 - K_L + 1)}$$

$$K_L = \frac{U_{1U1·1V1}}{U_{2U1·2V1}}$$

若用两式计算出的电压 $U_{1V1·2V1}$，$U_{1W1·2W1}$，$U_{1V1·2W1}$ 的数值与实验测取的数值相同，则表示线路图联接正常，属 Y/y0 联接组。

（2）Y/y6。

将 Y/y0 联接组的副方绕组首、末端标记对调，1U$_1$, 2U$_1$ 两端点用导线相连，如图 9-14 所示。

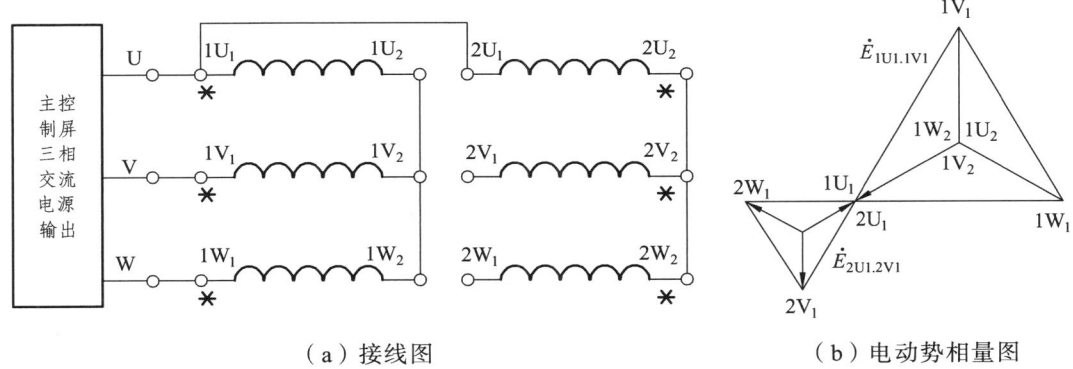

（a）接线图　　　　　　　　　　　　（b）电动势相量图

图 9-14　Y/y6 联接组

按前面方法测出电压 $U_{1U1\cdot1V1}$, $U_{2U1\cdot2V1}$, $U_{1V1\cdot2V1}$, $U_{1W1\cdot2W1}$ 及 $U_{1V1\cdot2W1}$，将数据记录于表 9-14 中。根据 Y/y6 联接组的电动势相量图可得

$$U_{1V1\cdot2V1} = U_{1W1\cdot2W1} = (K_L + 1)U_{2U1\cdot2V1}$$

$$U_{1V1\cdot2W1} = U_{2U1\cdot2V1}\sqrt{(K_L^2 + K_L + 1)}$$

若由上两式计算出电压 $U_{1V1\cdot2V1}$、$U_{1W1\cdot2W1}$、$U_{1V1\cdot2W1}$ 的数值与实测相同，则线圈联接正确，属于 Y/y6 联接组。

表 9-14

实　验　数　据						计　算　数　据		
$U_{1U1\cdot1V1}$/V	$U_{2U1\cdot2V1}$/V	$U_{1V1\cdot2V1}$/V	$U_{1W1\cdot2W1}$/V	$U_{1V1\cdot2W1}$/V	K_L	$U_{1V1\cdot2V1}$/V	$U_{1W1\cdot2W1}$/V	$U_{1V1\cdot2W1}$/V

（3）Y/d11。

按图 9-15 接线。1U$_1$、2U$_1$ 两端点用导线相连，高压方施加对称额定电压，测取 $U_{1U1\cdot1V1}$、$U_{2U1\cdot2V1}$、$U_{1V1\cdot2V1}$、$U_{1W1\cdot2W1}$ 及 $U_{1V1\cdot2W1}$，将数据记录于表 9-15 中。

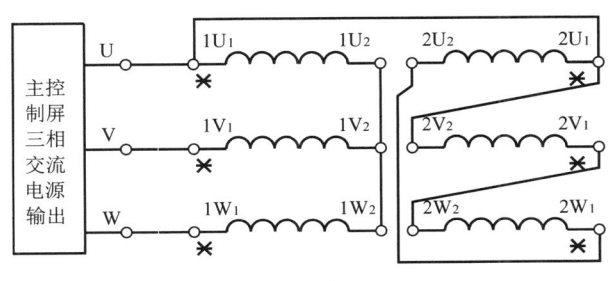

（a）接线图　　　　　　　　　　　　（b）电动势相量图

图 9-15　Y/d11 联接组

表 9-15

实验数据					计算数据			
$U_{1U1\cdot1V1}$ /V	$U_{2U1\cdot2V1}$ /V	$U_{1V1\cdot2V1}$ /V	$U_{1W1\cdot2W1}$ /V	$U_{1V1\cdot2W1}$ /V	K_L	$U_{1V1\cdot2V1}$ /V	$U_{1W1\cdot2W1}$ /V	$U_{1V1\cdot2W1}$ /V

根据 Y/d11 联接组的电动势相量可得

$$U_{1V1\cdot2V1} = U_{1W1\cdot2W1} = U_{1V1\cdot2W1} = U_{2U1\cdot2W1}\sqrt{K_L^2 - \sqrt{3}K_L + 1}$$

若由上式计算出的电压 $U_{1V1\cdot2V1}$，$U_{1W1\cdot2W1}$，$U_{1V1\cdot2W1}$ 的数值与实测值相同，则线圈联接正确，属于 Y/d11 联接组。

（4）Y/d5。

将 Y/d11 联接组的副方线圈首、末端的标记对调，如图 9-16 所示。实验方法同前，测取 $U_{1U1\cdot1V1}$，$U_{2U1\cdot2V1}$，$U_{1V1\cdot2V1}$，$U_{1W1\cdot2W1}$，$U_{1V1\cdot2W1}$，将数据记录于表 9-16 中。

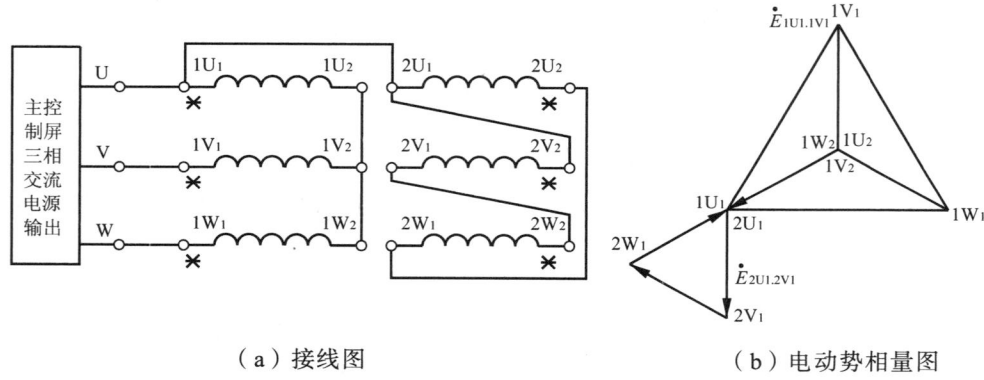

（a）接线图　　　　　　（b）电动势相量图

图 9-16　Y/d5 联接组

表 9-16

实验数据					计算数据			
$U_{1U1\cdot1V1}$ /V	$U_{2U1\cdot2V1}$ /V	$U_{1V1\cdot2V1}$ /V	$U_{1W1\cdot2W1}$ /V	$U_{1V1\cdot2W1}$ /V	K_L	$U_{1V1\cdot2V1}$ /V	$U_{1W1\cdot2W1}$ /V	$U_{1V1\cdot2W1}$ /V

根据 Y/d5 联接组的电动势相量图可得

$$U_{1V1\cdot2V1} = U_{1W1\cdot2W1} = U_{1V1\cdot2W1} = U_{2U1\cdot2V1}\sqrt{K_L^2 + \sqrt{3}K_L + 1}$$

若由上式计算出的电压 $U_{1V1\cdot2V1}$，$U_{1W1\cdot2W1}$，$U_{1V1\cdot2W1}$ 的数值与实测值相同，则线圈联接正确，属于 Y/d5 联接组。

6．变压器联接组校核公式

变压器各联接组校核公式如表 9-17 所示。

表 9-17 （设：$U_{3U1 \cdot 3V1} = 1$，$U_{1U1 \cdot 1V1} = K_L$，$U_{3U1 \cdot 3V1} = K_L$）

组别	$U_{1V1 \cdot 3V1} = U_{1W1 \cdot 3W1}$	$U_{1V1 \cdot 3W1}$	$U_{1V1 \cdot 3W1}/U_{1V1 \cdot 3V1}$
0	$K_L - 1$	$\sqrt{K_L^2 - K_L + 1}$	>1
1	$\sqrt{K_L^2 - \sqrt{3}K_L + 1}$	$\sqrt{K_L^2 + 1}$	>1
2	$\sqrt{K_L^2 - K_L + 1}$	$\sqrt{K_L^2 + K_L + 1}$	>1
3	$\sqrt{K_L^2 + 1}$	$\sqrt{K_L^2 + \sqrt{3}K_L + 1}$	>1
4	$\sqrt{K_L^2 + K + 1}$	$K_L + 1$	>1
5	$\sqrt{K_L^2 + \sqrt{3}K_L + 1}$	$\sqrt{K_L^2 + \sqrt{3}K_L + 1}$	= 1
6	$K_L + 1$	$\sqrt{K_L^2 + K_L + 1}$	<1
7	$\sqrt{K_L^2 - \sqrt{3}K_L + 1}$	$\sqrt{K_L^2 + 1}$	<1
8	$\sqrt{K_L^2 + K_L + 1}$	$\sqrt{K_L^2 - K_L + 1}$	<1
9	$\sqrt{K_L^2 + 1}$	$\sqrt{K_L^2 - \sqrt{3}K_L + 1}$	<1
10	$\sqrt{K_L^2 - \sqrt{3}K_L - 1}$	$K_L - 1$	<1
11	$\sqrt{K_L^2 - \sqrt{3}K_L - 1}$	$\sqrt{K_L^2 - \sqrt{3}K_L + 1}$	= 1

7．实验报告

（1）计算出不同联接组时的 $U_{1V1 \cdot 2V1}$，$U_{1W1 \cdot 2W1}$，$U_{1V1 \cdot 2W1}$ 的数值与实测值进行比较，判别绕组联接是否正确。

（2）分析不同接法对三相变压器空载电流的影响。

（3）由实验数据算出 Y/y 和 Y/d 接法时的原方 $U_{1U1 \cdot 1V1}/U_{1U1}$ 比值，分析产生差别的原因。

（4）请推导变压器一种联接组校核公式。校核公式中的 K_L 是变比吗？

实验六　三相鼠笼型异步电动机的工作特性

1．实验目的

（1）掌握三相异步电动机的空载、堵转和负载实验的方法。
（2）用直接负载法测取三相鼠笼型异步电动机的工作特性。
（3）测定三相鼠笼型异步电动机的参数。

2．预习要点

（1）异步电动机的工作特性指哪些特性？
（2）异步电动机的等效电路有哪些参数？它们的物理意义是什么？
（3）工作特性和参数的测定方法。

3．实验项目

（1）测量定子绕组的冷态电阻。
（2）判定定子绕组的首末端。
（3）空载实验。
（4）短路实验。
（5）负载实验。

4．实验设备

（1）直流电动机电枢电源（NMEL-18/1）。
（2）电机导轨及测功机、矩矩转速测量组件（NMEL-13）。
（3）交流电压表、电流表、功率、功率因数表。
（4）直流电压、电流表。
（5）可调电阻箱（NMEL-03/4）。
（6）开关（NMEL-05）。
（7）三相鼠笼型异步电动机 M04。

5．实验方法及步骤

1）测量定子绕组的冷态直流电阻
准备：将电机在室内放置一段时间，用温度计测量电机绕组端部或铁心的温度。当所测温度与冷动介质温度之差不超过 2K 时，即为实际冷态。记录此时的温度和测量定子绕组的直流电阻，此阻值即为冷态直流电阻。

（1）伏安法。

测量线路如图 9-17。

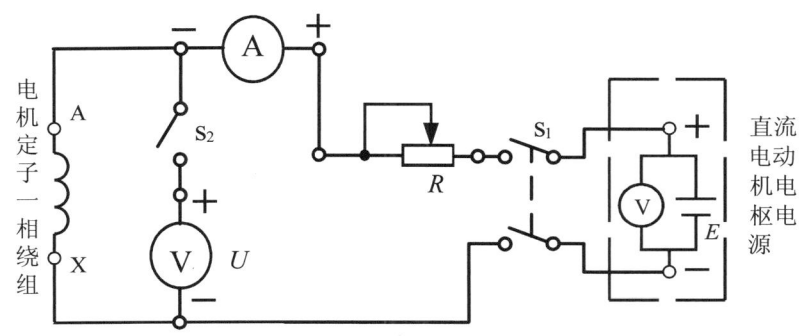

图 9-17　三相交流绕组电阻测定接线图

S_1，S_2：双刀双掷和单刀双掷开关（NMEL-05）。

R：采用 NMEL-03/4 中 R_1 电阻。

A、V：直流电流表和直流电压表。

量程的选择：测量时，通过的测量电流约为电机额定电流的 10%，即为 50 mA，因而直流电流表的量程用 2 A 挡。三相鼠笼型异步电动机定子一相绕组的电阻约为 50 Ω，因而当流过的电流为 50 mA 时电压约为 2.5 V，所以直流电压表量程用 20 V 挡，实验开始前，合上开关 S_1，断开开关 S_2，调节电阻 R 至最大。

分别合上绿色"闭合"按钮开关和直流电动机电枢电源的船形开关，调节直流直流电枢电源及可调电阻 R，使实验电机电流不超过电机额定电流的 10%，以防止因实验电流过大而引起绕组的温度上升，读取电流值，再接通开关 S_2 读取电压值。读完后，先打开开关 S_2，再打开开关 S_1。

调节 R 使 A 表分别为 50 mA，40 mA，30 mA 测取三次，取其平均值，测量定子三相绕组的电阻值，记录于表 9-18 中。

表 9-18　　　　　　　　　　　　　　　　　　　　　　　　　室温_____°C

	绕组 I			绕组 II			绕组 III		
I/mA									
U/V									
R/Ω									

注意事项：① 在测量时，电动机的转子须静止不动。
② 测量通电时间不应超过 1 min。

（2）电桥法（选做）。

用单臂电桥测量电阻时，应先将刻度盘旋到电桥能大致平衡的位置，然后按下电池按钮，接通电源，等电桥中的电源达到稳定后，方可按下检流计按钮接入检流计。测量完毕后，应先断开检流计，再断开电源，以免检流计受到冲击。记录数据于表 9-19 中。

电桥法测定绕组直流电阻准确度以灵敏度高，并有直接读数的优点。

表 9-19

	绕组Ⅰ	绕组Ⅱ	绕组Ⅲ
R/Ω			

2）判定定子绕组的首末端

先用万用表测出各相绕组的两个线端，将其中的任意二相绕组串联，如图 9-18 所示。将调压器调压旋钮退至零位，合上绿色"闭合"按钮开关，接通交流电源，调节交流电源，在绕组端施以单相低电压 $U = 80 \sim 100\text{V}$，注意电流不应超过额定值，测出第三相绕组的电压，如测得的电压有一定读数，表示两相绕组的末端与首端相连，如图 9-18（a）所示；反之，如测得电压近似为零，则二相绕组的末端与末端（或首端与首端）相连，如图 9-18（b）所示。

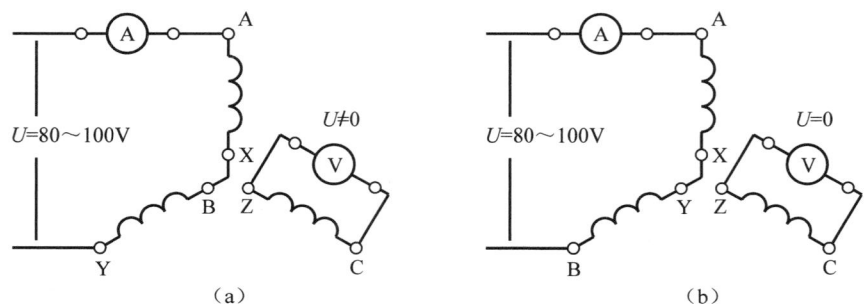

图 9-18　三相交流绕组首末端测定接线图

用同样方法测出第三相绕组的首末端。

3）空载实验

测量电路如图 9-19 所示。电机绕组为△接法（$U_N = 220\text{ V}$），且电机不与测功机同轴联接，不带测功机。

① 起动电压前，把交流电压调节旋钮退至零位，然后接通电源，逐渐升高电压，使电机起动旋转，观察电机旋转方向。并使电机旋转方向符合要求（如电动机转向不符合要求，则对调任意两相电源）。

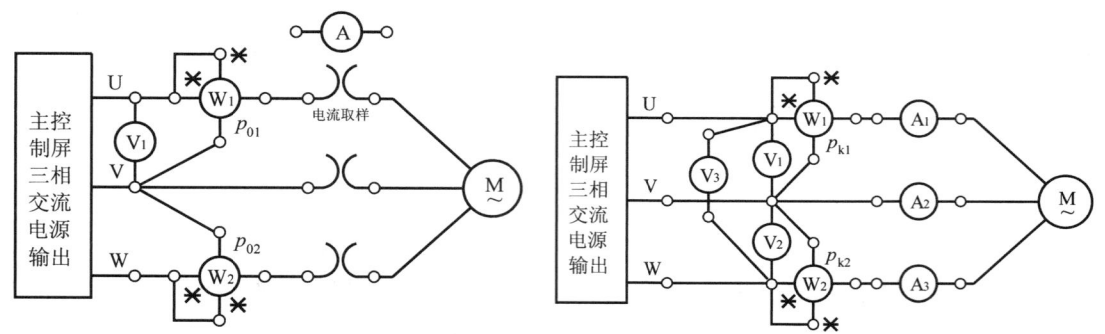

图 9-19　三相异步电动机实验接线图

② 保持电动机在额定电压下空载运行数分钟，使机械损耗达到稳定后再进行实验。

③ 调节电压由 1.2 倍额定电压开始逐渐降低电压，直至电流或功率显著增大为止。在这范围内读取空载电压、空载电流、空载功率。

④ 在测取空载实验数据时，在额定电压附近多测几点，共取数据 7~9 组记录于表 9-20 中。

表 9-20

序号	U_{0C}/V				I_{0L}/A				P_0/W			$cos\varphi_0$
	U_{AB}	U_{BC}	U_{CA}	U_{0L}	I_A	I_B	I_C	I_{0L}	p_I	p_{II}	p_0	
1												
2												
3												
4												
5												
6												
7												

4）短路实验

测量线路如图 9-19。将测功机和三相异步电动机同轴联接。

① 将起子插入测功机堵转孔中，使测功机定转子堵住。将三相调压器退至零位。

② 合上交流电源，调节调压器使之逐渐升压至短路电流到 1.2 倍额定电流，再逐渐降压至 0.3 倍额定电流为止。

③ 在这范围内读取短路电压、短路电流、短路功率，共取 4~5 组数据，填入表 9-21 中。做完实验后，注意取出测功机堵转孔中的起子。

表 9-21

序号	U_{0C}/V				I_{0L}/A				P_0/W			$cos\varphi_k$
	U_{AB}	U_{BC}	U_{CA}	U_k	I_A	I_B	I_C	I_k	p_I	p_{II}	p_k	
1												
2												
3												
4												
5												
6												
7												

5）负载实验

选用设备和测量接线同空载实验。实验开始前，NMEL-13 中的"转速控制"和"转矩控制"选择开关拨向"转矩控制"，"转速/转矩设定"旋钮逆时针调到底。

① 合上交流电源，调节调压器使之逐渐升压至额定电压，并在实验中保持此额定电压不变。

② 调节测功机"转速/转矩设定"旋钮使之加载，使异步电动机的定子电流逐渐上升，直至电流上升到 1.25 倍额定电流。

③ 从这负载开始，逐渐减小负载直至空载，在这范围内读取异步电动机的定子电流、输入功率，转速、转矩等数据，共读取 5～6 组数据，记录于表 9-22 中。

表 9-22　　　　　　　　　　　　　　　$U_N = 220$ V（△）

序号	I_{0L}/A				P_1/W			T_2/(N·m)	n/(r/min)	P_2/W
	I_A	I_B	I_C	I_1	P_I	P_{II}	P_1			
1										
2										
3										
4										
5										
6										

6．实验报告

1）计算基准工作温度时的相电阻

由实验直接测得每相电阻值，此值为实际冷态电阻值。冷态温度为室温。按下式换算到基准工作温度时的定子绕组相电阻：

$$R_{1ef} = R_{1c} \frac{235 + \theta_{ref}}{235 + \theta_c}$$

式中　R_{1ef}——换算到基准工作温度时定子绕组的相电阻，Ω；

　　　R_{1c}——定子绕组的实际冷态相电阻，Ω；

　　　θ_{ref}——基准工作温度，对于 E 级绝缘为 75 ℃；

　　　θ_c——实际冷态时定子绕组的温度，℃。

2）作空载特性曲线

$$I_0, P_0, \cos\varphi_0 = f(U_0)$$

3）作短路特性曲线

$$I_k, P_k = f(U_k)$$

4）由空载、短路实验的数据求异步电动机等效电路的参数

（1）由短路实验数据求短路参数

短路阻抗 $Z_k = \dfrac{U_k}{I_k}$，短路电阻 $R_k = \dfrac{P_k}{3I_k^2}$，短路电抗 $X_k = \sqrt{Z_k^2 - R_k^2}$

式中　U_k, I_k, P_k——由短路特性曲线上查得，相应于 I_k 为额定电流时的相电压、相电流、三

相短路功率。

转子电阻的折合值 　　　$R_2' \approx R_k - R_1$

定、转子漏抗 　　　$X_1' \approx X_2' \approx \dfrac{X_k}{2}$

（2）由空载实验数据求励磁回路参数。

空载阻抗 　　　$Z_0 = \dfrac{U_0}{I_0}$

空载电阻 　　　$R_0 = \dfrac{p_0}{3I_0^2}$

空载电抗 　　　$X_0 = \sqrt{Z_0^2 - R_0^2}$

式中　U_0，I_0，P_0——相应于 U_0 为额定电压时的相电压、相电流、三相空载功率。

励磁电抗 　　　$X_m = X_0 - X_1$

励磁电阻 　　　$R_m = \dfrac{P_{Fe}}{3I_0^2}$

式中　P_{Fe} 为额定电压时的铁耗，由图 9-20 确定。

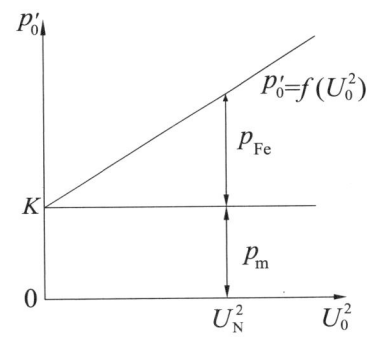

图 9-20　电机中的铁耗和机械损耗

5）作工作特性曲线 P_1，I_1，n，η，s，$\cos\varphi_1 = f(P_2)$

由负载实验数据计算工作特性，填入表 9-23 中。

表 9-23　　　　　$U_1 = 220\text{ V}（\triangle）$　　$I_f = \quad$ A

序号	电动机输入		电动机输出		计算值			
	I_1/A	P_1/W	T_2/(N·m)	n/(r/min)	P_2/W	s/%	η/%	$\cos\varphi_1$
1								
2								
3								
4								
5								
6								

计算公式为

$$I_1 = \frac{I_A + I_B + I_C}{3\sqrt{3}}$$

$$s = \frac{1\,500 - n}{1\,500} \times 100\%$$

$$\cos\varphi_1 = \frac{P_2}{\sqrt{3}U_1 I_1}$$

$$P_2 = 0.105 n T_2$$

$$\eta = \frac{P_2}{P_1} \times 100\%$$

式中　I_1——定子绕组相电流，A；

　　　U_1——定子绕组相电压，V；

　　　s——转差率；

　　　η——效率。

6）由损耗分析法求额定负载时的效率

电动机的损耗有

铁耗　　　　　P_{Fe}

机械损耗　　　P_m

定子铜耗　　　$P_{Cu1} = 3I_1^2 R_1$

转子铜耗　　　$P_{Cu2} = sP_{em}$

杂散损耗 P_a 取为额定负载时输入功率的 0.5%。

式中　P_{em}——电磁功率，W；

$$P_{em} = P_1 - P_{Cu1} - P_{Fe}$$

铁耗和机械损耗之和为：

$$P_0' = P_{Fe} + P_m = P_0 - 3I_2 R_1$$

为了分离铁耗和机械损耗，作曲线 $P_0' = f(U_0^2)$，如图 9-20 所示。

延长曲线的直线部分与纵轴相交于 K 点，K 点的纵坐标即为电动机的机械损耗 P_m，过 K 点作平行于横轴的直线，可得不同电压的铁耗 P_{Fe}。

电机的总损耗 $\sum P = P_{Fe} + P_{Cu1} + P_{Cu2} + P_m + P_a$

于是求得额定负载时的效率为：

$$\eta = \frac{P_1 - \sum P}{P_1} \times 100\%$$

式中　P_1，s，I_1 由工作特性曲线上对应于 P_2 为额定功率 P_N 时查得。

7）思考题

实验时空载与理想空载的差异是什么？用异步电动机工作原理解释，当负载增加转差率也增加的原因是什么？

实验七 三相异步电动机的起动与调速

1．实验目的

通过实验掌握异步电动机的起动和调速的方法。

2．预习要点

（1）复习异步电动机有哪些起动方法和起动技术指标。
（2）复习异步电动机的调速方法。

3．实验项目

（1）异步电动机的直接起动。
（2）异步电动机星形—三角形（Y-△）换接起动。
（3）自耦变压器起动。
（4）绕线型异步电动机转子绕组串入可变电阻器起动。
（5）绕线型异步电动机转子绕组串入可变电阻器调速。

4．实验设备

（1）直流电动机电枢电源（NMEL-18/1）。
（2）电机导轨及测功机、矩矩转速测量组件（NMEL-13）。
（3）交流电压表、电流表、功率、功率因数表。
（4）可调电阻箱（NMEL-03/4）。
（5）开关（NMEL-05）。
（6）三相鼠笼型异步电动机 M04。
（7）绕线型异步电动机 M09。

5．实验方法

1）三相鼠笼型异步电动机直接起动实验。
按图 9-21 接线，电机绕组为 △ 接法。
起动前，把转矩转速测量实验箱（NMEL-13）中"转速/转矩设定"旋钮逆时针调到底，"转速控制""转矩控制"选择开关拨向"转矩控制"，检查电机导轨和 NMEL-13 的联接是否良好。
（1）把三相交流电源调节旋钮逆时针调到底，

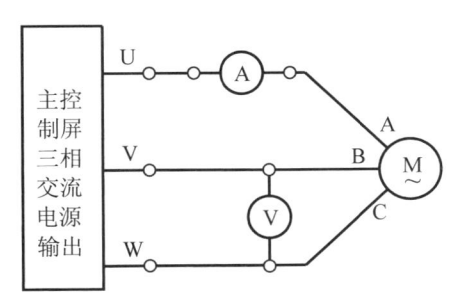

图 9-21 异步电动机直接起动实验接线图

合上绿色"闭合"按钮开关。调节调压器,使输出电压达到电机额定电压 220 V,使电机起动旋转。(电机起动后,观察 NMEL-13 中的转速表,如出现电机转向不符合要求,则须切断电源,调整次序,再重新起动电机。)

(2)断开三相交流电源,待电动机完全停止旋转后,接通三相交流电源,使电机全压起动,观察电机起动瞬间电流值。

(3)断开三相交流电源,将调压器退到零位。用起子插入测功机堵转孔中,将测功机定转子堵住。

(4)合上三相交流电源,调节调压器,观察电流表,使电机电流达 2~3 倍额定电流,读取电压值 U_k、电流值 I_k、转矩值 T_k,填入表中,注意实验时,通电时间不应超过 10 s,以免绕组过热。

测量值填于表 9-24。

对应于额定电压的起动转矩 T_{st} 和起动电流 I_{st} 比按下式计算:

$$T_{st} = \left(\frac{I_{st}}{I_K}\right)^2 T_K$$

式中　I_k——起动实验时的电流值,A;
　　　T_k——起动实验时的转矩值,N·m。

$$I_{st} = \left(\frac{U_N}{U_K}\right) I_K$$

式中　U_k——起动实验时的电压值,V;
　　　U_N——电机额定电压,V。

表 9-24

测　量　值			计　算　值	
U_k/V	I_k/A	T_k/(N·m)	T_{st}/(N·m)	I_{st}/A

2)星形-三角形(Y-△)起动

按图 9-22 接线,电压表、电流表的选择同前,开关 S 选用 NMEL-05。

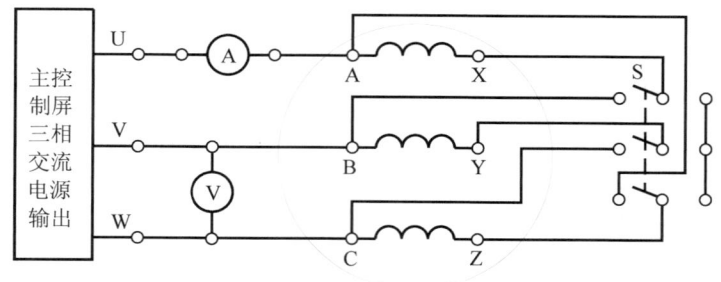

图 9-22　异步电动机星形-三角形起动实验接线图

（1）起动前，把三相调压器退到零位，三刀双掷开关合向右边（Y）接法。合上电源开关，逐渐调节调压器，使输出电压升高至电机额定电压 U_N = 220 V，断开电源开关，待电机停转。

（2）待电机完全停转后，合上电源开关，观察起动瞬间的电流，然后把 S 合向左边（△接法），电机进入正常运行，整个起动过程结束，观察起动瞬间电流表的显示值并与其他起动方法作定性比较。

3）自耦变压器降压起动

按图 9-21 接线。电机绕组为△接法。

（1）先把调压器退到零位，合上电源开关，调节调压器旋钮，使输出电压达 110 V，断开电源开关，待电机停转。

（2）待电机完全停转后，再合上电源开关，使电机就自耦变压器，降压起动，观察电流表的瞬间读数值，经一定时间后，调节调压器使输出电机达电机额定电压 U_N = 220 V，整个起动过程结束。

4）绕线型异步电动机转子绕组串入可变电阻器起动

实验线路如图 9-23 所示，电机定子绕组 Y 接法。转子串入的电阻由刷形开关来调节，调节电阻采用 NMEL-03/4 的绕线电机起动电阻（分 0，2，5，15，∞ 五挡），NMEL-13 中"转矩控制"和"转速控制"开关拨向"转速控制"，"转速/转矩设定"电位器旋钮逆时针调到底。

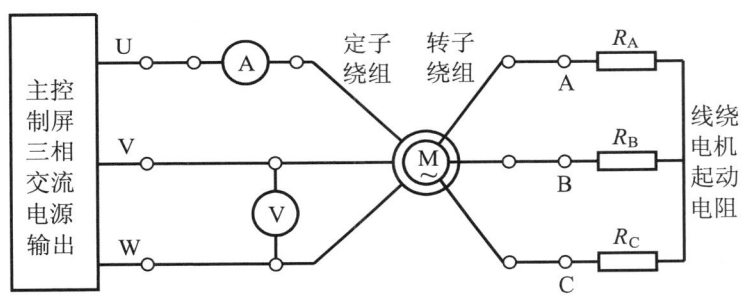

图 9-23 绕线型异步电动机转子绕组串电阻起动实验接线图

（1）起动电源前，把调压器退至零位，起动电阻调节为零。

（2）合上交流电源，调节交流电源使电机起动。注意电机转向是否符合要求。

（3）在定子电压为 180 V 时，顺时针调节"转速/转矩设定"电位器调到底，绕线型电机转速缓慢（每分钟只有几十转），读取此时的转矩值 T_{st} 和 I_{st}。

（4）用刷形开关切换起动电阻，分别读出起动电阻为 2 Ω，5 Ω，15 Ω 的起动转矩 T_{st} 和起动电流 I_{st}，填入表 9-25 中。

注意：实验时通电时间不应超过 20 s，以免绕组过热。

表 9-25　　　　　　　　　　　　　　　　　　　　　　　　　　　U = 180 V

R_{st} /Ω	0	2	5	15
T_{st} /(N·m)				
I_{st} /A				

5）绕线型异步电动机转子绕组串入可变电阻器调速

实验线路同前。NMEL-13A 中"转矩控制"和"转速控制"选择开关拨向"转矩控制"，"转速/转矩设定"电位器逆时针调到底，NMEL-03/4"绕线型电机起动电阻"调节到零。

（1）合上电源开关，调节调压器输出电压至 U_N = 220 V，使电机空载起动。

（2）调节"转速/转矩设定"电位器调节旋钮，使电动机输出功率接近额定功率并保持输出转矩 T_2 不变，改变转子附加电阻，分别测出对应的转速，记录于表 9-26 中。

表 9-26　　　　　　U = 220 V　　T_2 =　　N·m

R_{st}/Ω	0	2	5	15
n / (r/min)				

6．实验报告

（1）比较异步电动机不同起动方法的优缺点。

（2）由起动实验数据求下述三种情况下的起动电流和起动转矩：

① 外施额定电压 U_N。（直接法起动）。

② 外施电压为 $U_N/\sqrt{3}$。（Y-△起动）。

（3）外施电压为 U_k/k_A，式中 k_A 为起动用自耦变压器的变比（自耦变压器起动）。

（3）绕线型异步电动机转子绕组串入电阻对起动电流和起动转矩的影响是什么？

（4）绕线型异步电动机转子绕组串入电阻对电机转速的影响是什么？绕线型异步电动机转子绕组串入电阻，轻载时对转速影响是什么？并与重载比较。

（5）比较鼠笼型异步电动机起动方法特点。

实验八　三相同步发电机的运行特性

1．实验目的

（1）用实验方法测量同步发电机在对称负载下的运行特性。

（2）由实验数据计算同步发电机在对称运行时的稳态参数。

2．预习要点

（1）同步发电机在对称负载下有哪些基本特性？

（2）这些基本特性各在什么情况下测得？

（3）怎样用实验数据计算对称运行时的稳态参数？

3．实验项目

（1）测定电枢绕组实际冷态直流电阻。

（2）空载实验：在 $n = n_N$，$I = 0$ 的条件下，测取空载特性曲线 $U_0 = f(I_f)$。
（3）三相短路实验：在 $n = n_N$，$U = 0$ 的条件下，测取三相短路特性曲线 $I_k = f(I_f)$。
（4）外特性：在 $n = n_N$，$I_f =$ 常数，$\cos\varphi = 1$ 的条件下，测取外特性曲线 $U = f(I)$。
（5）调节特性：在 $n = n_N$，$U = U_N$，$\cos\varphi = 1$ 的条件下，测取调节特性曲线 $I_f = f(I)$。

4．实验设备及仪器

（1）电机导轨及转速测量（NMEL-13）。
（2）交流电压表、电流表、功率、功率因数表。
（3）可调电阻箱（NMEL-03/4）。
（4）直流电动机电枢电源（NMEL-18/1）。
（5）直流电动机励磁电源（NMEL-18/2）。
（6）同步发电机励磁电源（NMEL-18/3）。
（7）旋转指示灯及开关板（NMEL-05B）。
（8）三相同步发电机 M08。
（9）直流并励电动机 M03。

5．实验方法

1）测定电枢绕组实际冷态直流电阻。
被实验电机采用三相凸极式同步发电机 M08。
测量与计算方法参见实验六。记录室温，测量数据记录于表 9-27 中。

表 9-27　　　　　　　　　　　　室温_____°C

	绕组 I	绕组 II	绕组 III
I/mA			
U/V			
R/Ω			

2）空载实验
按图 9-24 接线，直流电动机 M 按他励方式联接，拖动三相同步发电机 G 旋转，发电机的定子绕组为 Y 接法（$U_N = 220V$）。
R 采用 NMEL-03/4 中三相可调电阻 R_2 和 R_3 相串联。（在实验过程中，先将 R_2 顺时针调至最小后，再将 R_2 的 A，B，C 三相每相都短接掉）。
S 采用 NMEL-05 中的三刀双掷开关。
交流电压表、交流电流表、功率表安装在主控制屏上，不同型号的实验台，其仪表数量不同，接法可参见异步电动机的接线。

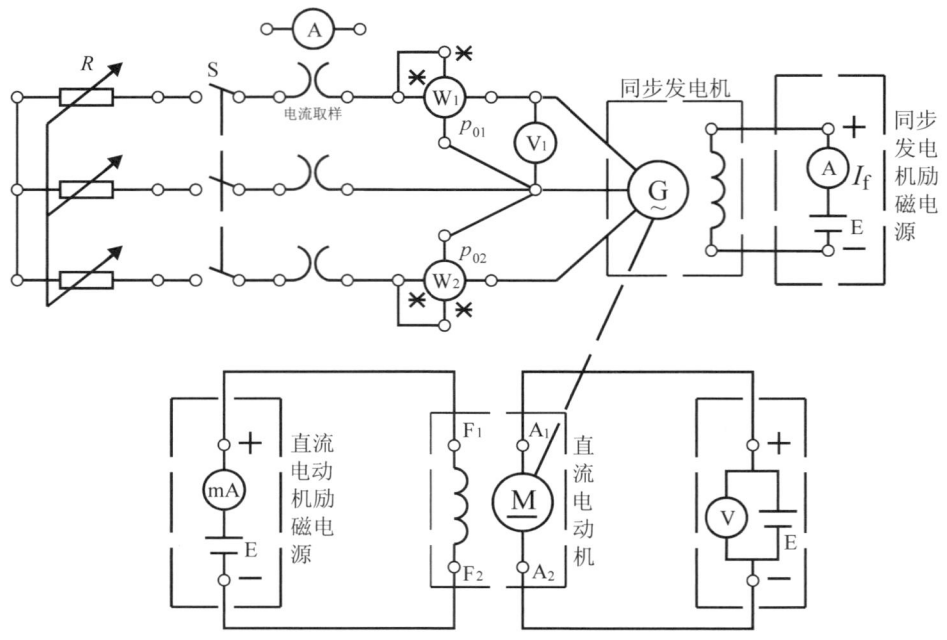

图 9-24 三相同步发电机实验接线图

实验步骤：

（1）未上电源前，同步发电机励磁电源调节旋钮逆时针到底，直流电动机电枢电源调至最小，直流电动机励磁电源调至最大，开关 S 处于断开位置。

（2）按下绿色"闭合"按钮开关，合上直流电动机励磁电源和电枢电源船形开关，起动直流电动机 M03。

调节电枢电压和直流电动机励磁电流，使 M03 电机转速达到同步发电机的额定转速 1 500 r/min 并保持恒定。

（3）合上同步发电机励磁电源船形开关，调节 M08 发电机励磁电流 I_f（注意必须单方向调节），使 I_f 单方向递增至发电机输出电压 $U_0 \approx 1.1 U_N$ 为止。在此范围内，读取同步发电机励磁电流 I_f 和相应的空载电压 U_0，测取 7~8 组数据填入表 9-28 中。

表 9-28　　　　　　　　　　　　　　$n = n_N = 1\,500$ r/min　　$I = 0$

序　号	1	2	3	4	5	6	7	8
U_0/V								
I_f/A								

（4）减小 M08 发电机励磁电流，使 I_f 单方向减至零值为止。读取励磁电流 I_f 和相应的空载电压 U_0。填入表 9-29 中。

表 9-29　　　　　　　　　　　　　　$n = n_N = 1\,500$ r/min　　$I = 0$

序　号	1	2	3	4	5	6	7	8
U_0/V								
I_f/A								

实验注意事项：
① 转速保持 $n = n_N = 1\ 500$ r/min 恒定。
② 在额定电压附近读数相应多些。

实验说明：在用实验方法测定同步发电机的空载特性时，由于转子磁路中剩磁情况的不同，当单方向改变励磁电流 I_f 从零到某一最大值，再反过来由此最大值减小到零时将得到上升和下降两条不同的曲线，如图 9-25 所示。两条曲线的出现，反映铁磁材料中的磁滞现象。测定参数时使用下降曲线，其最高点取 $U_0 \approx 1.1U_N$，如剩磁电压较高，可延伸曲线的直线部分使与横轴相交，则交点的横坐标绝对值 Δi_{f0} 应作为校正量，在所有实验测得的励磁电流数据上加上此值，即得通过原点之校正曲线。

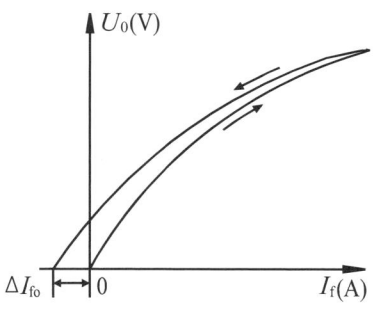

图 9-25 上升和下降两条空载特性

3）三相短路实验

（1）同步发电机励磁电流源调节旋钮逆时针调到底，按空载实验方法调节电机转速为额定转速 1500 r/min，且保持恒定。

（2）用短接线把发电机输出三端点短接，合上同步发电机励磁电源船形开关，调节 M08 电机的励磁电流 I_f，使其定子电流 $I_k = 1.2I_K \approx 0.31$ A，读取 M08 发电机的励磁电流 I_f 和相应的定子电流值 I_k。

（3）减小发电机的励磁电流 I_f 使定子电流减小，直至励磁电流为零，读取励磁电流 I_f 和相应的定子电流 I_k，共取数据 7～8 组并记录于表 9-30 中。

表 9-30　　　　　$U = 0$ V　　$n = n_N = 1\ 500$ r/min

序　号	1	2	3	4	5	6	7	8
I_k/A								
I_f/A								

4）测同步发电机在纯电阻负载时的外特性

（1）把三相可变电阻器 R_L 调至最大，按空载实验的方法起动直流电动机，并调节其转速达到同步发电机额定转速 1 500 r/min，且转速保持恒定。

（2）开关 S 闭合，发电机带三相纯电阻负载运行。

（3）合上同步电机励磁电源船形开关，调节发电机励磁电流 I_f 和负载电阻 R 使同步发电机的端电压达额定值 220 V，且负载电流亦达到额定值。

（4）保持这时的同步发电机励磁电流 I_f 恒定不变，调节负载电阻 R，测同步发电机端电压和相应的平衡负载电流，直至负载电流减小到零，测出整条外特性。记录 5～6 组数据于表 9-31 中。

表 9-31　　　　　$n = n_N = 1\ 500$ r/min　$I_f =$ 　A　$\cos\varphi = 1$

序　号	1	2	3	4	5	6	7	8
U/V								
I/A								

5）测同步发电机在纯电阻负载时的调整特性

（1）发电机接入三相负载电阻 R，并调节 R 至最大，按前述方法起动电动机，并调节电机转速 1 500 r/min，且保持恒定。

（2）合上同步发电机励磁电源船形开关，调节同步发电机励磁电流 I_f，使发电机端电压达到额定值 U_N = 220 V，且保持恒定。

（3）调节负载电阻 R_L 以改变负载电流，同时保持发电机端电压不变。读取相应的励磁电流 I_f 和负载电流 I，测出整条调整特性。测出 6~7 组数据记录于表 9-32 中。

表 9-32　　　　$U = U_N$ = 380 V　　$n = n_N$ = 1 500 r/min

序　号	1	2	3	4	5	6	7	8
I/A								
I_f/A								

6．实验报告

（1）根据实验数据绘出同步发电机的空载特性。
（2）根据实验数据绘出同步发电机的短路特性。
（3）根据实验数据绘出同步发电机的外特性。
（4）根据实验数据绘出同步发电机的调整特性。
（5）由空载特性和短路特性求取电机定子漏电抗 X_s。
（6）利用空载特性和短路特性确定同步电机的直轴同步电抗 X_d（不饱和值）。
（7）求短路比。说明短路比大小与电机稳定性和价格的关系。
（8）由外特性实验数据求取电压调整率 $\Delta U\%$。说明电压调整率 $\Delta U\%$ 与什么有关。

实验九　三相同步发电机的并联运行

1．实验目的

（1）掌握三相同步发电机投入电网并联运行的条件与操作方法。
（2）掌握三相同步发电机并联运行时有功功率与无功功率的调节。

2．预习要点

（1）三相同步发电机投入电网并联运行有哪些条件？不满足这些条件将产生什么后果？如何满足这些条件？
（2）三相同步发电机投入电网并联运行时怎样调节有功功率和无功功率？调节过程又是怎样的？

3．实验项目

（1）用准确同步法将三相同步发电机投入电网并联运行。
（2）用自同步法将三相同步发电机投入电网并联运行
（3）三相同步发电机与电网并联运行时有功功率的调节。
（4）三相同步发电机与电网并联运行时无功功率的调节。
① 测取当输出功率等于零时三相同步发电机的 V 形曲线。
② 测取当输出功率等于 0.5 倍额定功率时三相同步发电机的 V 形曲线。

4．实验设备

（1）电机导轨及转速测量（NMEL-13）。
（2）交流电压表、电流表、功率、功率因数表。
（3）可调电阻箱（NMEL-03/4）。
（4）直流电动机电枢电源（NMEL-18/1）。
（5）直流电动机励磁电源（NMEL-18/2）。
（6）同步发电机励磁电源（NMEL-18/3）。
（7）旋转指示灯及开关板（NMEL-05B）。
（8）三相同步发电机 M08。
（9）直流并励电动机 M03。

5．实验方法及步骤

（1）用准同步法将三相同步发电机投入电网并联运行。
实验接线如图 9-26 所示。

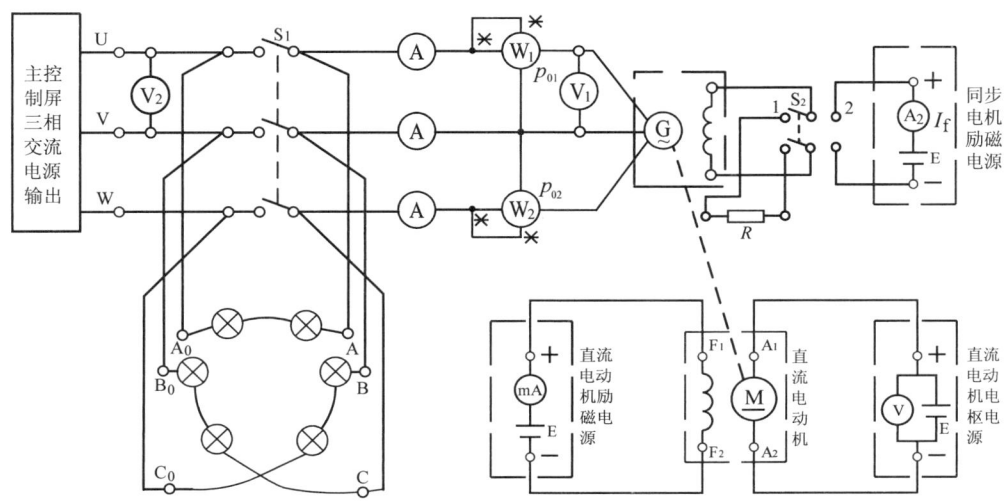

图 9-26　三相同步发电机并网实验接线图

三相同步发电机选用 M08。

原动机选用直流并励电动机 M03（作他励接法）。

R 选用 NMEL-03/4 中的 90Ω 电阻。

开关 S_1、S_2 选用 NMEL-05B。

同步电机励磁电源 NMEL-18/3 的钮子开关拨向"同步电机"。

工作原理：三相同步发电机与电网并联运行必须满足以下三个条件：

① 发电机的频率和电网频率要相同，即 $f_{II} = f_I$；

② 发电机和电网电压大小、相位要相同，即 $E_{0II} = U_I$；

③ 发电机和电网的相序要相同。

为了检查这些条件是否满足，可用电压表检查电压，用灯光旋转法或整步表法检查相序和频率。

实验步骤：

① 三相调压器旋钮逆时针调到底，开关 S_2 断开，S_1 合向"1"端，确定"直流电动机电枢电源"和"直流电动机励磁电源"船形开关均在断开位置，合上绿色"闭合"按钮开关，调节调压器旋钮，观察电压表，使交流输出电压达到同步发电机额定电压 $U_N = 220$ V。

② 直流电动机电枢电源调至最小，励磁电源调至最大，先合上直流电动机励磁电源船形开关，再合上直流电动机电枢电源开关，起动直流电动机 M03，并调节电动机转速为 1 500 r/min。

③ 开关 S_1 合向"2"端，接通同步发电机励磁电源，调节同步发电机励磁电流 I_f，使同步发电机发出额定电压 220 V。

④ 观察三组相灯，若依次明灭形成旋转灯光，则表示发电机和电网相序相同，若三组灯同时发亮、同时熄灭则表示发电机和电网相序不同。当发电机和电网相序不同则应先停机，调换发电机或三相电源任意二根端线以改变相序后，按前述方法重新起动电动机。

⑤ 当发电机和电网相序相同时，调节同步发电机励磁电流 I_f 使同步发电机电压和电网电压相同。再细调直流电动机转速，使各相灯光缓慢地轮流旋转发亮。

⑥ 待 A 相灯熄灭时合上并网开关 S_2，把同步发电机投入电网并联运行。

⑦ 停机时应先断开并网开关 S_2，将 R 调至最大，三相调压器逆时针旋到零位，并先断开电枢电源后断开直流电动机励磁电源。

（2）用自同步法将三相同步发电机投入电网并联运行

① 在并网开关 S_2 断开且相序相同的条件下，把开关 S_1 合向"2"端接至同步发电机励磁电源。

② 按前述方法起动直流电动机，并使直流电动机升速到接近同步转速（1 475 ~ 1 525 r/min）。

③ 开启同步电机励磁电流源，并调节励磁电流 I_f 使发电机电压约等于电网电压 220 V。

④ 将开关 S_1 闭合到"1"端，接入电阻 R（R 为 90 Ω 电阻，约为三相同步发电机励磁绕组电阻的 10 倍）。

⑤ 合上并网开关 S_2，再把开关 S_2 闭合到"2"端，这时发电机利用"自整步作用"使它迅速被牵入同步。

（3）三相同步发电机与电网并联运行时有功功率的调节。

① 按上述 1、2 任意一种方法把同步发电机投入电网并联运行。

② 并网以后，调节直流电动机的励磁电流和同步发电机的励磁电流 I_f，使同步发电机定子电流接近于零，这时相应的同步发电机励磁电流 $I_f = I_{f0}$。

③ 保持这一励磁电流 I_f 不变，调节直流电动机的励磁电流，使其增加，这时同步发电机输出功率 P_2 增加。

④ 在同步发电机定子电流接近于零到额定电流的范围内读取三相电流、三相功率、功率因数，共取数据 6~7 组记录于表 9-33 中。

表 9-33　　　　　$U = 220\ \text{V}$（Y）　　$I_f = I_{f0} =$ 　　 A

序号	测量值					计算值		
	输出电流 I/A			输出功率 P/W		I/A	P/W	$\cos\varphi$
	I_A	I_B	I_C	P_I	P_II			
1								
2								
3								
4								
5								
6								

表中：$I = \dfrac{I_A + I_B + I_C}{3}$；

$P_2 = P_\text{I} + P_\text{II}$；

$\cos\varphi = \dfrac{P_2}{\sqrt{3}UI}$。

（4）三相同步发电机与电网并联运行时无功功率的调节

① 测取当输出功率等于零时三相同步发电机的 V 形曲线。

a. 按上述 1、2 任意一种方法把同步发电机投入电网并联运行。

b. 保持同步发电机的输出功率 $P_2 \approx 0$。

c. 先调节同步发电机励磁电流 I_f，使 I_f 上升，发电机定子电流随着 I_f 的增加上升到额定电流，并调节直流电动机电枢电源，保持 $P_2 \approx 0$。记录此点同步发电机励磁电流 I_f、定子电流 I_0。

d. 减小同步发电机励磁电流 I_f 使定子电流 I 减小到最小值，记录此点数据。

e. 继续减小同步发电机励磁电流，这时定子电流又将增加直至额定电流。

f. 分别在过励和欠励情况下，读取数据 9~10 组记录于表 9-34 中。

② 测取当输出功率等于 0.5 倍额定功率时三相同步发电机的 V 形曲线。

a. 按上述 1、2 任意一种方法把同步发电机投入电网并联运行。

b. 保持同步发电机的输出功率 P_2 等于 0.5 倍额定功率。

c. 先调节同步发电机励磁电流 I_f，使 I_f 上升，发电机定子电流随着 I_f 的增加上升到额定电流。记录此点同步发电机励磁电流 I_f、定子电流 I_0。

d. 减小同步电机励磁电流 I_f 使定子电流 I 减小到最小值，记录此点数据。

e. 继续减小同步电机励磁电流，这时定子电流又将增加直至额定电流。

表 9-34　　　　$n = 1\,500$ r/min　　$U = 220$ V　　$P_2 \approx 0$ W

序号	三相电流 I/A				励磁电流 I_f/A
	I_A	I_B	I_C	I	
1					
2					
3					
4					
5					
6					
7					
8					
9					
10					

表中：$I = \dfrac{I_A + I_B + I_C}{3}$。

f. 分别在这过励和欠励情况下，读取数据 9～10 组记录表 9-35 中。

表 9-35　　　　$n = 1\,500$ r/min　　$U = 220$ V　　$P_2 \approx 0.5 P_N$

序号	测量值				计算值	
	I_A/A	I_B/A	I_C/A	I_f/A	I/A	$\cos\varphi$
1						
2						
3						
4						
5						
6						
7						
8						
9						
10						

表中：$I = \dfrac{I_A + I_B + I_C}{3}$；

$\cos\varphi = \dfrac{P_2}{\sqrt{3}UI}$。

6．实验报告

（1）评述准确同步法和自同步法的优缺点有哪些。

（2）试述并联运行条件不满足时并网将引起什么后果。

（3）试述三相同步发电机和电网并联运行时有功功率和无功功率的调节方法。

（4）试述同步发电机并网后有功功率改变则无功功率将如何。无功功率改变则有功功率将如何。

（5）画出 $P_2 \approx 0$ 和 $P_2 \approx 0.5$ 倍额定功率时同步发电机的 V 形曲线，并加以说明。

（6）说明励磁电流的大小与功角、静态稳定的关系。

附录 A　模拟试卷

模拟试卷 1

一、判断题（每题 1 分，共 10 分，正确打√，错误打 ×）

1. 一台单相变压器，$U_{1N}/U_{2N} = 220\text{ V}/110\text{ V}$，若一次侧接在 110 V 的电源上空载运行，电源频率不变，则变压器的主磁通将不变。（　　）
2. 凸极式同步发电机中直轴电枢反应电抗小于交轴电枢反应电抗。（　　）
3. 改变交流电机电流相序，可以改变三相异步电动机的转向。（　　）
4. 若变压器的频率增加，则其励磁电抗增加，漏电抗不变。（　　）
5. 绕线型异步电动机能耗制动将三相电源断开并在转子接入电阻即可。（　　）
6. 四极单叠绕组直流电机其中一个电刷脱落，则其电枢电动势将不变。（　　）
7. 并励直流发电机正转能自励，仅改变原动机转向也能自励。（　　）
8. 三相异步电动机定子串电阻合适可增大起动转矩。（　　）
9. 交流绕组采用短距与分布后，基波电动势不变，谐波电动势减小。（　　）
10. 同容量的异步电动机与变压器相比，异步电动机的励磁电抗比变压器小。（　　）

二、单项选择题（每题 1 分，共 10 分）

1. 变压器空载实验所测损耗（　　）。
   A. 主要为铜耗　　　　　　　B. 主要为铁耗
   C. 全部为铜耗　　　　　　　D. 全部为铁耗
2. 一台电力变压器额定电流时的输出电压等于额定电压，则此时这台变压器所带负载为（　　）。
   A. 电阻性负载　　　　　　　B. 电感性负载
   C. 电容性负载　　　　　　　D. 三种都有可能
3. 若并励直流发电机转速升高 10%，则空载时发电机的端电压将升高（　　）。
   A. 10%　　B. 大于 10%　　C. 小于 10%　　D. 不变
4. 某台直流单叠绕组的 2 对极他励电动机，额定运行时的 $I_N = 60\text{ A}$，则此时该电机绕组中每条支路电流为（　　）。
   A. 10 A　　B. 15 A　　C. 30 A　　D. 60 A
5. 直流电机作电动机运行时（　　）。
   A. $E_a < U$，T_{em} 与 n 方向相反　　B. $E_a < U$，T_{em} 与 n 方向相同
   C. $E_a > U$，T_{em} 与 n 方向相反　　D. $E_a > U$，T_{em} 与 n 方向相同

6. 异步电动机等效电路中附加电阻 $\frac{1}{s}R_2'$ 上消耗的功率为（　　）。
   A. 电磁功率　　　　　　　B. 总机械功率
   C. 输入功率　　　　　　　D. 输出功率

7. 判断一台同步发电机运行于发电机状态的依据是（　　）。
   A. $E_0 > U$　　　　　　　B. $E_0 < U$
   C. $\dot{E}_0$ 超前于 $\dot{U}$　　　　　D. $\dot{E}_0$ 滞后于 $\dot{U}$

8. 绕线型异步电动机一般用于的场合（　　）。
   A. 小容量，轻载起动　　　B. 大容量，重载起动
   C. 小容量，重载起动　　　D. 大容量，轻载起动

9. 电动机运行时，如电磁转矩小于负载转矩，则（　　）。
   A. 转速不变　　　B. 转速增加　　　C. 转速减小

10. 一台三相异步电动机拖动额定转矩负载运行时，若电源电压下降，则电动机的转子电流将（　　）。
    A. 增大　　　　　B. 减小　　　　　C. 不变

三、填空题（每空 1 分，共 20 分）

1. 在实际电机中，电刷通常放置在_____。
2. Y/d 联接的三相变压器组，外加正弦电压，铁心中磁通基本上是_____波形，Y/y 联接的三相变压器，其铁心不能采用_____结构。
3. 直流电动机起动时电枢电阻调到_____，励磁回路电阻调到_____。
4. 同步发电机短路比小，则其运行性能_____，制造成本_____。
5. 额定电压为 440 V/220 V 的单相变压器，短路阻抗 Z_k = (0.03+j0.12) Ω，负载阻抗 Z_L = (0.6+j0.25) Ω，从一次侧看进去总阻抗大小为_____Ω。若一次侧漏电抗 X_1 = 0.08 Ω，则折合到二次侧大小为_____Ω。
6. 一台 6 极三相异步电机接于 50 Hz 的三相对称电源，其 s = 0.03，则此时该电机工作在_____状态，转子转速为_____r/min，定子磁动势相对于转子的转速为_____r/min。
7. 某三相四极交流电机，采用双层短距分布绕组，Q = 36、y = 5/6，a = 2，则每相每支路有_____个线圈组串联，5 次谐波电动势被削弱了_____%；若要完全消除 7 次谐波电动势，则应将 y = _____。
8. 他励直流电动机拖动位能性负载，采用电枢反接的反接制动时下放速度_____，采用转速反向的反接制动时下放速度_____。
9. 一台△接法三相异步电动机在额定电压下起动电流为 120 A，起动转矩为 75 N·m，现采用 Y-△换接降压起动，其起动电流为_____A，起动转矩为_____N·m。
10. 绕线型异步电动机采用转子串频敏变阻器起动时，随着转速的上升，转子回路总电阻_____。

四、综合分析题（每题 6 分，共 30 分）

1. 画相量图判别图 A-1 所示三相变压器的联接组号。

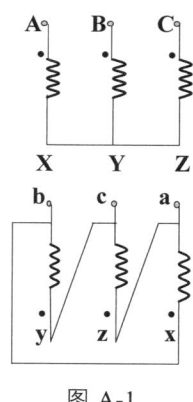

图 A-1

2. 一台直流电机，主磁极、电枢电流及旋转方向如图 A-2 所示，请问该电机是电动机还是发电机？说明电机电磁转矩方向及电动势方向。判断电机工作时电枢绕组和电刷两端分别是交流还是直流。

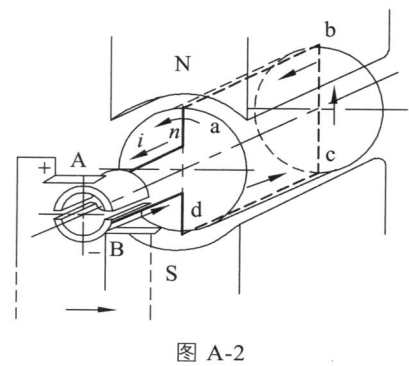

图 A-2

3. 试用机械特性分析绕线型异步电动机转子电阻增大对起动转矩和起动电流的影响。

4. 他励直流电动机带反抗性负载，欲实现快速准确停机，请问应采用何制动方法？试用机械特性说明其过程。

5. 一台正在运行的隐极式同步发电机,实验测得其功率因数为 $\cos\varphi = 0.6$(滞后),试画出此时该发电机的相量图(忽略电枢电阻),并分析电枢反应的性质及作用。

五、计算题(每题 10 分,共 30 分)

1. 一台单相变压器,$S_N = 100\ \text{kV}\cdot\text{A}$,$U_{1N}/U_{2N} = 2\ 200\ \text{V}/220\ \text{V}$。在低压侧做空载实验,测得 $U_0 = 220\ \text{V}$,$I_0 = 18\ \text{A}$,$P_0 = 280\ \text{W}$,在高压侧做短路实验,当短路电流 $I_k = I_{1N}$ 时测得短路电压 $U_k = 110\ \text{V}$,短路损耗 $P_k = 1\ 050\ \text{W}$。试求:变压器的参数 R_m,X_m,R_k 和 X_k。

2. 一台他励直流电动机,额定数据为:$P_N = 33\ \text{kW}$,$U_N = 440\ \text{V}$,$I_N = 80\ \text{A}$,$n_N = 1\ 000\ \text{r/min}$,电枢绕组电阻 $R_a = 0.35\ \Omega$。求(1)电动机带反抗性负载,从 $n = 600\ \text{r/min}$ 进行能耗制动,若欲使最大电流限制在 120 A,电枢应串入多大的电阻?(2)电动机带位能性负载,$I_a = 80\ \text{A}$ 时,欲使电动机以转速 $n = -1\ 350\ \text{r/min}$ 稳定下放时,电枢应串入多大电阻?

3. 某绕线型异步电动机的铭牌参数如下:$P_N = 80\ \text{kW}$,$U_N = 380\ \text{V}$,$I_N = 150\ \text{A}$,$R_2 = 0.5\ \Omega$,$n_N = 1\ 470\ \text{r/min}$,$f_N = 50\ \text{Hz}$,$K_T = 3$,该电动机拖动起重机的提升机构工作。
(1)当负载转矩 $T_L = T_N$,要求转速 $n = 600\ \text{r/min}$ 时,转子每相应串入多大的电阻?
(2)当负载转矩 $T_L = 0.8T_N$,要求转速 $n = -300\ \text{r/min}$ 时,转子每相应串入多大的电阻?
(注:用直线段特性近似计算)

模拟试卷 2

一、单项选择题（把正确的选项填在括号里每空 1 分，共 15 分）

1. 直流电机作电动机运行时（　　）。
   A. $E_a<U$，T_{em} 与 n 方向相反
   B. $E_a<U$，T_{em} 与 n 方向相同
   C. $E_a>U$，T_{em} 与 n 方向相反
   D. $E_a>U$，T_{em} 与 n 方向相同

2. 一台频率为 50 Hz，额定电压为 220 V/100 V 的变压器，如果把一次绕组接到 50 Hz，110 V 交流电源上，则主磁通（　　）。
   A. 增大　　　　B. 减小　　　　C. 不变　　　　D. 不确定

3. 直流发电机电刷在与位于几何中性线上的导体相接触的位置，若磁场饱和，则这时电枢反应是（　　）。
   A. 增磁
   B. 去磁
   C. 既不增磁也不去磁
   D. 前极端去磁后极端不变

4. 一台单相变压器由于硅钢片加工不当，装配时接缝处留有较大的缝隙，则其励磁电抗和励磁电流变化：（　　）。
   A. 励磁电抗增加，励磁电流减小
   B. 励磁电抗增加，励磁电流增加
   C. 励磁电抗减小，励磁电流增加
   D. 励磁电抗减小，励磁电流减小

5. 一台变压器空载损耗为 1 kW，短路损耗为 2 kW，则其运行效率最高时 $\beta=$（　　）。
   A. 1　　　　B. $\frac{1}{2}$　　　　C. $\frac{1}{\sqrt{2}}$　　　　D. $\sqrt{2}$

6. 三相交流电机的定子绕组通常采用（　　）。
   A. 单层整距，集中绕组，△接法
   B. 双层短距，分布绕组，Y 接法
   C. 单层短距，分布绕组，Y 接法
   D. 双层整距，集中绕组，△接法

7. 单相变压器磁路不饱和时，主磁通和励磁电流的波形：（　　）。
   A. 不会同是正弦波
   B. 同是正弦波
   C. 要求同是尖顶波
   D. 要求同是平顶波

8. 某并励直流电动机空载时若不慎将励磁回路断开，电动机转速将（　　）。
   A. 升到某一高度后稳定运行
   B. 减速后停转
   C. 增到不允许的值即"飞车"
   D. 原速运行

9. 某台直流单波绕组的 2 对极他励电动机，额定运行时的 $I_N=60$ A，则此时该电机绕组中每条支路电流为（　　）。
   A. 15 A　　　　B. 20 A　　　　C. 30 A　　　　D. 60 A

10. 变压器的负载电流增大时，其输出端电压将（　　）。
    A. 上升　　　　B. 不变　　　　C. 下降　　　　D. 三种情况都可能

11. 并励直流发电机电压很低，原因是（　　）。
    A. 没有剩磁　　　B. 励磁极性接反了　　　C. 励磁回路电阻偏大

12. 三相对称绕组通入三相对称交流电时，产生的磁动势是（　　）磁动势，单相绕组通入单相交流电时，产生的磁动势是（　　）磁动势。

A. 圆形旋转　　　　B. 脉振　　　　C. 椭圆形旋转　　　　D. 静止

13. 一台交流双层绕组电机，$p = 2$，$q = 3$，则每相有（　　）线圈组，每个线圈组有（　　）线圈。

A. 2个　　　　　　B. 3个　　　　　C. 4个　　　　　　　D. 6个

二、判断题（正确在括号内打√，错误打×，每题1分，共10分）

1. 他励直流发电机的转速升高15%，则空载时发电机端电压也将升高15%。（　　）
2. 直流电动机的额定功率指转轴上吸收的机械功率。（　　）
3. 变压器空载实验时在高低压侧所测功率不相等。（　　）
4. 若要改变并励直流发电机电枢两端电压极性，只需改变原动机的转向即可。（　　）
5. 交流绕组采用短距与分布后，基波电动势与谐波电动势都减小了。（　　）
6. 直流电机负载时的电枢绕组电动势与空载时的相同。（　　）
7. 凸极式同步发电机中直轴电枢反应电抗大于交轴电枢反应电抗。（　　）
8. 直流电动机外加电压、电流是直流，因此电枢线圈内电流也是直流。（　　）
9. 若想改变三相异步电动机的转向，只需对调三相电源的任意两个接线端子。（　　）
10. 交流电机定子三相绕组的相轴是旋转的。（　　）

三、填空题（每空1分，共25分）

1. 额定容量为600 kV·A，联接组为Y/d11的三相变压器，额定电压为6 000 V/400 V，则副边额定电流 I_{2N} = _____ A。

2. 三相同步发电机的励磁绕组应通入_____电流。

3. 变压器并联运行条件中要求最为严格的是_____。

4. 额定电压为220 V/110 V的单相变压器，短路阻抗 Z_k = (0.02+j0.04) Ω，负载阻抗 Z_L = (0.4+j0.35) Ω，从原边看进去总阻抗大小为_____Ω；如变压器的励磁电抗 X_m = 0.8 Ω，则折算到低压侧为_____Ω。

5. 某直流电动机 P_N = 18 kW，U_N = 200 V，n_N = 1 500 r/min，η_N = 90%则额定运行时的额定电流 I_N 为_____A，输入功率为 P_{1N} = _____kW。

6. 直流发电机从空载状态到额定负载，其端电压会_____。一般情况下，他励发电机比并励发电机的外特性_____。

7. 变压器的空载实验应在_____做，所测损耗主要为_____。

8. 变压器的铁心导磁性能越差，则其励磁电抗 X_m 就越_____；额定状态下增加原边电压时，则其励磁电抗 X_m_____。

9. 某三相同步发电机，其额定转速 n_N = 1 500 r/min，额定频率 f_N = 50 Hz，则其极对数为_____。

10. Y/d 联接的三相变压器组，外加正弦电压，铁心中磁通基本上是_____波形，Y/y联接的三相变压器，其铁心不能采用_____结构。

11. 直流电机的负载电枢磁密波形为_____。

12. 某三相电力变压器带阻感性负载运行，负载系数相同的条件下，$\cos\varphi_2$ 越高，电压变化率 ΔU_____；如额定电压为10 000 V/400 V的三相变压器负载运行时，若副边电压为400 V，负载的性质应是_____。

13. 某三相交流电机，若要完全消除七次谐波电动势，则 y 应取_____。

14. 表达式 $F_\mathrm{m}\cos(\alpha-90°)\sin(\omega t-90°)$ 表示的是_____磁动势。

15. 直流电机用简化原理图分析时，电刷画在_____，这时的电枢反应性质是_____。

16. 直流电动机起动时电枢调节电阻应调至_____，磁场调节电阻调至_____。

四、画图题（每题 5 分，共 20 分）

1. 请用图示意出直流电动机工作原理模型，并在图中标明电动机转向、主极极性、电枢电流方向、电枢感应电动势及电磁转矩的方向，并说明换向片及电刷的作用。

2. 画相量图判别图 A-3 所示三相变压器的联接组号。

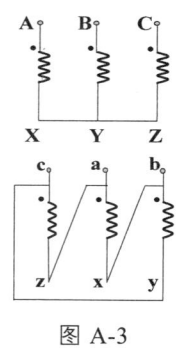

图 A-3

3. 一台同步发电机带对称负载，内功率因数角 $\Psi=45°$，试通过相量图来分析这时该发电机电枢反应的性质和作用。

4. 空间互差 90°电角度的两相绕组，A，B 两相的相轴如图 A-4 所示，它们的匝数相等。若分别通入电流 $i_A = \sqrt{2}I\sin(\omega t + 30°)$ 和 $i_B = \sqrt{2}I\sin(\omega t + 120°)$，请通过"解析法"分析两相合成的基波磁动势的性质。

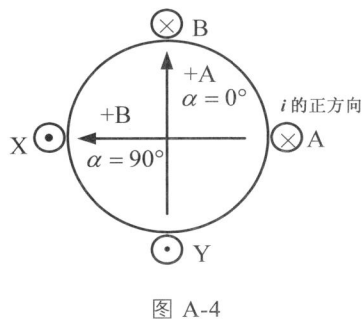

图 A-4

五、计算题（8+12+10 = 30 分）

1. 一台三相同步发电机，定子采用双层分布绕组，已知定子槽数 $Q = 36$，$p = 3$，$y_1 = 5$，$N_k = 20$，并联支路数 $a = 2$，频率 $f = 50$ Hz，基波每极磁通量 $\Phi_1 = 0.004$ Wb。问：（1）每相绕组每一支路有多少个线圈串联？（2）相绕组基波电动势有效值为多少？（3）五次谐波电动势被削弱了百分之几？

2. 一台三相变压器，$S_N = 750$ kV·A，$U_{1N}/U_{2N} = 10\ 000$ V/400 V，一、二次绕组分别为星形、三角形联接，在低压侧做空载实验，数据为 $U_{20} = 400$ V，$I_{20} = 65$ A，$P_0 = 3.9$ kW，在高压侧做短路实验，数据为 $U_{1k} = 450$ V，$I_{1k} = 43$ A，$P_k = 10.2$ kW，求变压器参数 R_m，X_m，R_k 及 X_k。

3. 一台并励直流发电机的额定数据如下：$P_N = 10$ kW，$U_N = 230$ V，$n_N = 1\ 500$ r/min，电枢回路总电阻 $R_a = 0.486\ \Omega$，励磁回路电阻 $R_f = 215\ \Omega$，额定负载时的电枢铁损耗 $P_{Fe} = 442$ W，机械损耗 $P_m = 104$ W，附加损耗忽略不计。试求：（1）额定电枢电流；（2）额定负载时的电磁功率和电磁转矩；（3）额定负载时的效率。

附录 B 自测题参考答案

第 1 章 自测题参考答案

1. 硅钢片（软磁材料）。
2. 减小，减小，不变，不变，减小，增大。
3. 磁动势。
4. 远大于。
5. 主磁通，大；漏磁通，小。
6. 按右手螺旋法则，磁力线方向朝上。
7. 按左手定则，磁场中载流导体的受力方向朝右。
8. 按右手定则，运动导体产生感应电动势的方向从 A 到 B。
9. 图（a）感应电动势 e 与磁通 Φ 的参考方向符合左手螺旋关系，关系式：$e = Nd\Phi/dt$；图（b）感应电动势 e 与磁通 Φ 的参考方向符合右手螺旋关系，关系式：$e = -Nd\Phi/dt$。
10. 答：（1）$H \propto I$，与介质的性质无关；（2）B 与电流的大小和介质的性质均有关。
11. 答：（1）铁心采用软磁材料（如钢、铸铁等）。（2）减小硅钢片厚度及增大电阻率，即加适量硅入钢片中，一般用 0.5~0.35 mm 电工钢片。
12. 答：（1）磁通量随时间交变，在励磁线圈中感应电动势；（2）交流磁通会引起铁心损耗。
13. 解：线圈中的磁通量为 $\Phi = B_0 S_0 = 1 \times 10 \times 10^{-4} = 1 \times 10^{-3}$ (Wb)

气隙中：$H_0 = \dfrac{B_0}{\mu_0} = \dfrac{1}{4\pi \times 10^{-7}} = 7.958 \times 10^5$ (A/m)

$B_1 = B_0 = 1$ (T)

查附录 E 磁化曲线得 $H_1 = 9.2$ (A/cm)

铸钢中：$B_2 = \dfrac{\Phi}{S_2} = \dfrac{1 \times 10^{-3}}{8 \times 10^{-4}} = 1.25$ (T)

查附录 E 磁化曲线得 $H_2 = 14.5$ (A/cm)

$$U_{m0} = H_0 l_0 = 7.958 \times 10^5 \times 0.5 \times 10^{-2} \times 2 = 7\,958 \text{ (A)}$$

各段上的磁动势：$U_{m1} = H_1 l_1 = 9.2 \times 30 = 276$ (A)

$$U_{m2} = H_2 l_2 = 14.5 \times 12 = 174 \text{ (A)}$$

励磁磁动势：$F = U_{m0} + U_{m1} + U_{m2} = 3\,979 + 276 + 174 = 4\,429$ (A)

第 2 章　自测题参考答案

一、单项选择题

1～5：CBACA；　　6～10：DBA DB C；　　11～15：CBCBC；　　16～18：CB CBBB。

二、判断题

1～5：×√√√×；　　6～10：××√××；　　11～15：√××××；　　16～20：×××××。

三、填空题

1. 交流的。

2. 减小，不变。

3. 制动，驱动。

4. 12.5 kW

5. 主极轴线下的换向片上；几何中性线上的元件上。

6. 1.25。

7. 反向、不变。

8. 串励，并励。

9. 趋于增加（下降幅度减小），趋于下降（增加幅度减小）。

10. 空载损耗；绕组铜损耗。

11. 不变，不变，下降，下降。

12. 小；增加，增加；严重。

13. 不变。

14. p，1。

15. 电动机，发电机。

16. 减小负载。

17. 电动机在铭牌规定的额定状态下运行时，电动机的输出机械功率。

四、简答题

1. 答：换向器与电刷共同把电枢导体中的交流电流"机械整流"成直流电，如果没有换向器，电机不能发出直流电。

2. 答：（a）交流。因为电刷与电枢间相对静止，所以电刷两端的电压性质与电枢的电压性质相同；（b）直流。因为电刷与磁极相对静止，所以电刷总是引出某一极性下的电枢电压。

3. 答：直流电动机中，换向器把电刷两端的直流电压转换为电枢内的交流电，以使电枢无论旋转到 N 极下，还是 S 极下，都能产生同一方向的电磁转矩。

4. 答：因为直流电枢绕组不是由固定点与外电路联接的，而是经换向器—电刷与外电路相联接的，它的各支路构成元件在不停地变化。为使各支路电动势和电流稳定不变，电枢绕组正常、安全地运行，此种绕组必须是闭合的。

5. 答：在饱和区工作，当励磁电流变化时空载电动势的变化较小，因此端电压更加稳定。

6. 答：对应于不同的转速有不同的空载曲线，因而临界电阻也不同。电机转速降低，临界电阻减小，当励磁回路电阻大于对应转速的临界电阻时，电机便不能自励。

7. 答：当负载转矩不变时，要求电磁转矩不变。由公式 $T_{em} = C_T \Phi I_a$ 知，ΦI_a 必须不变。

在他励电动机中励磁是独立的，不计电枢反应的影响时，Φ 不变。在 T_{em} 不变时 I_a 必然不变。改变电动机端电压，电动机的输入功率 $P_1 = UI_a$ 改变，E_a 改变，n 改变，输出功率 $P_2 = T_2\Omega$ 改变，铁耗 P_{Fe} 改变，而电枢铜耗 $P_{Cua} = I_a^2 R_a$ 不变。

改变电枢回路附加电阻时，P_1 不变，E_a 改变，n 改变，P_2 改变，P_{Fe} 和 P_m 改变，P_{Cua} 改变。

在串励电动机中，同样由于 I_a 不变，Φ 不变，结果与他励电动机相似。

8. 答：直流电动机稳定运行时，$T_{em} = T_2 + T_0$，T_2 增大后，$T_{em} < T_2 + T_0$，从而使得 n 下降。由 $E_a = C_e \Phi n$ 知，E_a 下降，而 $I_a = \dfrac{U - E_a}{R_a}$，因此，$I_a$ 上升。$T_{em} = C_T \Phi I_a$，故 T_{em} 上升。这个过程一直持续到 $T_{em} = T_2 + T_0$ 为止，电动机在新的状态下稳定运行。与原值相比，I_a 增大，n 减小，E_a 减小，T_{em} 增大。

9. 答：如果直流电动机的电刷不在几何中性线上，则在负载运行时，除了具有交轴电枢磁动势之外，还存在直轴电枢磁动势。如果电刷位置是从几何中性线逆电动机旋转方向移开的话，则直轴电枢磁动势是去磁的，即与主磁通的方向相反。而当气隙磁通削弱时，便会使转速 $n = \dfrac{U - R_a I_a}{C_e \Phi}$ 增高。同时在一定电磁转矩下，因为 $T_{em} = C_T \Phi I_a$，电枢电流会增加。如果电动机具有起稳定作用的串励绕组，则可能是串励绕组反接，而不是电刷位置不对，或者两种原因兼有。

五、计算题

1. 解：电机的总导体数 $Z = 10 \times Q_u = 10 \times 35 = 350$ (根)

根据直流电机感应电动势系数：$C_e = \dfrac{Zp}{60a} = \dfrac{350 \times 2}{60} = 11.67$

由（2-1）得每极磁通：$\Phi = \dfrac{E_a}{C_e n} = \dfrac{230}{11.67 \times 1\,450} = 0.013\,6$ (Wb)

2. 解：额定电流：$I_N = \dfrac{P_N}{U_N} = \dfrac{35 \times 10^3}{115} = 304.3$ (A)

额定励磁电流：$I_{fN} = \dfrac{U_N}{R_f} = \dfrac{115}{20.1} = 5.72$ (A)

额定电枢电流：$I_{aN} = I_N + I_{fN} = 304.3 + 5.72 = 310$ (A)

额定电枢电动势：$E_N = U_N + I_{aN} r_a + 2\Delta U_b$
$= 115 + 310 \times 0.024\,3 + 2 = 124.5$ (V)

电磁功率：$P_{emN} = E_{aN} I_{aN} = 124.5 \times 310 = 38.6$ (kW)

电磁转矩：$T_{em} = \dfrac{P_{em}}{\Omega} = \dfrac{E_{aN} I_{aN}}{2\pi \dfrac{1\,450}{60}} = 245.2$ (N·m)

3. 解：电机的额定电流：$I_N = \dfrac{P_N}{U_N} = \dfrac{82\,000}{230} = 356.5$ (A)

励磁绕组中通过的电流：$I_f = \dfrac{U_N}{r_j + r_f} = \dfrac{230}{3.5 + 22.8} = 8.75$ (A)

电枢电流 I_a 为 $I_a = I_N + I_f = 356.5 + 8.75 = 365.25$ (A)

电机中电枢绕组感应电动势：$E = U_N + I_a r_a + 2 = 230 + 365.25 \times 0.025\ 9 + 2 = 241.46$ (V)

所以在额定负载时，发电机的输入功率

电机的电磁功率：$P_{em} = E_a I_a = 241.46 \times 365.25 \times 10^{-3} = 88.19$ (kW)

$$P_1 = P_{em} + P_{Fe} + P_m + P_a$$
$$= 241.46 \times 365.25 \times 0.001 + 2.3 + 0.005 \times 82$$
$$= 90.89 \text{ (kW)}$$

电机的电磁转矩：$T_{em} = \dfrac{P_{em}}{\Omega} = \dfrac{88.19 \times 10^3}{970 \times \dfrac{2\pi}{60}} = 866$ (N·m)

发电机的效率：$\eta = \dfrac{P_N}{P_1} = \dfrac{82}{90.89} = 90.3\%$

4. 解：$I_N = \dfrac{P_N}{\eta_N U_N} = \dfrac{100\ 000}{0.88 \times 220} = 516.53$ (A)

$I_{aN} = I_N - \dfrac{U_N}{R_f} = 508.53$ (A)

$E_{aN} = U_N - I_{aN} R_a - 2\Delta u = 220 - 508.53 \times 0.022 - 2 = 206.8$ (V)

$C_e \Phi = \dfrac{E_{aN}}{n_N} = \dfrac{206.8}{550} = 0.376$

$P_0 = P_{emN} - P_N = E_{aN} I_{aN} - P_N = 5\ 164$ (W)

$I_{a0} = \dfrac{T_{em0}}{C_T \Phi} = \dfrac{T_0}{C_T \Phi} = \dfrac{P_0}{\Omega C_T \Phi}$

$$= \dfrac{60 P_0}{2\pi n \times 9.55 \times C_T \Phi} = \dfrac{60 \times 5\ 164}{2\pi \times 550 \times 9.55 \times 0.376} = 24.97 \text{ (A)}$$

$I_0 = I_{a0} + I_f = 24.97 + \dfrac{U_N}{R_f} = 24.97 + 8 = 32.97$ (A)

5. 解：（1）因为甲台电机在 1 000 r/min 时的电动势为 195.9 V，

乙台电机在 1 000 r/min 时的电动势为 186.7 V，

所以甲台电机在 1 200 r/min 时电动势

$$E_甲 = 195.9 \times \dfrac{1\ 200}{1\ 000} = 235 \text{ (V)} \quad \text{（因为 } \dfrac{E_甲}{E_0} = \dfrac{n}{n_0} \text{）}$$

乙台电机在 1200 r/min 时电动势：

$$E_\text{乙} = 186.7 \times \frac{1200}{1000} = 224 \text{ V} \quad E_\text{甲} > 230 \text{ V} \quad E_\text{乙} < 230 \text{ V}$$

所以 甲为发电机，乙为电动机。

（2）电动机：$P_\text{emn} - P_\text{om} = P_\text{2m}$

发电机：$P_2 - P_\text{oG} = P_\text{emG}$

所以两台电机总的机械损耗和铁耗为：$P_\text{om} - P_\text{oG} = P_\text{emM} - P_\text{emG}$

电动机：$I_\text{aN} = \dfrac{U - E_\text{M}}{R_\text{a}} = \dfrac{230 - 224}{0.1} = 60 \text{ (A)}$

$$P_\text{em} = E_\text{M} I_\text{aM} = 224 \times 60 = 13\,440 \text{ (W)}$$

发电机：$I_\text{aG} = \dfrac{E_\text{G} - U}{R_\text{a}} = \dfrac{235 - 230}{0.1} = 50 \text{ (A)}$

$$P_\text{emG} = E_\text{G} I_\text{aG} = 235 \times 50 = 11\,750 \text{ (W)}$$

总的机械耗和铁耗：$P_\text{emo} - P_\text{emG} = 13\,440 - 11\,750 = 1\,690 \text{ (W)}$

（3）要改变两台电机运行状态并保持转速不变，应减小甲台电机的励磁电流，同时增加乙台电机的励磁电流，当两台电机的励磁电流相同时，两台电机都是电动机，最后乙为发电机，甲为电动机。

（4）都可以通过从电网吸收电功率成为电动机，但不能都成为发电机，因为没有原动机，即没有输入机械能，无法输出电能。

第 3 章　自测题参考答案

一、单项选择题

1~5：BCCBD；　　6~10：BBBCB；　　11~15：BCACB；　　16~20：BAAAB。

二、判断题

1~5：×√×√×；　　6~10：×√××√；　　11~15：√×√××；　　16~20：×××√√。

三、填空题

1. 改变磁通方向或改变电枢电流方向。
2. 降低电枢电压，电枢回路串电阻。
3. 改变，不改变。
4. 2。
5. 理想空载转速。
6. 降压成电枢回路电阻，削（弱）磁。
7. 电磁转矩方向与转速方向相反，快速停机或位能性负载稳定下放速度。
8. 不变，不变，降低，降低，降低，降低。

9. 电枢反接的反接制动（运行于反向回馈制动）；能耗制动或转速反向的反接制动。

10. 下降。

11. 下降，上升。

12. 增大，增大，增大。不变，不变，下降。

13. （1）能耗制动；（2）转速反向的反接制动；（3）电枢反接的反接制动（运行于回馈制动）。转速反向的反接制动。

14. （1）降低电枢电压；（2）串接电枢电阻。弱磁。

15. 反向回馈。

四、简答题

1. 答：当负载转矩不变时，要求电磁转矩不变。由公式 $T_{em}=C_T\Phi I_a$ 知，ΦI_a 必须不变。在他励电动机中励磁是独立的，不计电枢反应的影响时，Φ 不变。在 T_{em} 不变时 I_a 必然不变。改变电动机端电压，电动机的输入功率 $P_1=UI_a$ 改变，E_a 改变，n 改变，输出功率 $P_2=T_2\Omega$ 改变，铁耗 P_{Fe} 改变，而电枢铜耗 $P_{Cua}=I_a^2R_a$ 不变。改变电枢回路附加电阻时，P_1 不变，E_a 改变，n 改变，P_2 改变，P_{Fe} 和 P_m 改变，P_{Cua} 改变。在串励电动机中，同样由于 I_a 不变，Φ 不变，结果与他励电动机相似。

2. 答：A 点为电动机状态稳定点；B 点为电枢反接的反接制动起始点；C 点为停机瞬时点；D 点为反向的电动机状态稳定点；E 点为高速下拉，反向回馈制动的稳定点。

3. 解：（1）额定电流：$I_N=\dfrac{10\times10^3}{220\times0.8}=57$ (A)

   堵转电流：$I_{st}=\dfrac{U_N}{R_a}=\dfrac{220}{0.3}=733.3$ (A)

   $K_I=\dfrac{733}{57}=13$ 倍

（2）$U=E_a+I_aR_a$ $C_e\Phi=\dfrac{U-I_aR_a}{n_N}=\dfrac{220-57\times0.3}{1\,000}=0.203$

   $n=\dfrac{U-3I_NR_a}{C_e\Phi}=\dfrac{220-3\times57\times0.3}{0.203}=831$ (r/min)

4. 解：（1）估算电枢电阻 R_a

$$R_a=\left(\dfrac{1}{2}\sim\dfrac{2}{3}\right)\dfrac{U_NI_N-P_N}{I_N^2}=\dfrac{2}{3}\times\left(\dfrac{220\times116-22\times10^3}{116^2}\right)=0.175\ (\Omega)$$

利用额定数据求 $C_e\Phi_N$

$$C_e\Phi_N=\dfrac{U_N-I_NR_a}{n_N}=\dfrac{220-116\times0.175}{1\,500}=0.133$$

将已知数据代入

$$n=\dfrac{U_N}{C_e\Phi_N}-\dfrac{R_a+R_B}{C_e\Phi_N}I_a$$

得

$$-800 = \frac{220}{0.133} - \frac{0.175 + R_B}{0.133} \times 116$$

解得 $R_B = 2.64 \ \Omega$

（2）从电网输入的功率 P_1

$$P_1 = U_N I_N = 220 \times 116 = 25.52 \ (\text{kW})$$

（3）忽略空载损耗，从轴上输入的功率 P_2 近似等于电磁功率，即

$$P_2 \approx P_{em} = E_a I_a = C_e \Phi_N n I_a = 0.133 \times 800 \times 116 = 12.342 \ (\text{kW})$$

（4）电枢回路电阻上消耗的功率

$$P_{Cua} = I_a^2 (R_a + R_B) = 116^2 \times (0.175 + 2.64) = 37.879 \ (\text{kW})$$

可见 $P_1 + P_2 = P_{Cua}$

5. 解：根据反向回馈制动机械特性可求得转速

$$n = -\frac{U_N}{C_e \Phi_N} - \frac{R_a + R_B}{C_e \Phi_N} I_a$$

$$= -\frac{220}{0.133} - \frac{0.175}{0.133} \times 100 = -1\ 768 \ (\text{r/min})$$

转速为负，表明下放重物。

6. 解：$C_e \Phi_N = \dfrac{U_N - I_N R_a}{n_N} = \dfrac{220 - 115 \times 0.1}{1500} = 0.139$

① 因为负载转矩不变，且磁通不变，所以 $I_a = I_N$ 不变。

$$n = \frac{U_N - (R_a + R_s) I_a}{C_e \Phi_N} = \frac{220 - (0.1 + 0.6) \times 115}{0.139} = 1\ 003.6 \ (\text{r/min})$$

② 因为负载转矩不变，且磁通不变，所以 $I_a = I_N$ 仍不变。

$$n = \frac{U_N - R_a I_a}{C_e \Phi_N} = \frac{150 - 0.1 \times 115}{0.139} = 996.4 \ (\text{r/min})$$

③ 因为 $\Phi = 0.8 \Phi_N$，$I_a = I_N$，电动机容许输出的转矩

$$T_2 = C_T \Phi I_N = 9.55 \times 0.8 C_e \Phi_N I_N = 9.55 \times 0.8 \times 0.139 \times 115 = 122 \ (\text{N} \cdot \text{m})$$

稳定转速为

$$n = \frac{U_N - R_a I_a}{C_e \Phi'} = \frac{220 - 0.1 \times 115}{0.8 \times 0.139} = 1\ 875 \ (\text{r/min})$$

电动机的输出功率

$$P_2 = T_2 \Omega = \frac{2\pi}{60} T_2 n = \frac{2\pi}{60} \times 122 \times 1\ 875 = 23.95 \ (\text{kW})$$

$$\frac{P_2}{P_1} = \frac{23.95}{22} \approx 1.809$$

可见，弱磁调速时，若保持 $I_a=I_N$ 不变，则电动机的输出功率接近恒定，说明弱磁调速属于恒功率调速。

第4章 自测题参考答案

一、单项选择题

1~5：DCAAA；　　6~10：BDCCB；　　11~15：CAADD；　　16~20：CBDDD；
21~25：CBADA；　　26~30：ADACA；　　31~35：CCABD。

二、判断题

1~5：√×√××；　　6~10：××××√；　　11~15：×√×√×；
16~20：×××√×；　　21~23：√×√。

三、填空题

1. 电磁感应。

2. 主磁通，一次侧漏磁通。

3. 增加，增大，减小，减小，增大。

4. 尖顶波。

5. 主磁通，铁耗。

6. 增大，基本不变。

7. 空载，短路。

8. 交流，频率。

9. $p_{Cu} = \beta^2 p_{kN}$，负载。

10. 越大，越低。

11. 577。

12. 1 200。

13. 0.707。

14. 降低。

15. 200。

16. 2.41+j0.53，0.1。

17. 越小，电容性。

18. 磁动势平衡，功率守恒。

19. 大，小。

20. 负载，自动增大。

四、简答与作图题

1. 答：要从电网取得功率，有功功率供给变压器本身功率损耗，即铁心损耗和绕组铜耗，它转化成热能散发到周围介质中；无功功率为主磁场和漏磁场储能。小负荷用户使用大容量变压器时，在经济技术两方面都不合理。对电网来说，由于变压器容量大，励磁电流较大，而负荷小，电流负载分量小，使电网功率因数降低，输送有功功率能力下降。对用户来说，投资增大，空载损耗也较大，变压器效率低。

2. 略（参考例题分析第 16 题）

3. （a）Y/d5；（b）D/y1；（c）Y/d7。

五、计算题

1. 解：（1） $k = \dfrac{U_{1N\varphi}}{U_{2N\varphi}} = \dfrac{U_{1N}/\sqrt{3}}{U_{2N}} = \dfrac{10}{\sqrt{3}\times 6.3} = 0.9164$

$R_k = R_1 + R_2' = R_1 + k^2 R_2 = 0.0287 + 0.9164^2 \times 0.0342 = 0.0574\ (\Omega)$

$X_k = X_1 + X_2' = X_1 + k^2 X_2 = 0.49 + 0.9164^2 \times 0.584 = 0.9804\ (\Omega)$

$Z_k = \sqrt{R_k^2 + X_k^2} = \sqrt{0.0574^2 + 0.9804^2} = 0.982\ (\Omega)$

（2） $I_{1N\varphi} = \dfrac{S_N}{\sqrt{3}U_{1N}} = \dfrac{5600}{\sqrt{3}\times 10} = 323.326\ (A)$

$Z_{1N} = \dfrac{U_{1N\varphi}}{I_{1N\varphi}} = \dfrac{10\times 10^3}{\sqrt{3}\times 323.326} = 17.857\ (A)$

$\underline{R_k} = \dfrac{R_k}{Z_{1N}} = \dfrac{0.0574}{17.857} = 0.00321$

$\underline{X_k} = \dfrac{X_k}{Z_{1N}} = \dfrac{0.9804}{17.857} = 0.0549$

$\Delta U = \beta(\underline{R_k}\cos\varphi_2 + \underline{X_k}\sin\varphi_2)\times 100\%$
$\quad\quad = (0.00321\times 0.8 + 0.0549\times 0.6)\times 100\% = 3.55\%$

则： $U_2 = (1-\Delta U)\times U_{2N} = (1-0.0355)\times 6.3\times 10^3 = 6076\ (V)$

2. 解：本题利用简化等效电路来求解：

（1） $k = \dfrac{U_{1N\varphi}}{U_{2N\varphi}} = \dfrac{U_{1N}/\sqrt{3}}{U_{2N}} = \dfrac{380}{\sqrt{3}\times 110} = 2$

$Z_\text{总} = Z_k + Z_L' = 1 + j1 + 2^2(2 + j2) = (9 + j9)\ \Omega$

$I_1 = \dfrac{U_{1N\varphi}}{|Z_\text{总}|} = \dfrac{U_{1N}/\sqrt{3}}{|Z_\text{总}|} = \dfrac{380}{\sqrt{3}\times\sqrt{9^2+9^2}} = 17.3\ (A)$

（2） $I_{1N} = \dfrac{S_N}{\sqrt{3}U_{1N}} = \dfrac{10\times 10^3}{\sqrt{3}\times 380} = 15.194\ (A)$

$$Z_{1N} = \frac{U_{1N\varphi}}{I_{1N\varphi}} = \frac{U_{1N}/\sqrt{3}}{I_{1N}} = \frac{380}{\sqrt{3} \times 15.194} = 14.48 \ (\Omega)$$

$$\underline{R_k} = \frac{R_k}{Z_{1N}} = \frac{1}{14.48} = 0.069$$

$$\underline{X_k} = \frac{X_k}{Z_{1N}} = \frac{1}{14.48} = 0.069$$

$$\Delta U = \beta(\underline{R_k}\cos\varphi_2 + \underline{X_k}\sin\varphi_2) \times 100\%$$
$$= 0.5 \times (0.069 \times 0.8 + 0.069 \times 0.6) \times 100\% = 4.83\%$$

则 $U_2 = (1 - \Delta U) \times U_{2N} = (1 - 0.048\ 3) \times 110 = 104.7$ (V)

（3） $|Z_k| = \sqrt{1^2 + 1^2} = \sqrt{2}$

$$\underline{Z_k} = \frac{|Z_k|}{Z_{1N}} = \frac{\sqrt{2}}{14.48} = 0.098$$

则：$\underline{I_k} = \frac{1}{Z_k} = \frac{1}{0.098} = 10.2$，即 I_k 是额定电流的 10.2 倍。

第 5 章　自测题参考答案

一、单项选择题
1~5：CBCBD；　　6~10：BABAC；　　11~13：DB<u>BA</u>。

二、判断题
1~5：√√×√√；　　6~10：×√×××；　　11~15：×√√×√。

三、填空题

1. 圆形旋转。

2. 分布，短距，减小。

3. 幅值，转速，转向。

4. 各相绕组的结构相同，阻抗相等，空间位置对称。

5. 不变，变大，不变。

6. 脉振磁动势，相等，相反，相等。

7. 9，3，20°，0.96，0.98，0.94。

8. $\frac{v-1}{v}$。

9. 脉振磁动势。

10. $\frac{1}{v}n_1$。

11. $\dfrac{1}{5}$，相反，50Hz，$\dfrac{4}{5}\tau$。

12. 4，4，1，2，3，12。

13. 62.5。

14. 900。

15. 对称绕组里通入对称的交流电。

四、简答与作图题

1. 答：同步发电机无论是采用 Y 接线还是△接线，都能改善线电动势波形，而问题是按△接线后，△接的三相线圈中，会产生 3 及 3 的奇数倍次谐波环流，引起附加损耗，使电机效率降低，温升升高，所以同步发电机一般不采用△接法来改善电动势波形。而变压器无论在哪一侧接成△接线，都可提供 3 次谐波励磁电流通路，使主磁通波形为正弦波，感应的相电动势为正弦波，改善变压器相电动势的波形。

2. 答：① A 相相轴在 $\alpha = 0°$，B 相相轴在 $\alpha = -90°$；② $f_1 = F_{m1}\sin(\omega t + \alpha - 30°)$，空间上反转的圆形旋转磁动势；③ $\omega t = 150°$ 时合成基波磁动势的幅值位置在 $-30°$ 处。

五、计算题

1. 解：$\tau = \dfrac{Q}{2p} = \dfrac{36}{4} = 9$

$$q = \dfrac{Q}{2pm} = \dfrac{36}{4\times 3} = 3$$

$$\alpha = \dfrac{p\times 360°}{Q} = \dfrac{2\times 360°}{36} = 20°$$

$$k_{p1} = \sin\left(y\dfrac{\pi}{2}\right) = \sin\left(\dfrac{7}{9}\times\dfrac{\pi}{2}\right) = 0.94$$

$$k_{d1} = \dfrac{\sin q\dfrac{\alpha}{2}}{q\sin\dfrac{\alpha}{2}} = \dfrac{\sin\left(3\times\dfrac{20°}{2}\right)}{3\times\sin\dfrac{20°}{2}} = 0.96$$

$$E_{\varphi 1} = 4.44 f\times\left(\dfrac{2p}{a}\right)\times q\times N_K\times k_{p1}k_{d1}\varPhi_1$$

$$= 4.44\times 50\times\dfrac{4}{1}\times 3\times 20\times 0.94\times 0.96\times 7.5\times 10^3 = 360.6\,(\mathrm{V})$$

2. 解：$\alpha = \dfrac{p\times 360°}{Q} = \dfrac{2\times 360°}{36} = 20°$

$$q = \dfrac{Q}{2pm} = \dfrac{36}{4\times 3} = 3$$

$$\tau = \dfrac{Q}{2p} = \dfrac{36}{4} = 9$$

$$k_{p1} = \sin\left(y\frac{\pi}{2}\right) = \sin\left(\frac{7}{9} \times \frac{\pi}{2}\right) = 0.939\ 7$$

$$k_{d1} = \frac{\sin q \frac{\alpha}{2}}{q \sin \frac{\alpha}{2}} = \frac{\sin\left(3 \times \frac{20°}{2}\right)}{3 \times \sin \frac{20°}{2}} = 0.959\ 8$$

（1）$k_{dp1} = k_{p1} \times k_{d1} = 0.939\ 7 \times 0.959\ 8 = 0.901\ 9$

（2）$N_1 = \frac{2p}{a} \times q \times N_K = \frac{4}{1} \times 3 \times 3 = 36$

$E_{\varphi 1} = 4.44 f N_1 k_{dp1} \Phi_1 = 4.44 \times 50 \times 36 \times 0.901\ 9 \times 0.75 = 5\ 406\ (V)$

$E_{L1} = \sqrt{3} E_{\varphi 1} = \sqrt{3} \times 5\ 406 = 9\ 363.5\ (V)$

（3）$F_{\varphi 1} = 0.9 \frac{N_1 k_{dp1}}{p} I_\varphi = 0.9 \times \frac{36 \times 0.901\ 9}{2} \times 30 = 438.323\ 4\ (A)$

（4）$F_1 = 1.35 \frac{N_1 k_{dp1}}{p} I_\varphi = 1.35 \times \frac{36 \times 0.901\ 9}{2} \times 30 = 657.485\ 1\ (A)$

第 6 章　自测题参考答案

一、单项选择题

1～5：BDADA；　　6～10：BCDDD；　　11～15：CCAAC；　　16～20：AADBD。

二、判断题

1～5：√√√√×；　　6～10：×√××√；　　11～15：××√√√。

三、填空题

1. 9.7，6，2，低。

2. $0 < s < 1$，拖动，$s < 0$，制动。

3. 鼠笼型，绕线型。

4. 降低，增加。

5. 0.97。

6. 1 000，1 000，80。

7. 3.33 Hz，100，1 500。

8. 电动机，发电机，电磁制动。

9. 600，5，0.041 6。

10. 转子磁动势（电流）。

11. 较小，增大，减小。

12. 烧坏电动机，使电动机不能正常工作（输出功率减小）。

13. 定子磁动势，转子磁动势。

14. 提刷短路（短接），1，可外接附加电阻来改善起动和调速性能。

15. 增大，减小，大。

16. 增加，为零。

四、简答与作图题

1. 答：异步电动机气隙小的目的是为了减小其励磁电流（空载电流），从而提高电动机功率因数。因异步电动机的励磁电流是由电网供给的，故气隙越小，电网供给的励磁电流就小。而励磁电流又属于感性无功性质，故减小励磁电流，相应就能提高电机的功率因数。

2. 答：① 作图略；② 三相异步电机正常运行时，转子频率 $f_2 = sf_1$，于是转子电流所产生的旋转磁动势相对于转子的转速为 $n_2 = 60f_2/p$，而转子自身的转速为 n。故转子电流所产生的旋转磁动势相对于定子的速度为 $n_2 + n = \dfrac{60f_2}{p} + n = s\dfrac{60f_1}{p} + n = sn_1 + (1-s)n_1 = n_1$。显然，无论转子转速如何变化，转子旋转磁动势在空间上的转速都恒定为 n_1。故定子旋转磁动势 F_1 和转子旋转磁动势 F_2 是相对静止的。

五、计算题

1. 解：$n_1 = 60\dfrac{f}{p} = 60 \times \dfrac{50}{2} = 1\,500$ (r/min)

   $n = (1-s)n_1 = (1-0.03) \times 1\,500 = 1\,455$ (r/min)

   $p_{em} = P_1 - p_{Cu1} - p_{Fe} = 6\,500 - 350 - 170 = 5\,980$ (W)

   $T_{em} = \dfrac{p_{em}}{\Omega_1} = \dfrac{5\,980}{2\pi \times \dfrac{1\,500}{60}} = 38.07$ (N·m)

   $P_2 = P_{em} - p_{Cu2} - p_m = P_{em} - sP_{em} - p_m = 5\,980 - 0.03 \times 5\,980 - 45 = 5\,755.6$ (W)

   $\eta = \dfrac{P_2}{P_1} \times 100\% = \dfrac{5755.6}{6500} \times 100\% = 88.55\%$

2. 解：$s_N = \dfrac{n_1 - n_N}{n_1} = \dfrac{1\,500 - 1\,440}{1\,500} = 0.04$

   $P_m = 3I_{2N}'^2 \dfrac{1-s_N}{s_N} R_2' = 3 \times 20.5^2 \times \dfrac{1-0.04}{0.04} \times 0.34 = 10\,288$ (W)

   $P_2 = P_m - (p_m + p_a) = 10\,288 - 288 = 10\,000$ (W)

   $P_{em} = \dfrac{P_m}{1-s_N} = \dfrac{10\,288}{1-0.04} = 10\,716$ (W)

   $T_2 = \dfrac{P_2}{\Omega} = \dfrac{10\,000}{2\pi \times \dfrac{1\,440}{60}} = 66.35$ (N·m)

第 7 章　自测题参考答案

一、单项选择题

1~5：BACA DB；　　6~10：BCACB；　　11~15：DBBAC；
16~20：BCBCB　　21~25：CCCBC；　　26~30：BACCB。

二、判断题

1~5：√×√××；　　6~10：√×√√×；　　11~15：×√×√√
16~20：××√√×；　　21~26：√×√√××。

三、填空题

1. 1，X_1+X_2'。

2. 大于 1，输入。

3. 1，较大，较小，小，小。

4. 转子串适当电阻，转子串频敏变阻器。

5. 不变，$\left(\dfrac{6}{5}\right)^2$，$\left(\dfrac{6}{5}\right)^3$。

6. 不变，减小。

7. 减少，减少。

8. 集肤效应，小。

9. 小。

10. 减小，增加。

11. 变大，不变。

12. 转速反向的反接制动。

13. 较大，小。

14. 变小，不变。

15. 鼠笼型，相序。

16. $-T_{em}+T_L=\dfrac{GD^2}{375}\cdot\dfrac{dn}{dt}$，输入。

四、简答题

1. 答：不能。因为三相鼠笼型异步电动机定子串电阻相当于减小了电源电压，从而主磁通减小，起动转矩下降。

2. 答：转子由铜条改为铝条后，相当于转子回路电阻增大，使得电动机起动电流减小、起动转矩增大，最大转矩不变，临界转差率 s_m 增大。在负载转矩不变的情况下，s 增大，转速下降，效率降低。

3. 答：D；E；A 点是电动机工作状态，B 点是改变定子电源相序的反接制动状态，C 点是停机状态，D 点是反向电动机工作状态，E 点是反向回馈制动状态；不应串电阻。

五、计算题

1. 解：$I_N=\dfrac{P_N}{\sqrt{3}U_N\cos\varphi_N\eta}=\dfrac{28\times10^3}{\sqrt{3}\times380\times0.85\times0.9}=53.72\ (A)$

直接起动时的起动电流：

$$I_{st} = 6I_N = 6 \times 53.72 = 322.3 \text{ (A)}$$

用 Y-△ 起动时

$$I'_{st} = \frac{I_{st}}{3} = 107.4 \text{ (A)}$$

2. 解：$n_N = 720$ r/min

$$s_N = \frac{n_1 - n_N}{n_1} = \frac{750 - 720}{750} = 0.04$$

$$\frac{R_2}{s_N} = \frac{R_2 + R}{s} \qquad \frac{s}{s_N} = \frac{R_2 + R}{R_2}$$

$$s = \frac{R_2 + R}{R_2} s_N = \frac{0.02 + 0.08}{0.02} \times 0.04 = 0.2$$

$$n = (1-s)n_1 = (1-0.2) \times 750 = 600 \text{ (r/min)}$$

3. 解：$n_1 = 1\,500$ r/min

$$s_N = \frac{1\,500 - 1\,430}{1\,500} = 0.046\,7$$

额定输入转矩：$T_N = \dfrac{P_N}{\Omega_N} = \dfrac{7.5 \times 10^3}{2\pi \times \dfrac{1\,430}{60}} = 50.1$ (N·m)

所以，$T_{em} \approx T_L$，$T_L = 4$ (kg·m) $= 40$ (N·m) 时所对应的转差：

$$s = \frac{T_{em}}{T_N} s_N = \frac{40}{50.1} \times 0.046\,7 = 0.037\,3$$

下放重物时 $s' = \dfrac{1\,500 + 500}{1\,500} = 1.333$

又因为当 T_{em} 不变时 $\dfrac{R_2}{s} = \dfrac{R_2 + R_t}{s'}$

所以每相串入电阻：$R_t = \dfrac{s'}{s} R_2 - R_2 = \left(\dfrac{1.333}{0.037\,3} - 1\right) \times 0.06 = 2.08$ (Ω)

4. 解：因为 $\dfrac{T'_m}{T_m} = \left(\dfrac{80}{100}\right)^2 = 0.64$

所以电压下降的最大转矩：$T'_m = 0.64 T_m$
$$= 0.64 K_T T_N = 0.64 \times 1.8 T_N = 1.152 T_N$$

可见，能带动额定负载运行，所以电压能降低 20%。

根据 $\left(\dfrac{U'_1}{U_1}\right)^2 = \dfrac{T'_m}{T_m} = \dfrac{T_N}{1.8 T_N} = 0.56$

得 $\dfrac{U_1'}{U_1} = \sqrt{0.56} = 0.748\,33$

所以电压最多能降低：$U_1' = 0.748\,3U_1$

5. 解：（1）低速时的静差率：$\delta_{\min} = \dfrac{n_1 - n_{\min}}{n_1} = 0.5$

所以 $n_{\min} = 0.5 \times 750 = 375$ (r/min)

调速范围：$\dfrac{n_N}{n_{\min}} = \dfrac{720}{375} = 1.92$ 倍

（2）$n_N = 720$ r/min，$s_N = \dfrac{n_1 - n_N}{n_1} = \dfrac{750 - 720}{750} = 0.04$

最低速转差率为 $s_{\min} = \dfrac{750 - 375}{750} = 0.5$

因为恒转矩负载，所以 $\dfrac{R_2}{s_N} = \dfrac{R_2 + R}{s_{\min}}$

则，转子最低速串入的电阻：$R = \left(\dfrac{s_{\min}}{s_N} - 1\right)R_2 = \left(\dfrac{0.5}{0.04} - 1\right)R_2 = 11.5 R_2$

（3）固有 $s_m = s_N(K_T + \sqrt{K_T^2 - 1}) = 0.183\,3$

起动转矩为最大转矩：$s_m' = 1$

串入的电阻值：$R = \left(\dfrac{s_m'}{s_m} - 1\right)R_2 = \left(\dfrac{1}{0.183\,3} - 1\right)R_2 = 4.46 R_2$

第 8 章　自测题参考答案

一、单项选择题

1~5：BDCBD；　　6~10：ACBDA；　　11~15：BDBCD。

二、判断题

1~5：√××××；　　6~10：√××××；　　11~15：×√××√。

三、填空题

1. 隐极式，3000。

2. 交轴。

3. 超前无功功率，直轴去磁，滞后无功功率，直轴增磁。

4. 增加。

5. 24。

6. 直轴去磁。

7. 无功功率。

8. 三相灯出现同时暗,同时亮的交替变化现象。

9. 直轴去磁。

10. 一个相灯没有绝对熄灭的时侯,在最亮和最暗范围内闪烁。

11. 容性。

12. 原动机的转速。

13. 减小。

14. 交轴电枢反应。

15. $\dfrac{mU^2}{2\Omega}\left(\dfrac{1}{X_q}-\dfrac{1}{X_d}\right)\sin 2\theta$。

16. 欠励,感性,过励,感性。

17. 凸极式、隐极式;汽轮发电机、水轮发电机。

18. 发电机与电网电压大小相等且波形一致,发电机与电网电压频率相同,发电机与电网电压相位相同,发电机与电网电压相序一致。

19. 原动机输入功率,改变,发电机的励磁,不变。

20. 大,高。

四、简答题

1. 答:同步发电机无论采用 Y 接线还是 △ 接线,都能改善线电动势波形,而问题是按 △ 形接线后,△ 接的三相线圈中,会产生 3 及 3 的奇数倍次谐波环流,引起附加损耗,使电机效率降低,温升升高,所以同步发电机一般不采用 △ 接法来改善电动势波形。而变压器无论在哪一侧接成 △ 接线,都可提供 3 次谐波励磁电流通路,使主磁通波形为正弦波,感应的相电动势为正弦波,改善变压器相电动势的波形。

2. 答:电枢反应的性质取决于励磁电动势 $\dot{E}_0$ 和电枢电流 $\dot{I}$ 之间的相位差,即内功率因数角 ψ。当 $\psi=0°$ 时,电枢反应为交轴电枢反应,交轴电枢反应使气隙合成磁场幅值增加,而其轴线从主极轴线逆转子转向后移一个锐角。当 $\psi=90°$ 时,电枢反应为直轴电枢反应,其性质完全是去磁的。当 $\psi=-90°$ 时,也为直轴电枢反应,其性质完全是增磁的。一般情况下,$0°<\psi<90°$,此时的电枢反应兼有直轴去磁作用和交磁作用。

3. 答:在凸极式电机中沿电枢圆周的气隙是很不均匀的,分析其电枢反应时,要用双反应理论,即把电枢反应磁动势分解直轴分量 $\dot{F}_{ad}$ 和交轴分量 $\dot{F}_{aq}$,它们分别产生直轴电枢反应磁通 Φ_{ad} 和交轴电枢反应磁通 Φ_{aq},相应的电枢电流也分解成直轴分量 $\dot{I}_{ad}$ 和交轴分量 $\dot{I}_{aq}$。由于直轴气隙小,交轴气隙大,故直轴磁路的磁导比交轴磁路的磁导要大得多,同样大小的电流产生的磁通和相应的电动势也大得多,所以电抗 $X_{ad}>X_{aq}$。

4. 答:(1)发电机频率等于电网的频率;若不等,调节原动机的转速,改变发电机的频率。

(2)发电机的电压幅值等于电网电压的幅值,且波形一致;若不同,调节励磁电流从而改变发电机的端电压。

(3)发电机的电压相序与电网的电压相序相同;若发电机与电网的相序不同,需对调发电机或电网的任意两根接线。

(4)在合闸时,发电机的电压相位与电网电压的相位一样;若不一致,需微调转速。

5. 答：同步发电机的外特性是指同步发电机在转速为额定转速、功率因数为常数、励磁电流为额定值时测出的发电机端电压关于电枢电流的特性曲线。当功率因数为小于1（滞后）时特性曲线为略微下降趋势，这时因为电枢电流起到了去磁作用，使得磁通减小，进而使得感应电动势减小，进而使电压下降。当功率因数为等于1时特性曲线为略微下降趋势，因为电机本身有电感，电流仍滞后于电压，内功率因数角接近于90°，直轴电枢反应影响较小，电压下降不大。当功率因数为超前时特性曲线为略微上翘趋势，这时因为电枢电流起到了增磁作用，使得磁通增大，进而使得感应电动势增大超过了内阻压降值，进而使电压上升。

6. 答：电网的容量相对于并联的同步发电机容量来说要大得多，如果对并联在电网上的同步发电机进行有功功率和无功功率调节时，对电网的电压和频率不会有什么影响。无限大电网的特点是端电压和频率均可认为是恒定的。

五、计算题

1. 解：由 $\cos\varphi_N = 0.8$ 得 $\varphi = \varphi_N = 36.87°$

由电动势相量图可得

$$E_0 = \sqrt{(U\cos\varphi)^2 + (U\sin\varphi + IX_c)^2} = \sqrt{0.8^2 + (0.6 + 1 \times 2.13)^2} = 2.845$$

$$E_0 = E_0 \frac{10.5}{\sqrt{3}} = 2.845 \times \frac{10.5}{\sqrt{3}} = 17.25 \text{ (kV)}$$

$$\tan\psi = \frac{IX_c + U\sin\varphi}{U\cos\varphi} = \frac{1 \times 2.13 + 1 \times \sin 36.87°}{1 \times \cos 36.87°} = 3.412\,5$$

故 $\psi = 73.67°$

2. 解：由 $\cos\varphi_N = 0.8$ 得：$\varphi = \varphi_N = 36.87°$

由电动势相量图可得

$$\tan\psi = \frac{IX_q + U\sin\varphi}{U\cos\varphi} = \frac{1 \times 0.554 + 1 \times \sin 36.87°}{1 \times \cos 36.87°} = 1.442\,5$$

故 $\psi = 55.27°$

有 $I_d = I\sin\psi = 1 \times \sin 55.27° = 0.822$

令 $\dot{I} = 1\angle 0°$, $\dot{U} = 1\angle 36.87°$

则 $\dot{I}_d = 0.822\angle 55.27° - 90° = 0.822\angle -34.73°$

又 $I_q = I\cos\psi = 1 \times \cos 55.27° = 0.57$

则 $\dot{I}_q = 0.57\angle 55.27°$

$$\dot{E}_0 = \dot{U} + j\dot{I}_d X_d + j\dot{I}_q X_q$$

$$= 1\angle 36.87° + j1 \times 0.822\angle -34.73° + j0.57\angle 55.27° \times 0.544$$

$$= 1.771\angle 55.27°$$

故 $E_0 = E_0 U_N = 1.771 \times 10.5 / \sqrt{3}$ kV $= 10.74$ kV

3. 解：由电动势相量图可得

$$\tan\psi = \frac{IX_q + U\sin\varphi}{U\cos\varphi} = \frac{1 \times 0.6 + 1 \times 0.6}{1 \times 0.8} = 1.5$$

故 $\psi = 56.31°$

直轴电枢电流

$$I_d = I\sin\psi = 1 \times \sin 56.31°$$

则

$$\begin{aligned} E_0 &= U\cos(\psi - \varphi) + I_d X_d \\ &= 1.0 \times \cos(56.31° - 36.87°) + 0.832 \times 1 \\ &= 0.943 + 0.832 \\ &= 1.775 \end{aligned}$$

附录 C 课后习题参考答案

第 1 章 课后习题参考答案

1-1 答：电机的磁路通常用导磁性能高的硅钢片叠压制成，磁路的其他部分常采用导磁性能较高的钢板或铸铁制成。这类材料应具有导磁性能高（磁导率大）、铁耗低的特征，有饱和现象存在。

1-2 答：表 1-3 说明了磁路和电路的相似性。磁路和电路的相似只是形式上的，与电路相比较，磁路有以下特点：（1）电路中可以有电动势无电流，磁路中有磁动势必然有磁通；（2）电流表示带电质点运动，电路中有电流就有功率损耗 I^2R；而磁通不代表质点运动，$\Phi^2 R_m$ 也不代表功率损耗；在恒定磁通下，磁路中无损耗；（3）磁路中除主磁通外还必须考虑漏磁通，自然界存在着良好的对电流绝缘的材料，但无完全对磁通绝缘的材料，即真空也是导磁的，有磁路就存在漏磁现象。（4）电路中电阻率在一定温度下恒定不变，而由铁磁材料构成的磁路中，磁导率随 B 变化，即磁阻 R_m 随磁路饱和度增大而增大。

1-3 答：全电流定律用在电机或变压器里作磁路计算时，一般已知的是磁路里各段的磁通 Φ 以及各段磁路的几何尺寸（即磁路长度与横截面），要求出所需的总磁动势 F。磁路计算用法：把磁路按不同的材料、不同的截面积分成若干段；计算各段磁路的有效面积 S_k 和平均长度 l_k；由通过各段磁路截面积的磁通量 Φ_k，计算各段磁路的平均磁通密度 $B_k = \Phi_k/S_k$；根据 B_k 求出对应的磁场强度 H_k，铁磁材料由基本磁化曲线查出 H_k；对于空气隙，可直接按 $H_\delta = B_\delta/\mu_0$ 计算；计算各段的磁位降 $H_k l_k$，由 $F = \sum H_k l_k$ 求得给定磁通量时所需要的总励磁磁动势 F。

1-4 答：电感是沟通电、磁关系的一个重要参量，漏电感 L_s 是反映漏磁通作用的物理量。见表（1-2），根据漏电感和励磁电感公式可知，漏电感与 N^2 成正比，与磁阻 R_m 成反比，是较小的常数。由励磁电感可知，励磁电感与 N^2 成正比，与磁阻 R_m 成反比，是较大的变量。

1-5 答：当所有磁通与线圈全部匝数交链时，则电磁感应定律的数学描述可表示为 $e = -\dfrac{d\Psi}{dt} = -N\dfrac{d\Phi}{dt}$，其中负号的含义是指：感应电动势 e 的产生总是阻碍磁通 Φ 的变化，此时规定感应电动势 e 正方向与磁通 Φ 的正方向符合右手螺旋关系。

1-6 答：在线圈中，由于线圈交链的磁链（线圈与磁动势相对静止）发生变化而产生的电动势就叫变压器电动势。它与通过线圈的磁通的变化率成正比，与自身的匝数成正比。由于导体与磁场发生相对运动切割磁力线而产生的感应电动势叫做运动电动势，它与切割磁力线的导体长度、磁强、切割速度有关。

1-7 答：因为铁心的磁阻远小于木质材料的磁阻，所以铁心上绕组的自感系数 L_m 大，木质材料上绕组的自感系数 L_0 小。因木质材料是线性的，磁阻不变，铁心的磁阻随饱和程度变化而变化，所以木质材料上绕组自感系数为常数，铁心上绕组自感系数为变数。如果是空气芯线圈，与木质材料线圈相同。

1-8 答：铁磁材料在交变磁场的作用下，磁畴之间反复摩擦产生的能量消耗称磁滞损耗。它与交变频率 f 成正比，与磁密幅值 B_m 的 α 次方成正比。涡流损耗是由于通过铁心的磁通 Φ 发生变化时，在铁心中产生感应电动势，这个感应电动势引起电流（涡流）而产生电损耗。它与交变频率 f 的平方和 B_m 的平方成正比。

1-9 答：铁心损耗为 81.595 W。

1-10 答：如接到电压为 U 的直流电源上，如果增加（减小）气隙的大小，则磁阻增加（减小），线圈中的电流 I 不变，铁心内的磁通 Φ 将减小（增加）。如线圈接到电压有效值为 U 的工频交流电源上，如果增加（减小）气隙的大小，则磁阻增加（减小），铁心内磁通不变，则线圈中电流增加（减小）。

1-11 所需的励磁磁动势 450 A·匝；励磁电流为 0.9 A。

第 2 章　课后习题参考答案

2-1 答：直流电动机：电刷外部的是直流电，通过电刷和换向片的作用使元件中的电流成交变的，从而产生的电磁转矩的方向是恒定的，也可以说直流电动机实质上是带有换向器装置的交流电动机。直流发电机：电枢电路是旋转的，经换向器-电刷作用转换成静止电路，即构成每条支路的元件在不停地变换，但每个支路内的元件数及其所在位置不变，因而支路电动势为直流，支路电流产生的磁动势在空间的位置不动。元件中的电动势及电流的方向是交变的，只是经过电刷和换向片的整流作用，才使外电路得到方向不变的直流电。直流发电机实质上是带有换向器的交流发电机。

2-2 答：由于电机的可逆原理。

2-3 答：普通直流电机由定子（静止部分）和转子（转动部分）两大部分组成，定子和转子之间有一定大小的间隙（称气隙）。定子的主要作用是产生磁场，由主磁极、换向极、机座和电刷装置等组成。转子（电枢）的作用是产生电磁转矩和感应电动势，由电枢铁心和电枢绕组、换向器、轴和风扇等组成。

2-4 答：主磁极铁心里主要是恒定磁通，可以用整块钢材料做成，但同时考虑电枢的影响，所以主磁极铁心采用 1~1.5 mm 厚的低碳钢板冲片叠压而成。而转子在旋转，与主磁通存在相对运动，会在转子铁心中产生铁损耗，所以电枢铁心通常用 0.5 mm 厚的两面涂有绝缘漆的硅钢片叠压而成。

2-5 答：直流发电机和直流电动机额定参数中的 P_N 都是指输出功率。但不同的是直流发电机 P_N 是指电刷端口输出的电功率；直流电动机 P_N 是指电枢轴输出的机械功率。U_N 和 I_N

都是指电刷端口电压及电流，但区别是发电机是输出，电动机是输入。

2-6　答：发电机 $I_N = 77.28$ A；电动机 $I_N = 93.1$ A。

2-7　答：见表 2-1。

2-8　答：单叠绕组的联接是一个元件紧叠一个元件，$y = y_k = \pm 1$，一个极下各元件串联起来组成一条支路，并联支路对数等于磁极对数即 $a = p$；单波绕组的联接是把相隔约为两个极距的同极性磁场中对应位置的所有元件串联起来，$y = y_k = \dfrac{K \pm 1}{p}$，同极性下各元件串联起来组成一条支路，支路对数 $a = 1$，与磁极对数 p 无关。

2-9　答：① 取出一组电刷或取出相邻的两组电刷，电机能够工作，此时，电枢感应电动势不受影响，但电机容量会减小。设原来每条支路电流为 I，4 条支路总电流为 $4I$，现在两条支路并联，一条支路电阻为另一条支路的 3 倍，因此两条并联总电流为 $I + \dfrac{1}{3}I = \dfrac{4}{3}I$，现在电流与原来电流之比为 $\dfrac{4}{3}I : 4I = \dfrac{1}{3}$，因此容量减为原来容量的 $\dfrac{1}{3}$；若只用相对的两组电刷，由于两路电刷间的电压为零，所以电机无法运行。② 只有一个元件断线时，电动势不受影响，元件断线的那条支路为零，因此现在相当于三条支路并联，总电流为原来的 $\dfrac{3}{4}$。③ 由于电刷不动，若有一磁极失磁，则有一条支路无电动势，所以电刷间无感应电动势，电机内部产生环流，电机不能运行。

2-10　答：电枢反应：电枢磁场对励磁磁场的作用。交轴电枢反应影响：① 物理中性线偏离几何中性线。② 发生畸变。③ 考虑饱和时，交轴有去磁作用，直轴可能去磁，也可能增磁。④ 使支路中各元件上的感应电动势不均。直轴电枢反应影响：对电动机而言，电刷顺电枢转向偏移，助磁，反之去磁。因为磁场发生变化，对电机的电磁转矩和速度有影响。

2-11　答：改变直流发电机的电枢感应电动势就是单独改变磁通的方向或者单独改变运动方向；改变直流电动机电磁转矩方向就是单独改变磁通方向或者单独改变电流方向。

2-12　答：通过比较 U 和 E_a 的大小。电动机：$U > E_a$；发电机：$U < E_a$。

2-13　答：电机空载运行时有机械损耗、铁耗和附加损耗。机械损耗由转子旋转时轴承摩擦、电刷摩擦以及通风引起，其大小与转速有关。铁耗是由转子旋转时主磁通在电枢铁心交变引起的，其大小与转速的 β 次方（$1 < \beta < 2$）和铁心磁密的平方成正比。空载时的附加损耗包括转子旋转时电枢齿槽引起气隙磁通脉动，从而在铁心中产生脉振损耗，以及转子上的拉紧螺杆等结构件中的铁耗。以上三种损耗统称为空载损耗，其中附加损耗所占比例很小。在转速和主磁通不变的情况下，可以认为空载损耗不变。此外，在空载时还存在励磁功率，即励磁电路铜耗。

电机负载时除有机械损耗、铁耗、附加损耗和励磁损耗外，还存在电枢回路铜耗，它与电枢电流的平方成正比。在附加损耗中，除了空载时的两项外，还包括电枢反应使磁场畸变引起的额外电枢铁耗以及由换向电流产生的损耗。

2-14　答：励磁回路断线时，只剩下剩磁。在断线初瞬，由于机械惯性，电机转速来不及改变。电枢电动势 $E_a = C_e \Phi n$ 与磁通成比例减小。由 $I_a = \dfrac{U - E_a}{R_a}$ 可知，I_a 将急剧增加到最大值，当 I_a 增加的比率大于磁通下降的比率时，电磁转矩也迅速增加，负载转矩不变时，由于电磁转矩大于负载转矩，电动机转速明显提高。随着转速的升高，电枢电动势增加，I_a 从最大值开始下降，可能在很高的转速下实现电磁转矩与负载转矩的新的平衡，电动机进入新的稳态。由于这时转速和电枢电流都远远超过额定值，这是不允许的。从理论上讲，当励磁回路断线时，若是电动机的剩磁非常小，而电枢电流的增大受到电枢回路电阻的限制，可能出现电枢电流增大的比率小于磁通 Φ 下降的比率，在负载转矩一定时，电枢的电磁转矩小于制动转矩，因而转速下降。但在这种情况下，电枢电流仍然是远远地超过了额定电流值。可见，并励电动机在运行中励磁回路断线可产生两个方面的影响：一方面引起电枢电流的大幅度增加，使电动机烧毁；另一方面，可能引起转速急剧升高。过高的转速造成换向不良，使电动机转子遭到破坏。因此，并励电动机在运行中应绝对避免励磁回路断线。针对励磁回路断线的故障，应采取必要的保护措施。若起动就断线，则空载可能"飞车"或带不动负载。

2-15　答：串励直流电动机的转速特性见表2-4；串励直流电动机空载（轻载）运行会"飞车"，所以不允许串励直流电动机空载（轻载）运行。

2-16　答：并励发电机的自励条件有三个：① 电机必须有剩磁。② 励磁绕组并到电枢绕组的极性必须正确。③ 励磁回路的总电阻应小于对应转速的临界电阻。建立起电压的大小受转速和励磁回路电阻影响。

2-17　答：外特性是指当 $I_f =$ 常值，自励发电机励磁回路调节电阻 $R_j =$ 常值时，$U = f(I)$ 特性；区别见表 2-3。

2-18　答：额定负载时发电机的输入功率 91.108 kW；电磁功率 88.198 kW；效率 90%。

2-19　答：转速 571.3 r/min；电磁转矩 245.71 N·m。

2-20　答：① 电动机的额定输出转矩 1 833.46 N·m；
　　　　　② 额定电流时的电磁转矩 2 007.74 N·m；
　　　　　③ 电动机的空载转速 523.19 r/min。

2-21　答：① 9 983 W，90%；② 9 473 W，62.4 N·m

第 3 章　课后习题参考答案

3-1　答：首先选定电动机转轴某一旋转方向为转速 n 的正方向，则电磁转矩 T_{em} 与转速 n 的正方向相同时为正，相反时为负；负载转矩 T_L 与转速 n 的正方向相反时为正，相同时为负。

3-2　答：生产机械的负载转矩特性常见为下列三种类型：恒转矩负载特性（包括反抗性恒转矩负载和位能性恒转矩负载）、恒功率负载特性、泵与风机类负载特性。反抗性恒转矩负载是指负载转矩的大小恒定不变，而负载转矩作用的方向总是与转速的方向相反，即总是起阻碍运动的制动性质的转矩。位能性恒转矩负载是指负载转矩 T_L 的大小不仅恒定不变，而且负载转矩的方向固定不变，不随转速方向的改变而改变。

3-3 答：电动机的机械特性 $n = f(T_{em})$ 必须与负载转矩特性 $n = f(T_L)$ 有交点，这是稳定运行的必要条件，但不够充分，充分条件还要求电动机具有下斜的机械特性，即在交点处，满足 $\dfrac{dT_{em}}{dn} < \dfrac{dT_L}{dn}$

3-4 答案见表3-2。

3-5 开始起动时转速为零，感应电动势也为零，起动电流为端电压除以电枢回路总电阻 R_a，即 $I_a = U/R_a$，一般直流电动机 R_a 很小，因此在额定电压下的起动电流很大，约为额定电流的20倍。这样大的电流会使换向困难，产生强烈火花或环火，或使电流保护装置跳闸。

3-6 电动机状态是输入电能，扣除所有损耗后，在轴上输出机械能。能耗制动状态既不输入电能也不输出电能，是动能转换成电能全部消耗在电枢电阻上。回馈制动状态是输入机械能，扣除所有损耗后，输出电能。反接制动状态既输入电能又输入机械能，不输出能量，全部消耗在电枢电阻上。

3-7 他励直流电动机的调速方法有以下三种：（1）改变励磁电流调速。这种调速方法方便，在端电压一定时，只要调节励磁回路中的调节电阻便可改变转速。由于通过调节电阻中的励磁电流不大。故消耗的功率不大，转速变化平滑均匀，且范围宽广。接入他励励磁回路中的调节电阻为零时的转速为最低转速，故只能"调高"，不能"调低"。改变励磁电流，机械特性的斜率发生变化并上下移动。为使电机在调速过程中得到充分利用，在不同转速下都能保持额定负载电流，此法适用于恒功率负载的调速。（2）改变电枢端电压调速。当励磁电流不变时，只要改变电枢端电压，即可改变电动机的转速，提高电枢端电压，转速升高。改变电枢端电压，机械特性上下移动，但斜率不变，即其硬度不变。此种调速方法的最大缺点是需要专用电源。在保持电枢电流为额定值时，可保持转矩不变，故此法适用于恒转矩的负载调速。（3）改变串入电枢回路的电阻调速。在端电压及励磁电流一定、接入电枢回路的电阻为零时，转速最高，增加电枢回路电阻，转速降低，故转速只能"调低"不能"调高"。增加电枢电阻，机械特性斜率增大，即硬度变软，此种调速方法功率损耗大，效率低，如果串入电枢回路的调节电阻是分级的，则为有级调速，平滑性不高，此法适用于恒转矩的负载调速。

3-8 恒转矩调速方式是指在不同转速下保持电流 $I_a = I_N$ 不变，电动机的输出转矩为常数。恒功率调速方式是指在不同转速下保持电流 $I_a = I_N$ 不变，电动机的输出功率为常数。恒转矩调速方式与恒转矩负载配合、恒功率调速方式与恒功率负载配合比较合适，这样电动机可以得到充分利用。

3-9 静差率和调速范围是相互制约的两项指标，调速范围与最低转速时的静差率间的关系见配套教材（式3-21）。两项指标要同时提出才有意义，因为系统可能达到的最低转速 n_{min} 决定于低速特性的静差率，因此，调速范围也受低速特性的静差率的制约。可知，若对静差率这一指标要求过高，即 δ 值越小，则调速范围 D 越小；若要求调速范围 D 越大，则静差率 δ 越大，转速的相对稳定性越差

3-10 电动机不能起动应首先检查外部线路（如电源电压、熔断器）、起动器是否正常，开关接触是否良好。把外部因素排除后，再分别检查电动机主回路及励磁回路，逐项检查处理。可能出现的故障原因及处理办法为① 电动机过载。应减轻负载或换上容量较大的电动机。② 轴承太紧。应将端盖内孔或轴承颈适当刮去一些或更换新轴承。③ 励磁绕组电路存在断

路或短路故障。用万用表或电阻表检测励磁绕组电路,找出断路或短路故障并予以排除。④ 电枢电路存在断路故障。用万用表或电阻表测量电枢绕组电路的电阻,以及换向绕组、补偿绕组或串励绕组的电阻,查出故障点并予以修复。⑤ 换向极线圈接反。应调换换向极线圈端子的位置。⑥ 电刷与换向器接触不良。仔细检查电刷与换向器的接触情况,观察电刷是否卡在刷盒内不能自由滑动或是接触面过小;如果是接触不平滑,应重新研磨和更换电刷;如果是刷握弹簧太松,应调整或更换弹簧;电刷不在几何中性线上,应用感应法调整电刷位置。⑦ 有部分主磁极的极性接反,使主磁极部分抵消。检查励磁绕组的极性,找出接线错误处并纠正。

3-11 ① 67.54 N·m、63.67 N·m、3.87 N·m ② 1 661.6 r/min、1 652.35 r/min ③ 1 580.9 r/min ④ 20.4 A

3-12 ① 5.92 Ω ② 0.693 Ω

3-13 ① 1.6 Ω ② 能耗制动(1.13 Ω)和转速反向的反接制动(4.6 Ω);
③ 2.28 Ω,－2 039 r/min

3-14 ① 1 528 r/min ② 93.93 A,1 738 r/min ③ 2.472 5 Ω

第 4 章　课后习题参考答案

4-1 答:变压器工作过程中,与原、副边同时交链的磁通叫主磁通,只与原边或副边绕组交链的磁通叫漏磁通。由变压器感应电动势公式 $E_1 = 4.44 f N_1 \Phi_m$ 可知,空载或负载情况下 $U_1 \approx E_1$,主磁通的大小主要取决于外加电压 U_1、频率 f 和绕组匝数 N_1。

4-2 答:励磁电抗对应于主磁通($X_m \to \Phi_m$),漏电抗对应于漏磁通($X_1 \to \Phi_{s1}$,$X_2 \to \Phi_{s2}$),对于制成的变压器,励磁电抗不是常数($X_m = 2\pi f N_1^2 \mu_{Fe} S/l$),它随磁路的饱和程度而变化;漏电抗在频率一定时是常数($X_1 = 2\pi f N_1^2 \mu_0 S/\delta$)。

4-3 答:(1)因额定电压不变,则 $U_{1N} \approx E_1 = 4.44 f N_1 \Phi_m = 4.44 f' N_1 \Phi_m'$;又 $\dfrac{f'}{f} = \dfrac{60}{50}$ → $\dfrac{\Phi_m'}{\Phi_m} = \dfrac{50}{60}$,即 $\Phi_m' = \dfrac{5}{6}\Phi_m$,磁通降低,此时可认为磁路为线性的,则磁阻 $R_m = \dfrac{l}{\mu_{Fe}S}$ 不变,励磁磁动势 $I_m \cdot N_1 = \Phi_m R_m$,所以 $I_m' = \dfrac{5}{6} I_m$。

(2)铁耗:$p_{Fe} \propto f^\beta B_m^2$,因为 $2 > \beta (\beta = 1.2 \sim 1.6)$,且 $B_m = \dfrac{\Phi_m}{S} \downarrow$,所以铁耗稍有减小。

(3)$X_1' = 2\pi f' \cdot L_{s1} = \dfrac{6}{5} X_1$,$X_2' = 2\pi f' \cdot L_{s2} = \dfrac{6}{5} X_2$,两者都有所增加。

4-4 答:根据 $U_{1N} \approx E_1 = 4.44 f N_1 \Phi_m$ 可知:当电源电压 U 降低,则磁通 Φ_m 减少,励磁电流 I_0 减小,铁心饱和程度降低,$\mu_{Fe} \uparrow$,所以:励磁电抗 $X_m = 2\pi f N_1^2 \mu_{Fe} S/l$ 增大,铁耗 $p_{Fe} \propto f^\beta B_m^2$ 减小。

4-5 答:① 变压器铁耗的大小决定于铁心中磁通密度的大小,铜耗的大小决定于绕组中电流的大小。

② 空载时，电源电压为额定值，铁心中磁通密度达到正常值，铁耗也为正常运行时的数值。而此时二次绕组中的电流为零，没有铜耗，一次绕组中电流仅为励磁电流，远小于正常运行的数值，它产生的铜耗相对于这时的铁耗可以忽略不计，因而空载损耗可近似看成为铁耗。

③ 短路实验时，输入功率为短路损耗。此时一次、二次绕组电流均为额定值，铜耗也达到正常运行时的数值，而此时的电压大大低于额定电压，铁心中磁通密度也大大低于正常运行时的数值，故此时的铁耗与铜耗相比可忽略不计。因此短路损耗可近似看成铜耗。

4-6 答：$\eta = \left(1 - \dfrac{p_0 + \beta^2 p_{kN}}{\beta S_N \cos\varphi_2 + P_0 + \beta^2 p_{kN}}\right) \times 100\%$；故变压器效率与负载大小，及功率因数有关。当铜耗等于铁耗时效率最高。

4-7 答：（1）铁心不饱和时，空载电流、感应电动势和主磁通均成正比，若想得到正弦波电动势，空载电流应为正弦波；（2）铁心饱和时，空载电流与主磁通成非线性关系（见磁化曲线），且电动势和主磁通成正比关系，若想得到正弦波电动势，空载电流应为尖顶波（参见配套教材 p103 图 4-5）。

4-8 答：因为变压器原、副边只有磁的联系，没有电的联系，两边电压 $E_1 \neq E_2$、电流不匹配，必须通过折算，才能使 $E_1 = E_2'$，以此为桥梁就可以把原、副边从电路上连在一起了，从而可得到变压器的等效电路。折算原则：保持折算前后副边的磁动势不变和功率不变。

4-9 答：$I_{1N} = 25$ A；$I_{2N} = 625$ A。

4-10 答：① $I_{1N} = 288.68$ A；$I_{2N} = 458.21$ A。

② $U_{1N\varphi} = 5.77$ kV，$U_{2N\varphi} = 6.3$ kV；$I_{1N\varphi} = 288.68$ A，$I_{2N\varphi} = 264.55$ A。

4-11 答：① $R_2' = 1.704\ \Omega$，$X_2' = 10.948\ \Omega$，折算到高压侧的 T 形等效电路略。

② 采用 T 形等效电路计算结果：$\dot{U}_1 = -21\,276.13\angle 2.7° = 21\,276.13\angle -177.3°$ V，$\dot{I}_1 = 54.55\angle 142.09°$ A；采用简化等效电路计算结果：$\dot{I}_1 = 53.412\angle 143.33°$ A，$\dot{U}_1 = -21\,250\angle 2.7° = 21\,250\angle -177.3°$ V。

4-11 答：① $R_2' = 1.704\ \Omega$，$X_2' = 10.948\ \Omega$。

② 采用 T 形等效电路计算结果：$\dot{U}_1 = -21\,276.13\angle 2.7° = 21\,276.13\angle -177.3°$ V，$\dot{I}_1 = 54.55\angle 142.09°$ A；采用简化等效电路计算结果：$\dot{I}_1 = 53.412\angle 143.33°$ A，$\dot{U}_1 = -21\,250\angle 2.7° = 21\,250\angle -177.3°$ V。

4-12 答：① $R_m = 196\ \Omega$，$|Z_m| = 2\,000\ \Omega$，$X_m = 1\,990.4\ \Omega$，$R_1 = R_2' = \dfrac{R_{k75°c}}{2} = 0.70\ \Omega$，$X_1 = X_2' = \dfrac{X_k}{2} = 2.5\ \Omega$。

② $R_k^* = 0.014$，$X_k^* = 0.05$。

③ $\Delta U_N = 4.12\%$、$\eta_N = 97.69\%$。

④ $\eta_{max} = 97.97\%$，$\beta_m = 0.5916$。

4-13 略

4-14 答：图（a）联接组号为 Y/d7；图（b）联接组号为 Y/d5。

4-15 答：① $\beta_A = 0.957\,85$，$\beta_B = 0.881\,23$；$S_A = 3\,065$ kV·A，$S_B = 4\,935$ kV·A。

② $\beta_A = 1$，$\beta_B = \dfrac{23}{25}$，$\beta_C = \dfrac{69}{76}$，$S_{max} = 11\ 257\ kV \cdot A$。

第 5 章　课后习题参考答案

5-1　答：线圈整距时，一个线圈的两根有效导体边之间相差 180° 电角度，线圈的节距因数为 1，此时线圈产生的电动势为单根导体边产生电动势的 2 倍，为最大。

5-2　答：三相电动势中的 3 次谐波在相位上彼此相差 $3 \times 120° = 360°$，即同大小，同相位，故 Y 联接时，有 $\dot{E}_{AB3} = \dot{E}_{A3} - \dot{E}_{B3} = 0$，即线电动势中的三次谐波被互相抵消。同理，接成 △ 形时，线电动势中依然不会存在三次谐波，但却会在△回路中产生 3 次谐波环流 $\dot{I}_3$，它会在各绕组中引起附加损耗，故同步发电机多采用 Y 形联接。

5-3　答：绕组分布后，一个线圈组中相邻两个线圈的基波和 ν 次谐波电动势的相位差分别是 α 和 $\nu\alpha$，这时，线圈组的电动势为各串联线圈电动势的相量和，因此一相绕组的基波和谐波电动势都比集中绕组时的小，但由于谐波电动势的相位差较大，故总的来说，一相绕组的谐波电动势所减小的幅度要大于基波电动势减小的幅度，使电动势波形得到改善。

绕组短距后，一个线圈的两个线圈边中的基波和谐波电动势都不再相差 180°，因此，基波和谐波电动势都比整距时减小；对于基波，因短距而减小的空间电角度较小，所以基波电动势减小得很少；但对于 ν 次谐波，因短距而减小的则是一个较大的角度（是基波的 ν 倍），因此，总体而言，两个线圈中谐波电动势相量和的大小就比整距时的要小得多，因此谐波电动势减小的幅度大于基波电动势减小的幅度，故可以改善电动势波形。

若要完全消除 ν 次谐波，只需取节距 $y_1 = \left(1 - \dfrac{1}{\nu}\right)\tau$ 即可。

5-4　答：① $E_{A1} = 145.965\ V$；② $E_{T1} = 274.327\ V$；③ $E_{K1} = 548.654\ V$；④ $E_{q1} = 3\ 147.079\ V$；⑤ $E_{\varphi 1} = 6\ 294.159\ V$。

5-5　答：① 每相每支路有 6 个线圈串联；② 5 次谐波电动势相对于整距时被削弱了 100%；$k_{p7} = 0.588$，7 次谐波电动势相对于整距时被削弱了 41.2%。

5-6　答：① $E_{\varphi 1} = 98.568\ V$；② $k_{dp5} = 0.053\ 1$，5 次谐波电动势被削弱了 94.69%。

5-7　答：① $p = 2$；② $Q = 36$；③ $E_{\varphi 1} = 230.02\ V$，$E_{L1} = 398.39\ V$

5-8　答：（1）脉振磁动势的基本特性：在空间呈矩形波分布，矩形波的振幅随时间以正弦规律变化。

（2）旋转磁动势的基本特性：转速为同步转速，方向从超前相电流绕组的轴线转向滞后相电流绕组的轴线，它的振幅恒定，等于一相磁动势幅值的 3/2 倍。

（3）产生条件：

① 一相绕组通入正弦电流时产生在空间呈矩形波分布的脉振磁动势波。

② 三相对称绕组通入三相对称电流（正弦分布）时产生圆形旋转磁动势。

③ 三相对称绕组通入三相不对称电流时，产生椭圆形旋转磁动势。

5-9 答：A，B 两相的相轴如图 C-1 所示。

$$f_{A1} = F_{m1} \sin(\omega t - 10°)\cos\alpha$$

$$f_{B1} = F_{m1} \sin(\omega t - 100°)\cos(\alpha + 90°)$$

$$f_1 = f_{A1} + f_{B1}$$

$$= \frac{1}{2}F_{m1}\sin(\omega t - 10° + \alpha) + \frac{1}{2}F_{m1}\sin(\omega t - 10° - \alpha) +$$

$$\frac{1}{2}F_{m1}\sin(\omega t - 10° + \alpha) + \frac{1}{2}F_{m1}\sin(\omega t - 190° - \alpha)$$

$$= F_{m1}\sin(\omega t - 10° + \alpha)$$

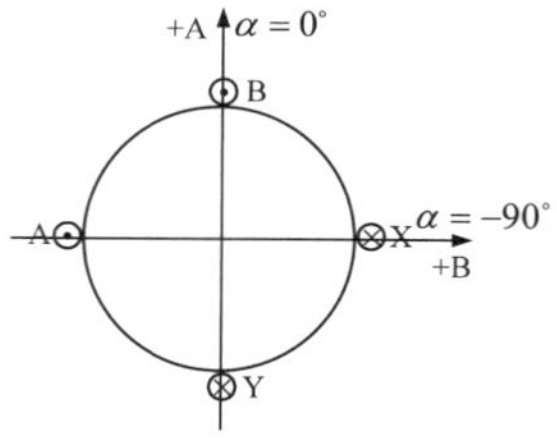

图 C-1

由上式可知，两相合成基波磁动势是一个空间上反转的圆形旋转磁动势。

5-10 答：① A，B，C 三相的相轴如图 C-2 所示。

$$f_{A1} = F_{m1}\cos\omega t\cos\alpha$$

$$f_{B1} = F_{m1}\cos(\omega t - 120°)\cos(\alpha - 120°)$$

$$f_{C1} = F_{m1}\cos(\omega t - 240°)\cos(\alpha - 240°)$$

$$f_1 = f_{A1} + f_{B1} + f_{C1}$$

$$= \frac{1}{2}F_{m1}\cos(\alpha - \omega t) + \frac{1}{2}F_{m1}\cos(\alpha + \omega t) +$$

$$\frac{1}{2}F_{m1}\cos(\alpha - \omega t) + \frac{1}{2}F_{m1}\cos(\alpha + \omega t - 240°) +$$

$$\frac{1}{2}F_{m1}\cos(\alpha - \omega t) + \frac{1}{2}F_{m1}\cos(\alpha + \omega t - 120°)$$

$$= \frac{3}{2}F_{m1}\cos(\alpha - \omega t)$$

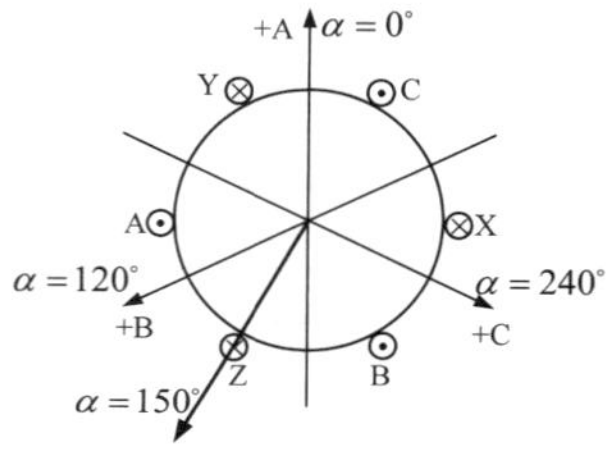

图 C-2

由上式可知，三相合成基波磁动势是一个空间上正转的圆形旋转磁动势。

② 由三相合成的表达式可知，当 $\omega t = 150°$ 时，合成基波磁动势幅值在 $\alpha = 150°$ 位置，如图附录 C-2 所示。

5-11 答：（1）$k_{dp1} = 0.8976$，$F_1 = 47\ 034$ 安匝，$n_1 = 3\ 000$ r/min，正转；（2）三次谐波磁动势不存在；（3）$k_{dp5} = -0.033\ 42$，$F_5 = 350$ 安匝，$n_5 = 600$ r/min，反转；（4）$k_{dp7} = -0.106\ 1$，$F_7 = 794$ 安匝，$n_7 = 428.6$ r/min，正转。

第 6 章　课后习题参考答案

6-1 答：异步电机同步转速和转子转速的差值与同步转速之比称为转差率，它是异步电机非常重要的一个参数。根据转差率的大小可判断出异步电机的运行状态：（1）当 $0 < s < 1$ 时，为电动机状态；（2）当 $s < 0$ 时，为发电机状态；（3）当 $s > 1$ 时，为电磁制动状态。

6-2 答：因为异步电机定、转子之间存在气隙，导致异步电机的磁路磁阻就较大，而变压器磁路中没有气隙，磁阻小。因此，相对于变压器而言，异步电机所需励磁磁动势大，励磁电流（空载电流）也就比较大。

6-3 答：三相异步电机转速变化时，转子频率为 $f_2 = sf_1$，转子电流所产生的旋转磁动势相对于转子的转速为 $n_2 = 60f_2/p$，而转子自身的转速为 n。故转子电流所产生的旋转磁动势相对于定子的速度为：$n_2 + n = \frac{60f_2}{p} + n = s\frac{60f_1}{p} + n = sn_1 + (1-s)n_1 = n_1$。显然，无论转子转速如何变化，转子旋转磁动势在空间上的转速都恒定为 n_1。

6-4 答：转子边要进行频率折算和绕组折算。因为转子电路的频率与定子电路的频率不同，频率不同的定、转子电路要合成等效电路，必须频率相同，所以要进行频率折算。另外，定、转子绕组的匝数不同，相应的感应电动势也不相等，两个电路并不起来，所以定、转子电路要合成等效电路必须进行绕组折算。折算的原则是磁动势保持不变，有功、无功功率也保持不变。

6-5 答：$(1-s)R_2'/s$ 是表征异步电机所产生的总机械功率的模拟电阻，等效电路中消耗在该电阻上的功率代表总的机械功率。它不能由等值的电抗或电容代替，因为电抗或电容上消耗的是无功功率，不能代替转换成总机械功率的有功功率。

6-6 答：异步电机的转差功率 $sP_{em} = P_{Cu2}$，这部分功率消耗在转子绕组的铜耗上。增加这部分功率会使转差率增加，异步电动机的转速及效率都会降低。

6-7 答：① 开路时，转子相电动势：$E_2 = \frac{100}{\sqrt{3}} = 57.74$ (V)；② $\dot{I}_2 = \frac{\dot{E}_2}{\frac{R_2}{s} + jX_2} = 3.128$ (A)，$f_2 = sf_1 = 0.033 \times 50 = 1.67$ (Hz)；③ 总机械功率：$P_m = 3I_2^2 \frac{1-s}{s} R_2 = 516$ (W)。

6-8 答：$P_{em} = 10\ 050$ W；$p_{Cu2} = 291.45$ W；$P_m = 9\ 758.55$ W。

6-9 答：$f_2 = 2$ Hz；$P_{em} = 7\ 898.4$ W；$p_{Cu2} = 315.94$ W；$I_N = 15.86$ A；$\eta = 87.17\%$。

6-10 答：$s_N = \frac{P_{Cu2}}{P_{em}} = 0.028$；$n_N = 1\ 458$ r/min；$T_2 = 111.35$ N·m；$T_0 = 2.29$ N·m；$T_{em} = 113.64$ N·m。

第 7 章 课后习题参考答案

7-1 答：见表 7-1 和表 7-2。

7-2 答：由配套教材式（7-7）、（7-8）、式（7-10）可得出如下结论：

（1）当电动机各参数和电源频率不变时，T_m 与 U_1^2 成正比，而 s_m 保持不变，与 U_1 无关。

（2）当电源电压与频率不变时，T_m 和 s_m 都近似与 $(X_1 + X_2')$ 成反比。

（3）T_m 与 R_2' 无关，而 s_m 与 R_2' 成正比。所以对于绕线型异步电动机，当增加转子回路的电阻 R_2' 时，T_m 不变，s_m 则与 R_2' 成正比增大，使机械特性变软。

（4）当电动机各参数和电源频率不变时，T_{st} 与 U_1^2 成正比。

（5）当电源电压与频率不变时，电抗参数 $(X_1 + X_2')$ 越大，T_{st} 越小。

（6）在一定范围内增大 R_2' 时，T_{st} 会增大。

7-3 答：见表 7-3。

7-4 答：见精选例题分析 4。

7-5 答：绕线型异步电动机采用转子回路串电阻分级起动，可以增大起动转矩，但如要在整个起动过程中始终保持变化不大的较大转矩，使起动过程平滑，就要增加起动级数，导致起动设备复杂，耗能较大，不适用于频繁起动的场合。而采用频敏变阻器就克服了这个缺点，特别对于容量较大、重载起动的绕线型异步电动机，采用频敏变阻器代替起动电阻，由于频敏变阻器的铁耗与转子频率的平方成正比，故频敏变阻器的等效电阻 R_m 在电动机的起动过程中会随着转速的上升而自动减小，从而既限制了起动电流，又获得了较大的起动转矩，实现真正意义上的平滑起动。

7-6 答：可采用能耗制动或改变定子电源相序的反接制动。能耗制动可通过改变励磁或电枢电阻的大小来改变制动的强弱（见配套教材图 7-31）；改变电枢电阻可以改变定子电源相序的反接制动的强弱。制动过程见配套教材图 7-34。

7-7 答：能耗制动、转速反向的反接制动、回馈制动。以通过在电枢串接电阻来改变制动运行时的速度。能耗制动状态既不输入能量也不输出能量，是将系统的动能转换成电能消耗在电枢电阻上。转速反向的反接制动状态是将系统的动能转换成电能和输入的电能全部消耗在电枢电阻上。回馈制动是将系统的动能转换成电能回馈给电网。

7-8 答：变频调速时一般要变压。因为要保证调速磁通不变或者过载能力不变。见表 7-4。

7-9 答：因为低速时必须串入较大电阻，所以机械特性变软。如图 C-3 所示，当轻载时即负载为 T_L 时，其调速范围从 C ~ D 比额定负载 T_N 其调速范围从 A ~ B 小很多。

7-10 答：中、大型三相绕线型异步电动机的转子绕组外串电力电子装置或交流发

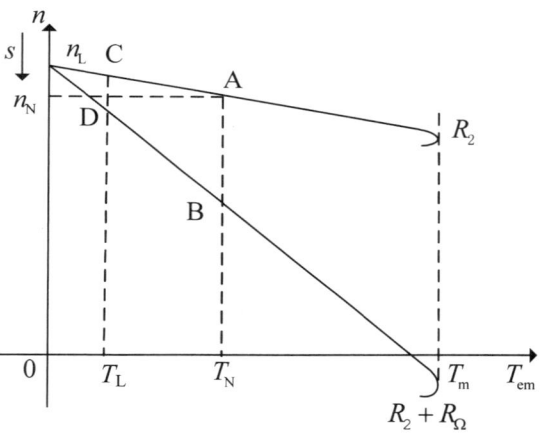

图 C-3

电机以产生附加电动势，实现平滑调速的法称为串级调速。原理是，当串入 $\dot{E}_{ad}$ 后，转子电流 I_2 增大（或减小），电磁转矩 $T_{em} = C_T \Phi_m I_2' \cos\varphi_2$ 也随 I_2 的增大（减小）而增大（减小），则转速 n 上升（下降）。串级调速时机械特性基本上是平行上移或下移，所以串级调速机械特性较硬，效率高，可以实现无级调速，但低速运行时电动机的过载能力较低。

7-11 答：① 负载转矩为 $0.25T_N$ 时，可以起动；② 负载转矩为 $0.5T_N$ 时，不能起动。

7-12 答：转子每相应串入的电阻值为 7.97 Ω。

7-13 答：f_1 应调为 34 Hz，U_1 应调为 261 V。

7-14 答：① 2 945 r/min；② 2 345 r/min。

第 8 章 课后习题参考答案

8-1 答：$f = \dfrac{pn_1}{60}$。$f = 50$ Hz，$n = 3\,000$ r/min 时，$p = 1$，极数为 2，极数较少，转速较高，因此该电机为隐极式同步电机。

8-2 答：电枢绕组电流所产生的磁动势对空载励磁磁动势的影响称为电枢反应。电枢反应的是由空载励磁电动势 $\dot{E}_0$ 与电枢电流 $\dot{I}$ 的夹角即内功率因数角 ψ 所决定的。

8-3 答：$\psi = 45°$ 的时-空矢量图如图 C-4 所示。由图可知，此时既有直轴电枢反应，又有交轴电枢反应，其中直轴电枢反应的作用为去磁，交轴电枢反应使合成磁动势 $\dot{F}_\delta$ 与空载励磁磁动势 $\dot{F}_{f1}$ 偏移了一个 θ' 角。

8-4 答：相量图如图 C-5 所示。由图可知，$0° < \psi < 90°$，此时既有直轴电枢反应，又有交轴电枢反应，其中直轴电枢反应的作用为去磁，交轴电枢反应使合成磁动势 $\dot{F}_\delta$ 与空载励磁磁动势 $\dot{F}_{f1}$ 偏移了一个 θ' 角。

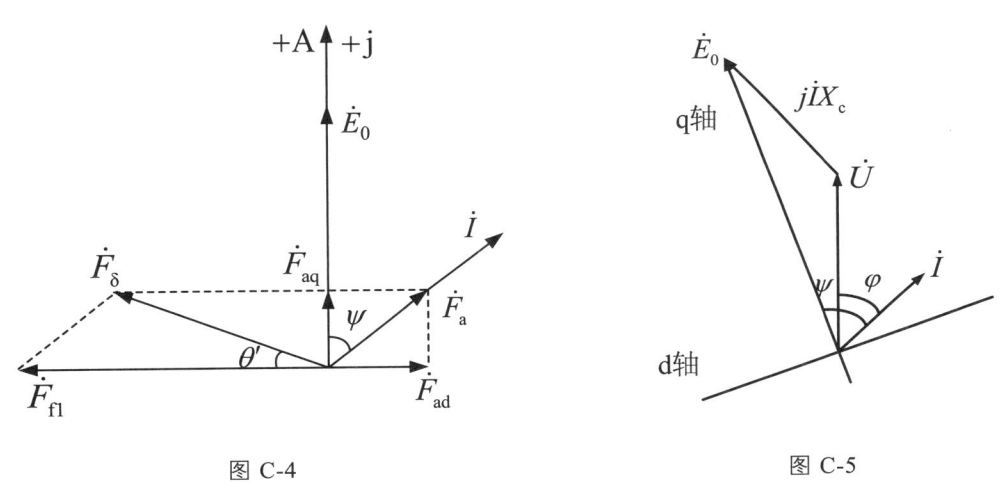

图 C-4　　　　　　　　图 C-5

8-5 答：$E_\delta = 1\,501$ V

8-6 答：$E_0 = 6\,488.14$ V，相量图如图 C-6 所示。

8-7 答：$\psi = 73.67°$，$E_0 = 17\,247.5$ V

8-8 答：同步发电机稳态短路时，短路电流主要由直轴同步电抗 X_d 限制。由于 X_d 值一般较大，即起去磁作用的电枢反应磁动势较大，使气隙合成磁动势较小，合成气隙感应电动势较小，因此短路电流不是很大。

8-9 答：一般有 $X_d > X_{ad} > X_q > X_{aq} > X_p > X_s$，稳态短路电流的大小主要取决于 X_d。

8-10 答：$\Delta U = 60.86\%$

8-11 答：并联运行的四个条件是发电机和电网的频率、电压幅值、电压相序及电压的初相角分别相同。并联条件中某一个不符合时，并网时会产生很大的冲击电流。

8-12 答：如果电网的容量比并联于其上的同步发电机的容量大很多，则在一台发电机进行调节时，电网状况几乎不受影响，对这台同步发电机而言，这样的电网就可视为无限大电网。

无限大电网对并联于其上的同步发电机的约束是电压 U = 常数，频率 f = 常数。

8-13 答：调 θ 角及励磁电流 I_f 均会发生变化。$\dot{E}_0$ 和 $\dot{I}$ 的变化轨迹如图 C-7 所示。

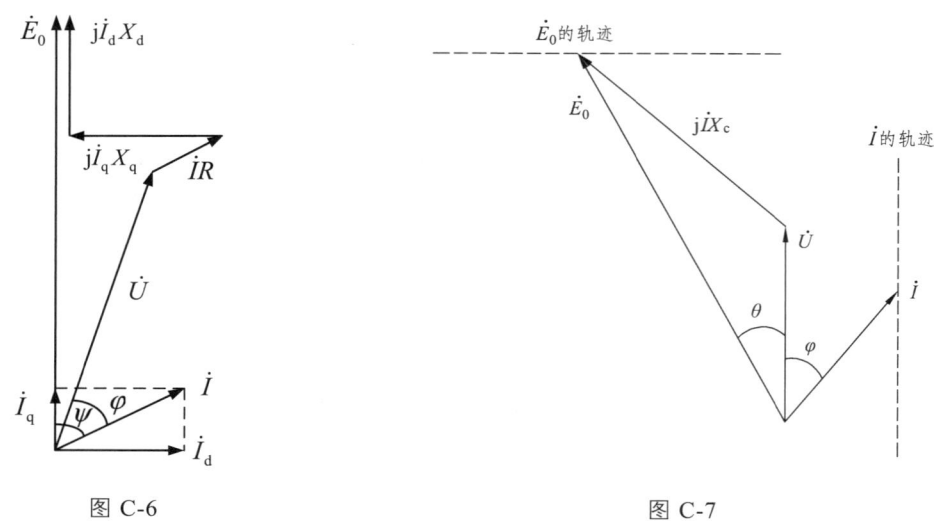

图 C-6　　　　　　　　图 C-7

8-14 答：过励运行时发出感性无功功率，欠励运行时发出容性无功功率。

8-15 答：相应的电动势相量图（以隐极式发电机为例）如图 C-8 所示。

由相量图可看出，随着有功功率的变化，功率角 θ 会改变，φ 角也随之变化，I 变化，$I\cos\varphi$ 变化，$I\sin\varphi$ 也变化，故无功功率也随之改变。

8-16 答：电动势相量图如图 C-9 所示。

由图 C-9 可知，$0° < \psi < 90°$，此时既有直轴电枢反应，又有交轴电枢反应，其中直轴电枢反应的作用为去磁，交轴电枢反应使合成磁动势 $\dot{F}_\delta$ 与空载励磁磁动势 $\dot{F}_\text{fl}$ 偏移了一个 θ' 角。

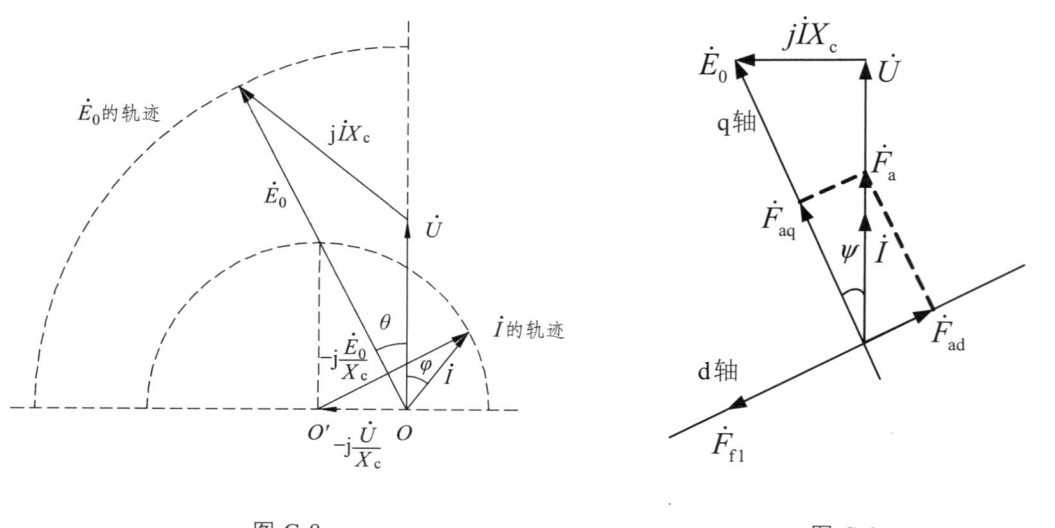

图 C-8　　　　　　　　图 C-9

8-17 答：由于负载为额定负载不变，故应保证有功功率不变，即使电磁功率 $P_{em} = \dfrac{E_0 U}{X_c} \sin\theta$ 不变，电网电压下降使 $U' = 0.6U$，$\theta = 20°$，电机参数 X_c 不变，$\theta' = 25°$ 时可求出 $E_0' = 1.35 E_0$，故为使 θ 角不超过 25°，应加大励磁使 E_0 上升为原来的 1.35 倍。

8-18 答：$\theta_N = 35.93°$，$P_{em} = 25\,000$ kW，$K_T = 1.7$。

8-19 答：（1）$\theta = 28.36°$，$P_2 = 6\,000$ kW，$K_T = 2.1$。
（2）$\theta = 13.74°$，$\varphi = 62.04°$。

8-20 答：$I = 1\,718.4$ A，$\theta = 36.8°$，$E_0 = 2.845$ V，$P_{em} = 25\,000$ kW，$K_T = 1.67$。

附录 D 模拟试卷解答

模拟试卷 1 解答

一、判断题

1. ×；2. ×；3. √；4. ×；5. ×；6. √；7. ×；8. ×；9. ×；10. √。

二、单项选择题

1. B；2. C；3. B；4. B；5. B；6. A；7. C；8. B；9. C；10. A。

三、填空题

1. 磁极轴线对准的换向片处。

2. 正弦，组式。

3. 最大，最小

4. 差，低。

5. (2.43+j1.12) Ω，0.02 Ω。

6. 电动机，970 r/min，30 r/min。

7. 2，94.4%，6/7。

8. 快（大），慢（小）。

9. 40 A，25 N·m。

10. 减小。

四、综合分析题

1. 解：相量图如图 D-1 所示，$\dot{E}_{AB}$ 与 $\dot{E}_{ab}$ 相位相差 90°，故联接组号为 Y/d3。（+2）

[注：相量图+4 分]

2. 解：由图可知，该电机为发电机。（+2）电磁转矩方向与转速方向相反，电动势方向与电枢电流方向相同。（+2）电枢绕组中为交流，电刷两端为直流。（+2）

3. 解：机械特性如图 D-2 所示，由图可知，转子电阻增大，起动转矩先增大后减小；（+1）根据等效电路可得，转子电阻增大，起动电流减小。（+1）

[注：机械特性+4 分]

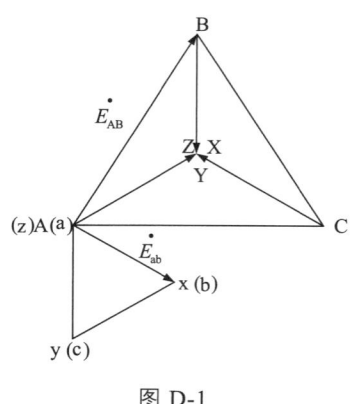

图 D-1

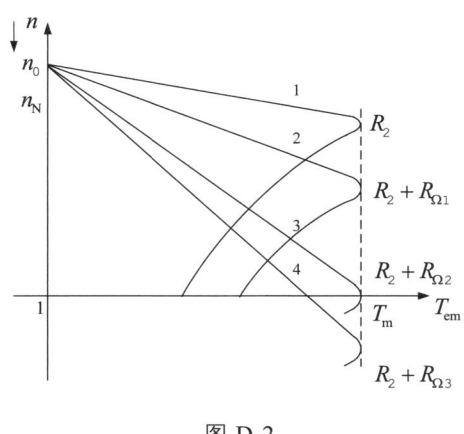

图 D-2

4. 解：应采用电枢反接的反接制动和能耗制动。机械特性如图 D-3，制动过程为 A—B—C—D—0，当至 C 点时将反接制动切换为能耗制动，在 0 点实现准确停机。(+2)

[注：机械特性+4 分]

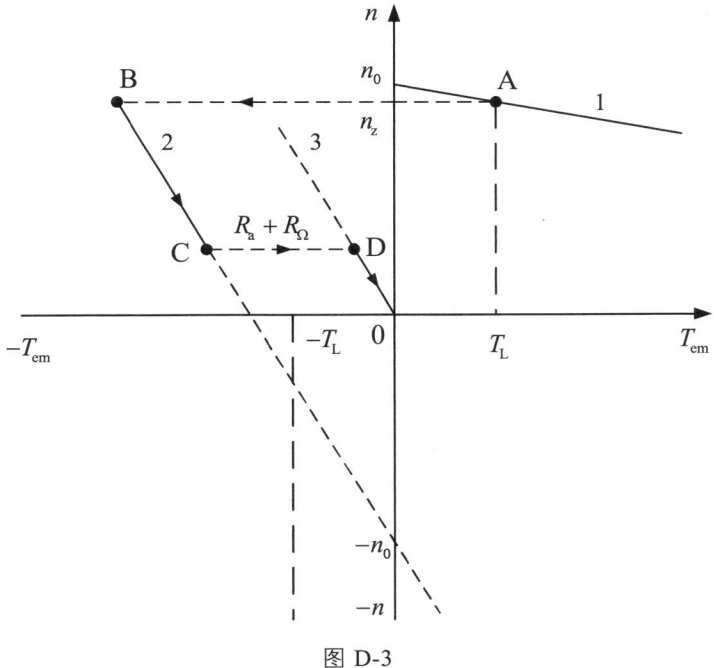

图 D-3

5. 解：依题意可知 $\varphi = 53.13°$，忽略电枢电阻时的电动势平衡方程为 $\dot{E}_0 = \dot{U} + \mathrm{j}\dot{I}X_{\mathrm{C}}$，相量图如图 D-4 所示。(+1) 由图可知，$0° < \psi < 90°$，此时既有直轴电枢反应，又有交轴电枢反应，其中直轴电枢反应的作用为去磁，交轴电枢反应使合成磁动势 $\dot{F}_\delta$ 与空载励磁磁动势 $\dot{F}_{\mathrm{fl}}$ 偏移了一个 θ' 角。(+2)[注：相量图+3 分]

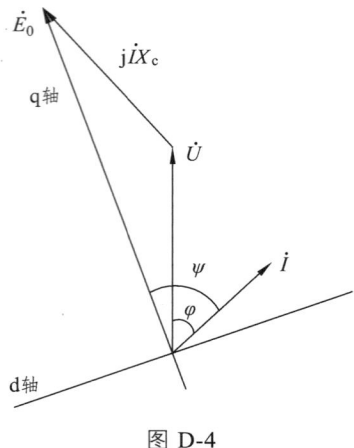

图 D-4

五、计算题

1. 解：变比 $k = \dfrac{U_{1N}}{U_{2N}} = \dfrac{2\,200}{220} = 10$ （+2）

$$R_m = k^2 \dfrac{p_0}{I_0^2} = 10^2 \times \dfrac{280}{18^2} = 86.42\ (\Omega)\quad (+1)$$

$$|Z_m| = k^2 \dfrac{U_0}{I_0} = 10^2 \times \dfrac{220}{18} = 1\,222.2\ (\Omega)\quad (+1)$$

$$X_m = \sqrt{|Z_m|^2 - R_m^2} = \sqrt{1\,222.2^2 - 86.42^2} = 1\,219.1\ (\Omega)\quad (+1)$$

$$I_k = I_{1N} = \dfrac{S_N}{U_{1N}} = \dfrac{100 \times 10^3}{2\,200} = 45.45\ (A)\quad (+2)$$

$$R_k = \dfrac{p_k}{I_k^2} = \dfrac{1\,050}{45.45^2} = 0.51\ (\Omega)\quad (+1)$$

$$|Z_k| = \dfrac{U_k}{I_k} = \dfrac{110}{45.45} = 2.42\ (\Omega)\quad (+1)$$

$$X_k = \sqrt{|Z_k|^2 - R_k^2} = \sqrt{2.42^2 - 0.51^2} = 2.37\ (\Omega)\quad (+1)$$

2. 解：（1） $C_e\Phi_N = \dfrac{U_N - I_N R_a}{n_N} = \dfrac{440 - 80 \times 0.35}{1\,000} = 0.412$ （+2）

$$R_\Omega = \dfrac{-C_e\Phi_N n}{I_{a\max}} - R_a = \dfrac{-0.412 \times 600}{-120} - 0.35 = 1.71\ (\Omega)\quad (+4)$$

（2）依题意可知，电机采用电枢反接的反接制动，则

$$R_\Omega = \dfrac{-U_N - C_e\Phi_N n}{I_a} - R_a = \dfrac{-440 - 0.412 \times (-1\,350)}{80} - 0.35 = 1.10\ (\Omega)\quad (+4)$$

3. 解：（1）依题意可知 $n_1 = 1\,500$ r/min （+1）

$$s_N = \frac{n_1 - n_N}{n_1} = \frac{1\,500 - 1\,470}{1\,500} = 0.02 \quad (+1)$$

用直线段计算时，$s_m = 2K_T s_N = 2 \times 3 \times 0.02 = 0.12$ （+1）

[注：用 $s_m = s_N(K_T + \sqrt{K_T^2 - 1}) = 0.02 \times (3 + \sqrt{3^2 - 1}) = 0.117$ 计算也正确]

$$s_x = \frac{n_1 - n}{n_1} = \frac{1\,500 - 600}{1\,500} = 0.6 \quad (+1)$$

由于负载转矩额定，故 $\dfrac{s'_m}{s_m} = \dfrac{s_x}{s_N}$，则：

$$R_\Omega = \left(\frac{s'_m}{s_m} - 1\right) R_2 = \left(\frac{s_x}{s_N} - 1\right) R_2 = \left(\frac{0.6}{0.02} - 1\right) \times 0.5 = 14.5\ (\Omega) \quad (+2)$$

（2） $s_x = \dfrac{n_1 - n}{n_1} = \dfrac{1\,500 - (-300)}{1\,500} = 1.2$ （+1）

$$s'_m = \frac{2K_T T_N}{T_L} s_x = \frac{2 \times 3 T_N}{0.8 T_N} \times 1.2 = 9 \quad (+2)$$

$$R_\Omega = \left(\frac{s'_m}{s_m} - 1\right) R_2 = \left(\frac{9}{0.12} - 1\right) \times 0.5 = 37\ (\Omega) \quad (+1)$$

模拟试卷 2 解答

一、单项选择题

1. B； 2. B； 3. B； 4. C； 5. C； 6. B； 7. B； 8. C；
9. C； 10. D； 11. C； 12. A，B； 13. C，B。

二、判断题

1. √； 2. ×； 3. ×； 4. ×； 5. √； 6. ×； 7. √； 8. ×； 9. √； 10. ×。

三、填空题

1. 866.05 A。

2. 直流。

3. 联接组号相同。

4. (1.62+j1.44) Ω，0.2 Ω。

5. 100 A，20 kW。

6. 下降，硬。

7. 低压侧，铁耗。

8. 小，减小。
9. 2。
10. 正弦，组式。
11. 马鞍形。
12. 越小，容性。
13. 6/7。
14. 脉振。
15. 几何中性线处，(只有)交轴电枢反应。
16. 最大，最小。

四、画图题（每题 5 分，共 20 分）

1. 解：直流电动机工作原理模型（磁极极性及各物理量方向）如图 D-5。（+4）

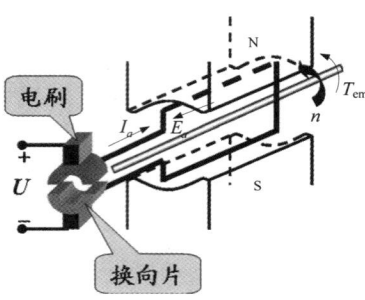

图 D-5

[注：磁极极性及各物理量每项 1 分]

换向片及电刷的作用：将外部直流电转换成元件内部交流电，以产生持续方向电磁转矩，使电机持续旋转。（+1）

2. 解：相量图如图 D-6，由图可知，$\dot{E}_{AB}$ 与 $\dot{E}_{ab}$ 相差 150°，故联接组标号为 Y/d5。（+1）

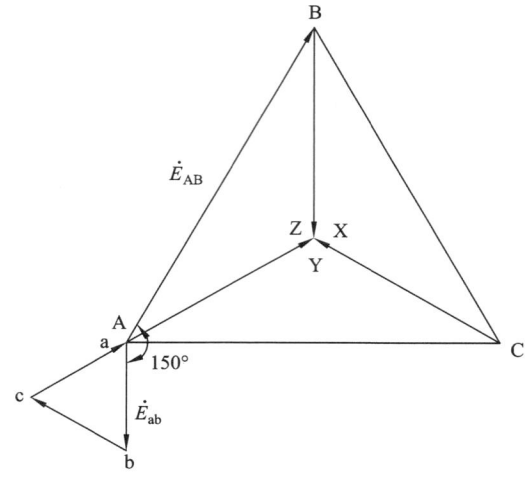

图 D-6

[注：相量图 4 分]

3. 解：相量图如图 D-7。（+3）

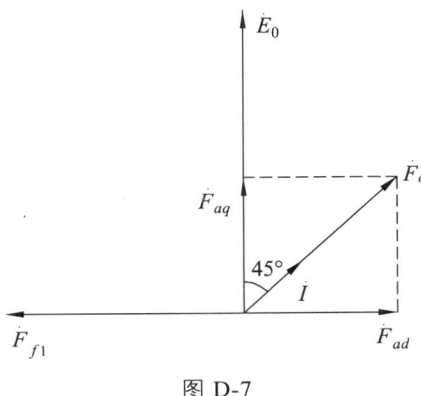

图 D-7

由图可知，电枢反应的性质为既有交轴电枢反应，又有直轴电枢反应。（+1）

电枢反应的作用为：交轴电枢反应使合成磁动势偏离励磁磁动势一个角度，直轴电枢反应去磁。（+1）

4. 解：$f_{B1} = F_{m1}\sin(\omega t + 120°)\cos(\alpha - 90°) + \dfrac{F_{m1}}{2}\sin(\omega t + \alpha + 30°) + \dfrac{F_{m1}}{2}\sin(\omega t - \alpha + 210°)$

$f_1 = f_{A1} + f_{B1} = F_{m1}\sin(\omega t + \alpha + 30°)$

因此两相合成的基波磁动势为反转圆形旋转磁动势。

五、计算题

1. 解：（1）每极每相槽数 $q = \dfrac{Q}{2pm} = \dfrac{36}{2\times3\times3} = 2$

由题意可知每相绕组每一支路串联的线圈数为 $\dfrac{2pq}{a} = \dfrac{2\times3\times2}{2} = 6$（个） （+1）

（2）槽距角 $\alpha = \dfrac{p\times360°}{Q} = \dfrac{3\times360°}{36} = 30°$

基波分布因数 $k_{d1} = \dfrac{\sin q\dfrac{\alpha}{2}}{q\sin\dfrac{\alpha}{2}} = \dfrac{\sin\left(2\times\dfrac{30°}{2}\right)}{2\times\sin\dfrac{30°}{2}} = 0.9659$ （+1）

$\tau = \dfrac{Q}{2p} = \dfrac{36}{2\times3} = 6$，$y = \dfrac{y_1}{\tau} = \dfrac{5}{6}$

基波短距因数 $k_{p1} = \sin y\dfrac{\pi}{2} = \sin\left(\dfrac{5}{6}\times\dfrac{\pi}{2}\right) = 0.9659$ （+1）

$E_{\Phi 1} = 4.44 f N_1 k_{dp1}\Phi_1 = 4.44 f \dfrac{2pqN_k}{a} k_{p1}k_{d1}\Phi_1$

$= 4.44\times50\times\dfrac{2\times3\times2\times20}{2}\times0.9659\times0.9659\times0.004 = 98.9\ (V)$ （+2）

（3） $k_{d5} = \dfrac{\sin q \dfrac{5\alpha}{2}}{q \sin \dfrac{5\alpha}{2}} = \dfrac{\sin\left(2 \times \dfrac{5 \times 30°}{2}\right)}{2 \times \sin \dfrac{5 \times 30°}{2}} \approx 0.258\,8$

$$k_{p5} = \sin 5y\dfrac{\pi}{2} = \sin\left(5 \times \dfrac{5}{6} \times \dfrac{\pi}{2}\right) \approx 0.258\,8$$

$$k_{dp5} = k_{d5}k_{p5} = 0.258\,8 \times 0.258\,8 \approx 0.067 \tag{+2}$$

则五次谐波电动势被削弱了 $(1-k_{dp5}) \times 100\% = (1-0.067) \times 100\% = 93.3\%$ （+1）

2. 解：$U_{20\Phi} = U_{20}$，$I_{20\Phi} = I_{20}/\sqrt{3}$，$p_{0\Phi} = p_0/3$

$$R'_m = \dfrac{p_{0\Phi}}{I_{20\Phi}^2} = \dfrac{p_0}{3\left(\dfrac{I_{20}}{\sqrt{3}}\right)^2} = \dfrac{p_0}{I_{20}^2} = \dfrac{3.9 \times 1\,000}{65^2} \approx 0.923\,1\,(\Omega) \tag{+2}$$

$$|Z'_m| = \dfrac{U_{20\Phi}}{I_{20\Phi}} = \dfrac{\sqrt{3}U_{20}}{I_{20}} = \dfrac{\sqrt{3} \times 400}{65} \approx 10.66\,(\Omega) \tag{+2}$$

$$X'_m = \sqrt{|Z'_m|^2 - R'^2_m} = \sqrt{10.66^2 - 0.923\,1^2} \approx 10.62\,(\Omega) \tag{+1}$$

$$K = \dfrac{U_{1N\Phi}}{U_{2N\Phi}} = \dfrac{U_{1N}}{\sqrt{3}U_{2N}} = \dfrac{10\,000}{\sqrt{3} \times 400} \approx 14.43 \tag{+1}$$

则　　$R_m = K^2 R'_m = 192.21\,(\Omega)$，$X_m = K^2 X'_m = 2\,211.3\,(\Omega)$　　（+2）

$$U_{1k\Phi} = U_{1k}/\sqrt{3}，\quad I_{1k\Phi} = I_{1k}，\quad p_{k\Phi} = p_k/3$$

$$R_k = \dfrac{p_{k\Phi}}{I_{1k\Phi}^2} = \dfrac{p_k}{3I_{1k}^2} = \dfrac{10.2 \times 1\,000}{3 \times 43^2} \approx 1.839\,(\Omega) \tag{+1}$$

$$|Z_k| = \dfrac{U_{1k\Phi}}{I_{1k\Phi}} = \dfrac{\sqrt{3}U_{1k}}{\sqrt{3}I_{1k}} = \dfrac{450}{\sqrt{3} \times 43} \approx 6.042\,(\Omega) \tag{+2}$$

$$X_k = \sqrt{|Z_k|^2 - R_k^2} = \sqrt{6.042^2 - 1.839^2} \approx 5.755\,(\Omega) \tag{+1}$$

3. 解：（1） $I_N = \dfrac{P_N}{U_N} = \dfrac{10 \times 1\,000}{230} \approx 43.48\,(A)$　　（+1）

$$I_f = \dfrac{U_N}{R_f} = \dfrac{230}{215} \approx 1.07\,(A) \tag{+1}$$

$$I_{aN} = I_N + I_f = 43.48 + 1.07 = 44.55\,(A) \tag{+1}$$

（2） $E_{aN} = U_N + I_{aN}R_a = 230 + 44.55 \times 0.486 \approx 251.7\,(V)$　　（+2）

电磁功率　　$P_{em} = E_{aN}I_{aN} = 251.7 \times 44.55 \approx 11.21\,(kW)$　　（+1）

电磁转矩 $T_{em} = 9.55\dfrac{P_{em}}{n_N} = 9.55\dfrac{11.21\times 1\,000}{1\,500} \approx 71.37\,(\text{N}\cdot\text{m})$ （+1）

（3）$P_1 = P_{em} + p_{Fe} + p_m = 11\,210 + 442 + 104 \approx 11\,756\,(\text{W})$ （+2）

额定效率 $\eta_N = \dfrac{P_N}{P_1}\times 100\% = \dfrac{10\times 1\,000}{11\,756}\times 100\% \approx 85.1\%$ （+1）

注：第（2）（3）如采用其他方法计算正确也给分。

附录 E 不同材料的基本磁化曲线

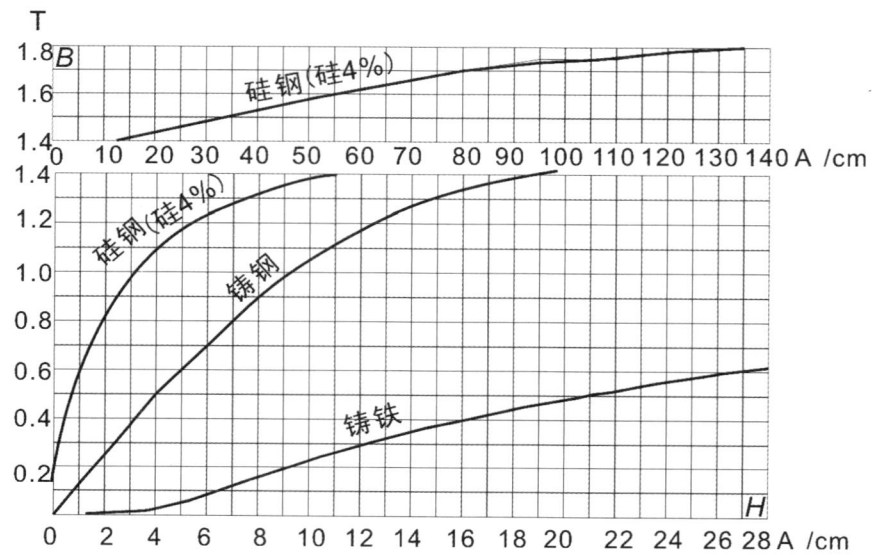

附录 F 符号表

名 称	符 号	名 称	符 号
面积	S	直轴电枢电流	I_d
并联支路数（交流电枢绕组）	a	交轴电枢电流	I_q
磁感应强度（磁密）	B	励磁电流	I_f
剩磁感应强度	B_r	转动惯量	J
气隙磁感应强度	B_δ	绕组相数	m
额定功率因数	$\cos\varphi_N$	电机转速	n
感应电动势	e	额定转速	n_N
空载电动势	E_0	极距	τ
变压器一次侧电动势	E_1	同步转速	n_1
变压器二次侧电动势	E_2	一次侧绕组匝数	N_1
转子旋转时转子感应电动势	E_{2s}	二次侧绕组匝数	N_2
电枢反应电动势	E_a	电机极对数	p
漏磁通感应电动势	E_σ	额定功率	P_N
直轴电枢反应电动势	E_{ad}	输入功率	P_1
交轴电枢反应电动势	E_{aq}	输出功率	P_2
额定频率	f_N	铁耗	p_{Fe}
定子感应电动势频率	f_1	磁滞损耗	p_h
转子感应电动势频率	f_2	空载损耗	p_0
磁动势	F	铜耗	p_{Cu}
励磁磁动势	F_f	电枢铜耗	p_{Cua}
磁动势最大值	F_m	励磁铜耗	p_{Cuf}
空载磁动势	F_0	一次绕组铜耗	p_{Cu1}
电枢磁动势	F_a	二次绕组铜耗	p_{Cu2}
直轴磁动势	F_{ad}	机械损耗	p_m
交轴磁动势	F_{aq}	附加损耗	p_a
飞轮矩	GD^2	每极每相槽数	q

续表

名称	符号	名称	符号
磁场强度	H	一次绕组的电阻	R_1
矫顽力	H_C	二次绕组的电阻	R_2
电枢电流	I_a	励磁电阻	R_m
额定电流	I_N	电枢电阻	R_a
空载电流	i_0	磁阻	R_m
变压器一次电流	I_1	转差率	s
变压器二次电流	I_2	额定容量	S_N
转矩	T	电磁转矩	T_{em}
负载转矩	T_L	空载转矩	T_0
额定转矩	T_N	比整步转矩	T_{sys}
起动转矩	T_{st}	电压	U
变压器一次侧电压	U_1	变压器二次侧电压	U_2
变压器二次侧空载电压	U_{20}	一次绕组漏电抗	X_1
二次绕组漏电抗	X_2	直轴同步电抗	X_d
交轴同步电抗	X_q	内功率因数角	Ψ
电机节距	y	变压器一次绕组漏阻抗	Z_1
变压器二次绕组漏阻抗	Z_2	短路阻抗	Z_k
励磁阻抗	Z_m	空载阻抗	Z_0
负载阻抗	Z_L	磁导率	μ
真空磁导率	μ_0	相对磁导率	μ_r
磁通	Φ	主磁通	Φ_m
漏磁通	Φ_σ	气隙磁通	Φ_δ
空载磁通	Φ_0	直轴电枢磁通	Φ_{ad}
交轴电枢磁通	Φ_{aq}	角速度	Ω
惯量半径	ρ	功率角	θ
功率因数角	ϕ	过载倍数	K_T
起动电流倍数	K_I	起动转矩倍数	K_{st}

参考文献

[1] 张建辉,徐晓玲. 电机与拖动[M]. 上海:上海交通大学出版社,2015.
[2] 孙旭东,王善铭. 电机学学习指导[M]. 北京:清华大学出版社,2007.
[3] 王岩,曹李民. 电机与拖动基础(第4版)学习指导[M]. 北京:清华大学出版社,2012.
[4] 张松林. 电机及拖动基础习题集与实验指导书[M]. 北京:机械工业出版社,1992.
[5] 唐介. 电机与拖动学习辅导与习题解答[M]. 北京:高等教育出版社,2007.